白腐真菌降解持久性有机污染物原理与应用

高大文 著

科学出版社

北京

内 容 简 介

本书全面系统地介绍了白腐真菌降解持久性有机污染物的原理与方法。全书包括5章，第1章概述了环境中多环芳烃、石油烃、卤代烃、复合污染物及新兴污染物的基本属性和污染现状；第2章介绍了白腐真菌生物学和酶学；第3章是白腐真菌产漆酶基础研究，包括漆酶对有机污染物的降解机理、不同菌种产漆酶条件优化、诱导物 Cu^{2+} 对产漆酶的影响、不同菌种复配对产漆酶的影响、漆酶对多环芳烃降解的应用研究；第4章是白腐真菌降解有机污染物的影响因素及其代谢机理，包括环境中有机污染物生物降解的影响因素、白腐真菌生物降解机制、白腐真菌共代谢降解途径研究；第5章是白腐真菌对典型有机污染物的降解应用，概述了白腐真菌处理多环芳烃、石油烃、多氯联苯污染土壤，以及有机污染废水、染料废水和秸秆纤维素乙醇废水的应用研究。

本书可供环境科学、生态学、微生物学相关专业的高校教师和研究生阅读，也可供生态修复和环境保护领域的技术和管理人员参考。

图书在版编目（CIP）数据

白腐真菌降解持久性有机污染物原理与应用/高大文著. —北京：科学出版社，2023.6

ISBN 978-7-03-074170-7

Ⅰ. ①白⋯ Ⅱ. ①高⋯ Ⅲ. ①真菌–应用–有机污染物–微生物降解–研究 Ⅳ. ①X172

中国版本图书馆 CIP 数据核字（2022）第 235920 号

责任编辑：王海光 / 责任校对：郑金红
责任印制：吴兆东 / 封面设计：北京图阅盛世文化传媒有限公司

科学出版社 出版

北京东黄城根北街 16 号
邮政编码：100717
http://www.sciencep.com

北京厚诚则铭印刷科技有限公司印刷
科学出版社发行 各地新华书店经销

*

2023 年 6 月第 一 版 开本：720×1000 1/16
2024 年 1 月第二次印刷 印张：14
字数：280 000

定价：158.00 元

（如有印装质量问题，我社负责调换）

前　言

白腐真菌（white rot fungi）多属担子菌纲（Basidiomycetes），是一类丝状真菌，因寄生或腐生在树木或木材上，引起木质海绵状白色腐烂而得名。白腐真菌能释放降解性酶降解木质素，在自然界碳素循环中占有重要地位，是目前已知的唯一能在纯培养中将木质素矿化的微生物。白腐真菌的降解活动只发生在次级代谢阶段，当白腐真菌被引入污染介质中，它将对营养限制（主要营养物质如氮、碳等缺乏）做出应答反应，从而形成一套酶系统。这套酶系统主要包括产生 H_2O_2 的氧化酶、需 H_2O_2 的过氧化酶及漆酶（laccase）、还原酶、甲基化酶和蛋白酶等。产生 H_2O_2 的氧化酶主要有细胞内葡萄糖氧化酶和细胞外乙二醛氧化酶，它们在氧参与下氧化底物形成 H_2O_2，从而激活过氧化物酶，启动酶的催化循环。需 H_2O_2 的过氧化物酶主要有木质素过氧化物酶（lignin peroxidase，LiP）和锰过氧化物酶（Mn-dependent peroxidase，MnP），这些酶均在细胞内合成，分泌到细胞外，以 H_2O_2 为最初氧化底物。上述酶共同组成白腐真菌降解系统的主体。研究较多的木质素降解酶系主要包括木质素过氧化物酶、锰过氧化物酶和漆酶三种酶系，不同种类的白腐真菌可分泌这三种酶系的一种或多种。

20 世纪 80 年代 *Science* 杂志首次报道了白腐真菌（*Phanerochaete chrysosporium*）能向胞外分泌降解木质素的酶，使降解木质素研究取得了重大进展。这一发现同时也引起环境界的广泛关注，随后科研人员对白腐真菌的生物学特性、降解规律、生化原理、酶学、分子生物学、工业化生产及环境工程实际应用等方面进行了大量研究。

著者自 2003 年开始从事白腐真菌降解持久性有机污染物研究，围绕白腐真菌的生物学特性、培养条件优化和环境污染治理技术研发等主题，先后完成了国家自然科学基金项目等多项国家级和省部级科研项目。本书是在归纳总结上述项目研究成果的基础上完成的。

本书全面系统地介绍了白腐真菌降解持久性有机污染物的原理与方法。全书包括 5 章，第 1 章概述了环境中多环芳烃、石油烃、卤代烃、复合污染物及新兴污染物的基本属性和污染现状；第 2 章介绍了白腐真菌生物学和酶学；第 3 章是白腐真菌产漆酶基础研究，包括漆酶对有机污染物的降解机理、不同菌种产漆酶条件优化、诱导物 Cu^{2+} 对产漆酶的影响、不同菌种复配对产漆酶的影响、漆酶对多环芳烃降解的应用研究；第 4 章是白腐真菌降解有机污染物的影响因素及其代谢机理，包括环境中有机污染物生物降解的影响因素、白腐真菌生物降解机制、白腐真菌共代谢降解途径研究；第 5 章是白腐真菌对典型有机污染物的降解应用，概述了白腐真菌处理多环芳烃、石油烃、多氯联苯污染土壤，以及有机污染废水、染料废水和秸秆纤维素乙醇废水的应用研究。

北京建筑大学城市环境修复技术研究中心的学术骨干梁红、王立涛、赵欢、李莹、白雨虹、唐腾、杜旭冉等参与了部分书稿的撰写工作，梁红和王立涛对全书进行了校对。本团队的曾永刚、卜春红、陈军、杜丽娜、温继伟、孟瑶、张博、朱晓红、李佳瑶、刘丽荣等 10 余名博士和硕士研究生先后参与了相关研究工作，发表了大量学术论文，为本书出版奠定了基础。本书是在国家重点研发计划项目、国家自然科学基金项目、黑龙江省自然科学基金项目、黑龙江省留学回国人员科技项目择优资助资金等的资助和支持下完成的。在此，对上述人员和项目表示衷心感谢！

希望本书出版能对促进白腐真菌治理环境污染的理论研究和技术进步有所贡献。由于作者水平有限，书中难免有不足和疏漏之处，恳请同行专家和广大读者不吝指教。

高大文

2022 年 11 月于北京建筑大学

目　　录

第 1 章　环境中典型有机污染物

多环芳烃、石油烃、卤代烃等持久性有机污染物对人类和生态环境构成了极大威胁，是 21 世纪环境领域关注的研究重点。一些新兴环境有机污染物如微塑料、溴系阻燃剂等，也在环境中被检测到，由于对人类和环境健康的潜在毒性或风险，正在引起科学界的关注。

1.1　多 环 芳 烃

多环芳烃（polycyclic aromatic hydrocarbons，PAHs）作为一种持久性有机污染物（persistent organic pollutant，POPs），对人体健康和生态系统有很大的危害，并引起一系列环境问题。PAHs 的来源十分广泛，按照产生的源头可分为自然源和人为源两大类，其中人为源是环境中 PAHs 的主要来源。自然源来自森林或草原火灾，以及石油泄漏、火山活动等，另外一些高等植物为了促进植株生长也会产生包括 PAHs 在内的生长因子。人为源主要包括石油、煤炭等化石燃料的不完全燃烧以及废气或废水等废弃物的排放等。在自然和人为来源的双重作用下，环境中 PAHs 的污染情况愈发严重。而随着全球工业化进程的加快以及人类活动的加剧，人为源成为环境中 PAHs 的主要来源。

在 100 多种已知的多环芳烃中，有 16 种是高致癌、致畸物质，被列为全球重点关注的优先污染物（结构如图 1.1 所示），这些多环芳烃广泛分布于各种生态系统中，包括海水、大气、土壤和沉积物中。多环芳烃的普遍分布对所有生命形式都有危害作用，其在环境中的持久性和稳定性使其对生态环境和人类健康构成严重威胁。

1.1.1　大气中的多环芳烃

蒸汽和颗粒物，如烟尘、花粉、灰尘、热原金属氧化物和飞灰，均可作为空气中多环芳烃的载体。大气中的多环芳烃通过干沉降和湿沉降等作用沉积在土壤表面并进入水体，环境中超过 90%的多环芳烃负荷存在于土壤和沉积物中（Wild and Jones，1995）。大气中多环芳烃积累多源于人为活动的释放，多环芳烃的浓度因地而异，在工业区、城市和居民区浓度较高，在偏远的农村地区浓度较低。大气中多环芳烃的分布可分为固定源和移动源两类，固定源包括工业生产（发

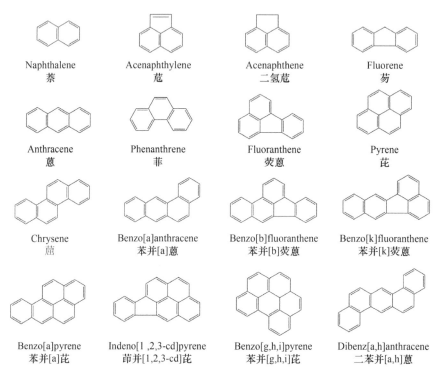

图 1.1　16 种 PAHs 结构（Anyakora et al.，2005）

电厂、沥青厂、焦化厂、锅炉和垃圾焚烧炉）、住宅燃烧（吸烟、烹饪和取暖）、农业燃烧，移动源包括船舶、火车、飞机和机动车活动等排放物。

1.1.2　土壤和沉积物中的多环芳烃

由于低水溶性和疏水性，多环芳烃在土壤中的沉积较多，所以土壤被认为是多环芳烃的最终汇。根据沉积的多环芳烃的浓度，进一步分为未污染、轻度污染和重度污染。含有少于 4 个芳香环的多环芳烃被归类为低环多环芳烃，含有 4 个或更多个芳香环的多环芳烃被归类为高环多环芳烃。由于芳香环的增加，后者具有更大的疏水性、顽固性和抗降解性。然而，它们的挥发性随着芳香性的增加而降低。与高环多环芳烃相比，低环多环芳烃的熔点和沸点较低，水溶性相对较高。在土壤中，多环芳烃被土壤颗粒物吸附，其流动性降低，导致微生物降解的生物有效性降低。土壤中多环芳烃污染容易受到各种人为活动的影响，如铝和煤炭生产、木材保存、石化过程、水泥制造、橡胶轮胎制造、垃圾焚烧、森林火灾、污水灌溉、交通释放和电厂排放等。疏水性多环芳烃通常存在于非水相中，然后吸附到土壤、有机物、颗粒或晶体中。

大气颗粒相中的多环芳烃会沉降在水面上，最终在沉积物相中积累（Boitsov et al.，2009）。沉积物结合的多环芳烃通过沉积物中的孔隙进入孔隙水，并附着在胶体上。胶体结合的多环芳烃在环境中的生物可利用部分中所占比例最大。

1.1.3　海洋沉积物中的多环芳烃

航船、油井的石油泄漏事故是海洋沉积物中 PAHs 的主要来源。巴基斯坦卡拉奇海岸与吉兹里溪和卡拉奇市西部沿海地区中的 16 种 PAHs 浓度有明显差异，其 PAHs 显著的空间异质性可能与来自卡拉奇港口的船锚码头、造船厂和炼油厂码头，及密集的航运交通排放的 PAHs 有关（Kahkashan et al.，2019）。与之类似的韩国 Gwangyang 湾和 Yeosu 海峡海洋沉积物中的 PAHs 污染也是由于人类活动，如船舶航行和人口稠密的城市产生的烟雾和煤烟所造成的（Min et al.，2023）。而在远离人为影响的偏远地区的海域中，如大西洋东北部的 Porcupine Bank 海洋沉积物中较低的 PAHs 浓度是评估 PAHs 自然背景值的理想地点（Vinas et al.，2023）。Nemirovskaya 和 Khramtsova（2022）发现北冰洋的 Kara 海沉积物中萘的积累主要归因于航船的排放。海洋沉积物中 PAHs 的浓度分布从西向东逐渐增加，猜测与地中海地区的洋流方向有关（El-Maradny et al.，2023）。但 Adhikari 等（2019）发现墨西哥湾入海口中 PAHs 对海底沉积物 PAHs 的组成无明显影响，而较短的水力停留时间会导致较高的 PAHs 积累率，可能与 PAHs 在海洋中的再矿化、沉积物再悬浮/再分布作用的影响有关。Zhang 等（2023）在中国海南岛后水湾和洋浦湾共选取了 19 处海洋沉积物并检测了其表面 16 种 PAHs 的分布情况，以后水湾为例，其 PAHs 总浓度为 192.64～1686.03ng/g，进一步发现后水湾、洋浦湾、河流和近海地区的 PAHs 总浓度呈下降顺序。

智利的阿里卡湾海岸沉积物中 PAHs 总浓度范围为 8.01～85.40ng/g（干重），其空间分布模式与洋流从东北向西南的方向一致（Seguel et al.，2023）。在爱琴海内姆鲁特湾，其海洋沉积物中 PAHs 的种类以三环为主，占到总沉积物种类的41%～73%（Kucuksezgin et al.，2020）。

河流径流是 PAHs（溶解相和悬浮颗粒物）进入海洋的主要途径之一，地中海区域的意大利坎帕尼亚地区的沃尔图诺河和埃及罗塞塔沿岸的尼罗河，其 PAHs 主要来自工农业废水及生活污水的排放和相关支流的汇入污染（Montuori et al.，2021）。在欧洲多瑙河黑海出海口的普拉霍沃港海域，其港口地区海洋沉积物中 PAHs 的来源主要是石油燃烧（Radomirovic et al.，2023）。卡塔尔海岸线海洋沉积物中 16 种 PAHs 总浓度的平均值只在 4.25～36.7μg/kg，大幅低于中国（13.59～166.5μg/kg）、俄罗斯（61.2～368μg/kg）、英国（4171～79 648μg/kg）等海域的 PAHs 总浓度（Al-Shamary et al.，2023）。

1.1.4 多环芳烃的环境持久性和毒性

多环芳烃通过空气和水进入海洋环境，最终人类通过摄入海洋食品进入体内。多环芳烃的化学结构、生物有效性、浓度、分散性、温度、pH、氧气水平、土壤类型和污染物降解微生物的养分有效性等因素，致使其在环境中持久存在。多环芳烃会对人类和其他生物体造成致畸、诱变和致癌效应（Kuppusamy et al.，2016）。虽然许多化学品被归类为多环芳烃，但 2008 年美国国家环境保护局将16 种多环芳烃污染物列为优先污染物（Gan et al.，2009）。根据国际癌症研究机构的分类，苯并芘、萘、蒽、苯并蒽、苯并荧蒽均可能对人类致癌。陆地无脊椎动物表现出较高的多环芳烃积累，主要来自受污染的土壤。由于水和沉积物中的多环芳烃可通过直接污染及植物吸收，所以水生生物则更容易受到多环芳烃污染（Meador et al.，1995；Tao et al.，2004）。多环芳烃也可通过吸入、摄入或皮肤接触在哺乳动物体内积累，影响生殖、发育和免疫等过程（Abdel-Shafy and Mansour，2016）。

1.1.5 多环芳烃污染的修复方法

土壤和沉积物吸附的多环芳烃因其扩散速度慢，延缓了污染物的降解过程，这种限制主要与通气不足、微生物与污染物接触不良和营养不足有关。大量土壤微生物，包括细菌、真菌、原生动物和放线菌，在有氧的情况下可以将多环芳烃转化为二氧化碳和水，通过添加有机填充剂，以增加土壤混合物的孔隙率和气流，堆肥过程中温度升高可能会促进微生物生长。在堆肥后期，由于微生物消耗了大部分可消化物质，堆肥材料变得稳定。

通过为污染区域的微生物提供有利的环境条件，包括添加养分、水分和通气，以促进土著微生物的增殖（生物刺激）。加入营养物质可促进共代谢进而增强多环芳烃的降解。目前，生物柴油、城市污水、炼油厂污泥、生物固体、葵花籽油和壳聚糖已被用作生物基质，以刺激生物降解。

目前，多环芳烃的修复多采用各种物理和化学方法，如焚烧、碱催化脱氯、超声波处理、分散和固化、溶剂萃取、紫外线氧化、环糊精萃取、超临界流体萃取等，但这些技术存在一定的缺点，如环境不友好、能源消耗大及处理费用高，这些缺点限制了其广泛使用。通过使用生态友好、高效清洁的生物处理方法，尤其是通过在好氧和厌氧过程分解有机物或无机物，为活生物体提供营养，可以更好地解决这一问题。

生物修复是一种自然降解过程，其中污染物被生物去除或转化为危害较小的化合物。通常，微生物将污染物转化为二氧化碳、水和本身生长所需物质。生物修复过程通过多种方法实现，如生物吸附（死亡/活菌生物量）、生物刺激（刺激活菌自然种群）、植物修复（植物）、生物强化（人工引入活菌种群）、根际修复（植物和微生物相互作用）和生物积累（活细胞）（Sharma，2012）。藻类、真菌、细菌在多环芳烃降解方面非常成功，已有研究报道确认了 100 多个属，200 多个物种，包括藻类（19 个属）、真菌（103 个属），从海洋环境中分离出的蓝藻（9 属）和细菌（79 属）可用于高效降解多环芳烃（Fingas，1995；Hara et al.，2003；Bao et al.，2012；Jiang et al.，2013；Prince et al.，2013；Spier et al.，2013；Brakstad et al.，2014）。

细菌降解多环芳烃是在好氧和厌氧模式下进行的。在多环芳烃的好氧降解模式中，氧是最终的电子受体，也是芳香环羟基化和氧解环断裂的共同底物。在厌氧多环芳烃降解中，细菌通过还原反应分解芳香环。几十年来，多环芳烃的好氧降解模式研究得最为广泛，但是关于厌氧降解的研究最近也得到了研究人员的广泛关注。厌氧分解代谢主要发生在潜水土壤、水生沉积物和含水层中，其中硫酸盐或铁离子和硝酸盐可作为最终电子受体。此外，通过单加氧酶或双加氧酶进行的加氧酶介导的代谢证实有氧条件更有利于多环芳烃的降解。芳香环的羟基化是多环芳烃好氧降解的第一步，通过双加氧酶生成顺式二氢二醇。然后通过邻位裂解或间位裂解途径生成二醇中间体。最后，由三羧酸循环（TCA）中间产物形成儿茶酚（Evans et al.，1965；Cerniglia，1993；Mallick et al.，2011）。

一些植物也能够通过控制污染物的吸收，利用植物酶提高污染物的生物利用度，将有毒化学品转化为相对无害的物质（Kuppusamy et al.，2017）。由于多环芳烃具有非极性的性质，所以其在植物芽中的转移受到限制，往往会积聚在芽组织的表皮中。

根际细菌多属于变形菌门、放线菌门和厚壁菌门，主要参与多环芳烃降解（Gabriele et al.，2021）。根际微生物将根际多环芳烃的植物毒性降低到植物可持续生长的水平。

另外，水溶性低得多环芳烃倾向于与土壤和沉积物结合，必须解吸才能降解，通过添加表面活性剂，可以增加多环芳烃的溶解度，进而促进多环芳烃的降解。表面活性剂是两亲性分子，当表面活性剂浓度达到临界胶束浓度时，可以在水相中形成胶束。这些分子存在于气-液界面和液-液界面，以降低表面张力和界面张力。表面活性剂还可以通过增加微生物的细胞表面疏水性来增强酶活性、微生物流动性和多环芳烃的界面吸收。因此，表面活性剂的应用能够增强多环芳烃修复过程的可持续性。Triton X-100 和 Tween 80 是常用的化学表面活性剂，用于增强萘、芘、菲、荧蒽和蒽的生物降解。

1.2 石 油 烃

石油碳氢化合物是重要的能源和工业原料，也是一类难降解的环境污染物，（Das and Chandran，2011；Costa et al.，2012）。人为活动，如工业和市政径流、污水排放、石油工业活动及意外泄漏均会使石油碳氢化合物进入环境中，对生态环境和人类健康构成潜在威胁（Deppe et al.，2005；Souza et al.，2014；Sajna et al.，2015）。

1.2.1 原油成分

石油碳氢化合物主要由不同比例的碳和氢组成，也含有一定量的氮、硫和氧。根据原油密度，原油可分为轻质油、中质油或重质油，按照原油成分的结构类型分为饱和烃（脂肪族）、芳烃（环状烃）、树脂和沥青质。饱和烃是指不含双键的碳氢化合物，代表原油成分的最高百分比。从化学结构来看，饱和烃主要有烷烃（石蜡）和环烷烃（Abbasian et al.，2015）。芳烃通常由一个或多个芳香环构成，而芳香环通常会被不同的烷基取代（Meckenstock et al.，2016）。树脂和沥青质含有非烃极性化合物，具有非常复杂且大多未知的碳结构，相较于饱和馏分和芳香馏分，树脂和沥青质添加了许多氮、硫和氧原子（Harayama et al.，2004；Chandra et al.，2013）。在原油的 4 个主要碳氢化合物组分的结构排列中，饱和烃构成了最外层，而作为更大摩尔质量组分的沥青质构成了原油的最内层。

脂肪族碳氢化合物中包含饱和烃和不饱和烃，根据其结构也可分为正构烷烃、环烷烃、异烷烃、萜烯和甾烷等。不同分子量的正构烷烃具有不同的物理性质，碳数较小（$<C_8$）的烷烃往往为气态或具有很强的挥发性，随着碳数增加，正构烷烃可分为低分子量脂肪族烃（$C_8 \sim C_{16}$）、中分子量脂肪族烃（$C_{17} \sim C_{28}$）和高分子量脂肪族烃（$>C_{28}$）。

芳烃是环状碳氢化合物分子。它们主要分为单环芳烃，即苯系物（苯、甲苯、乙苯和二甲苯）和多环芳烃。多环芳烃含有不止一个苯环，由两个或三个环组成的多环芳烃被称为低分子量多环芳烃，这些环构成（多个）带有双键的六角链，如萘（双环）、菲（三环）和蒽（三环）。高分子量多环芳烃由 4 个及以上环组成，如芘（四环）、荧蒽（四环）和苯并芘（五环）。

树脂中还含有除 C、H 外的其他元素，如 N、S、O 和微量金属（Ni、V、Fe），这些元素能够组成极性官能团。树脂在结构上与原油中的表面活性分子相似，其含有长烷基链的芳香化合物，可溶于正庚烷和正戊烷，并可充当胶溶剂。

沥青质是深棕色、大分子复杂化合物，是一种由多环簇形成的黏性高分子量化合物，可溶于苯和甲苯等轻芳烃，其芳香环不同程度地被烷基取代，使其具有较低的生物可降解性。沥青质含有许多极性官能团，这些官能团以胶体形式分散在饱和烃和芳烃中。

1.2.2　石油烃毒性

石油烃污染物作为持久性有机污染物会对生态系统造成广泛和永久性损害。在石油工业活动各个环节中，如废弃炼油厂、地下储罐、油井拔管等均可能发生石油泄漏问题，而土壤、地下水和海洋最终成为石油烃污染的容纳所。

石油污染物会对自然界的各种有机体产生严重危害，如窒息、缺氧、发育迟缓、代谢紊乱和激素失衡等直接或间接影响（Walker et al.，2005；Chandra et al.，2013；Souza et al.，2014；Meckenstock et al.，2016），短期内存在急性坏死、体温过低、窒息等风险（Desforges et al.，2016）；长期影响则可造成发育异常（Van Meter et al.，2006；Alonso-Alvarez et al.，2007）。这些影响会改变物种种群或群落，甚至改变整个生态系统。石油污染物对人类健康也存在很大的威胁，尤其是原油中的挥发性有机化合物（VOCs）。原油成分特别是多环芳烃对 DNA、RNA 和蛋白质等大分子具有很强的亲和力，使其具有致癌性和致突变性（Pérez-Cadahía et al.，2007；Costa et al.，2012；Desforges et al.，2016）。

1.2.3　石油烃在环境中的变化

石油会经历多种风化过程，如扩散、蒸发、分散、下沉、溶解、乳化、光氧化和生物降解，这些过程会自然降解其碳氢化合物成分（Al-Majed et al.，2012；Souza et al.，2014）。碳氢化合物的可生物降解性与芳香环的类型、分子量及数量有关。在大多数情况下，萘很容易被生物降解，但是四环、五环或六环的多环芳烃的降解周期较长。另外，好氧生物降解比厌氧生物降解更快。

1.2.4　石油烃污染的修复方法

许多传统的基于工程的物理化学方法如土壤清洗、化学氧化（使用高锰酸钾和/或过氧化氢作为化学氧化剂）和焚烧（Chaudhry et al.，2005；Farhadian et al.，2008；Varjani and Srivastava，2015）。需要开挖和运输大量受污染材料以进行异地处理，去污成本较高。石油烃的原位物理化学技术还包括吸附、分散、挥发、稀释和非生物转化等（Varjani and Upasani，2012；Chandra et al.，2013）。这些传统物理化学方法处理不仅成本高昂，效率也非常有限，这就促进了新技术的发展，如植物修复和微生物修复技术（Singh and Jain，2003；Farhadian et al.，

2008）。生物修复是一种可用于石油污染场地修复的绿色技术（Rahman et al.，2003；Varjani and Srivastava，2015）。生物修复是利用植物、动物、微生物降解/解毒污染物，这项技术不仅高效、经济、通用，而且非常环保。

生物修复技术是当前修复石油烃污染的研究热点，利用微生物可以有效降解或减少环境中的有机污染物，将其转化为无害化合物，如 CO_2、CH_4 和 H_2O，且不会对环境产生不利影响（Ron and Rosenberg，2014）。生物降解是生物修复的主要机制之一，其中亲油微生物用于从环境中消除碳氢化合物。碳氢化合物是富含天然能量的化合物，自然界中有几种碳氢化合物降解/利用生物。使用单个本土微生物/联合体作为降解工具，利用活生物体的催化能力来提高污染物降解率，也可用于微生物强化采油。

污染物的生物降解涉及使用不同酶的一系列步骤，碳氢化合物可以由同属或不同属的单个微生物菌株或微生物菌株联合体选择性代谢，事实证明，在降解各种碳氢化合物方面，联合菌株比单一菌株更有潜力（Déziel et al.，1996；Deppe et al.，2005；Varjani et al.，2013）。好氧微生物通过多种途径如末端氧化、亚末端氧化、ω氧化和β氧化实现对石油烃污染物的降解。好氧微生物对正构烷烃可能的代谢途径如图 1.2 所示。

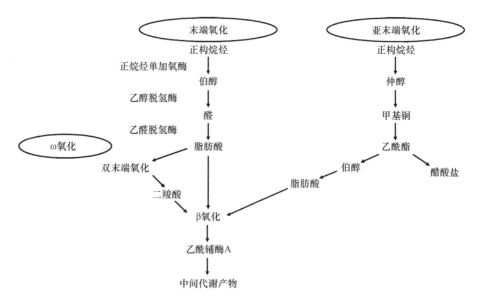

图 1.2 微生物中正构烷烃降解（需氧）的三种可能的代谢途径（Varjani，2017）

正构烷烃降解途径包括单端氧化、双端和亚端氧化（Das and Chandran，2011；Salleh et al.，2003）。单端氧化首先通过引入分子氧将烷烃末端甲基氧化形成伯醇（Abbasian et al.，2015），伯醇经氧化转化为醛和相应的羧酸，再经过脂肪酸的β

氧化形成乙酰辅酶 A，利用乙酰辅酶 A 将脂肪酸缩短为两个碳原子化合物，最终完成代谢（Das and Chandran，2011；Abbasian et al.，2015）。双端氧化中，通过脂肪酸的 ω 羟基化（ω 位置代表末端甲基）将烷烃两端的甲基氧化，进一步转化为二羧酸，并进入 β 氧化环节。亚末端氧化中，烷烃先被氧化成仲醇，再进一步转化为相应的酮和酯，酯被水解生成乙醇和脂肪酸（Rojo，2009）。

相较于好氧降解途径，厌氧降解途径相关的基因和酶报道较少，厌氧条件下，石油烃中的芳香化合物先氧化为酚类或有机酸，再转化为挥发性的长链脂肪酸，最终以 CH_4 和 CO_2 的形式释放到环境中。硝酸盐、亚铁、锰及硫酸盐离子已被证实可作为厌氧降解的电子受体（Foght，2008；Widdel and Rabus，2001；Abbasian et al.，2015）。

1.3 卤 代 烃

生活中的聚氯乙烯制品、冰箱中的制冷剂及四氯化碳灭火剂中的主要成分都是卤代烃。人们在享用其所带来的便利的同时，很多卤代烃制品却又是目前世界环境污染中大部分持久性有机污染物（POPs）的来源，它们通过各类介质（大气环境、水体、土壤、生物体等）远距离传播并散布于世界各处，导致了巨大的环境污染，并且由于这些卤代烃产品存在着致癌、致畸、致突变等潜在危害性，给人们健康和生产生活都带来了巨大的危险。

1.3.1 卤代烃污染现状

烃分子中的氢原子被卤素原子取代后的化合物被称为卤代烃，其中卤素原子包括氟、氯、溴、碘。根据卤素原子的多少分为一卤代烃、多卤代烃等，根据羟基的不同分为饱和卤代烃、不饱和卤代烃和芳香卤代烃等。许多卤代烃在洗涤剂、冷冻剂、脱脂剂、发泡剂和农药生产中广泛使用。此外，一些挥发性卤代烃（三卤甲烷、四氯化碳等）直接或者间接影响人类健康和全球气候变化。有些挥发性卤代烃在大气中具有较强的光化学反应活性，是光化学烟雾的重要前体物，对灰霾天气中细颗粒物的生成及其二次污染具有重要影响。我国生态环境部和美国国家环境保护局（EPA）已将部分卤代烃列为优先控制污染物。此外，饮用水消毒过程中的氯化反应也会引起氯代烃污染。氯与水中含有的一些天然有机物发生反应生成消毒副产物，如三氯甲烷等氯化甲烷类物质。

卤代烃污染还普遍存在于土壤环境中，在对我国农业用地的调查中，卤代烷烃为主要检出组分，其次是卤代芳烃和卤代烯烃。5 种主要检出物质中，二氯甲烷、三氯甲烷和 1,2-二氯乙烷主要集中在华北和西南地区，以山西省和重庆市最为严重。

中国东北部是1,4-二氯苯分布的"热点"区域，同时该地区土壤中的氯苯含量也很高。通过使用美国EPA推荐的健康风险评估模型，所有卤代烃的危险指数（HI）均低于1，致癌风险（CR）值均处于可接受水平（<1×10⁻⁶），这些发现表明，农业土壤可能不会对全国公共卫生造成严重的长期健康影响（林欣萌，2020）。

但是，工业污染场地中土壤卤代烃污染却不容忽视，如我国北方某化工厂的土壤中二氯甲烷和氯仿的土壤气浓度均超过美国EPA的土壤气筛选值3～4个数量级，存在较高的呼吸暴露风险；北京某搬迁化工厂场地土壤中四氯化碳和氯仿浓度均超过我国建设用地第二类用地筛选值，达到重度污染水平。以北京部分工业污染场地为例，从表1.1可以看到在卤代烃污染中，氯代烃污染较为严重。

表 1.1　北京部分污染场地基本概况

序号	场地类型	污染类型	污染物
1	化工厂	土壤	氯仿、氯乙烯、1,1,2-三氯乙烷和四氯化碳等
2	化工厂	土壤	1,2-二氯乙烷、1,1,2-三氯乙烷、三氯乙烯和苯
3	化工厂	土壤	砷、汞和镉
4	化工厂	土壤	砷、三氯苯和六氯苯
5	化工厂	土壤	砷、总石油烃、氯乙烯、1,2-二氯乙烷、氯仿和苯胺
6	化工厂	土壤	四丁基锡、邻苯二甲酸二辛酯、DDT、铅和铬
7	化工厂	土壤	炭黑
8	化工厂	土壤	六六六、DDT、苯并芘、砷、总石油烃和苯
9	化工厂	土壤	氯乙烯、氯仿、1,2-二氯乙烷和总石油烃等
10	化工厂	土壤	邻苯二甲酸二辛酯、DDT、四丁基锡、铅和铬等
11	化工厂	土壤及地下水	氯仿、二氯甲烷和苯
12	化工厂	地下水	1,2-二氯乙烷、氯仿和氯乙烯等
13	化工厂	土壤	1,2-二氯乙烷、氯仿和氯乙烯等
14	煤化厂	土壤	酚、硫化物和多环芳烃
15	农药厂	土壤	烯烃、六六六和DDT
16	农药厂和涂料厂	土壤	六六六和DDT
17	涂料厂	土壤	二甲苯
18	农药厂、油漆厂和涂料厂	土壤	六六六和DDT等
19	电镀厂	土壤	铜
20	电镀厂和阀门厂	土壤	汞、铜、镍、铅、六价铬和锑
21	煤气厂	土壤	多环芳烃
22	机械厂	土壤	多环芳烃
23	煤焦化厂	土壤	多环芳烃
24	染料厂	土壤	三氯苯、六氯苯和重金属
25	焦化厂	土壤及地下水	多环芳烃类和苯
26	农药厂和油漆厂	土壤	六六六和DDT

资料来源：马妍等，2017

1.3.2　卤代烃污染的修复方法

卤代烃污染的传统修复方法包括热脱附、气相抽提、化学氧化等。热脱附技术可以在真空或载气流通的情况下，通过直接或间接的加热，使土壤中的挥发/半挥发污染物从受污染的介质（土壤）中分离出来，最终，这些废气可以通过废气处理系统进行净化或进行重复利用。热脱附修复技术包括低温原位热脱附和异位热脱附，其中异位热脱附技术在实际修复中使用较多。热脱附技术适用于处理土壤中大多数挥发性和半挥发性污染物，其中卤代烃如多氯联苯和双对氯苯基三氯乙烷（DDT）。化学氧化技术是向污染土壤中加入 Fenton 试剂、高锰酸盐、过硫酸盐和臭氧等氧化剂，将卤代烃氧化成二氧化碳和水的一种处理技术。

虽然物理化学的修复方法快速，但能耗高且存在二次污染等问题，近年来，利用绿色植物来修复挥发性有机污染土壤，已经成为一种全新的、可持续的发展模式。植物去除土壤中有机污染物的作用机制主要有 2 种：①植物降解（也称为植物转化）。植物降解发生在光合作用过程中，或由植物体内的酶和（或）生活在植物体内的微生物完成；②根际作用（也称为根际刺激、根际生物降解或植物辅助生物修复）。当根际降解发挥作用时，植物释放根际分泌物，为微生物创造条件，助力微生物数量增加，以及刺激有特定降解作用的微生物群落生长（周际海等，2015）。通过研究黑麦草对邻二氯苯污染土壤的修复效果及其降解过程中非生物作用和生物作用的贡献率，肖宁（2013）发现了高浓度（810mg/kg）污染会影响黑麦草的生长，导致其死亡，而黑麦草在中低浓度（410mg/kg 和 210mg/kg）污染土壤中长势良好；在中浓度邻二氯苯的降解试验中，黑麦草能够有效地修复不同浓度的邻二氯苯污染土壤；在降解过程中，非生物作用的贡献率最大，而生物作用的贡献率最小，但是种植黑麦草可以增强土壤中多酚氧化酶的活性。微生物修复主要是利用天然存在或人工培养的功能微生物群，在适宜环境条件下，促进或强化微生物代谢功能，从而达到降低有毒污染物活性或降解成无毒物质的目的，减少或避免生态风险的生物修复技术。Lhenice 垃圾场（捷克，南波希米亚州）长期受到多氯联苯（PCBs）的污染，研究人员利用糙皮侧耳菌作为接种剂强化土著微生物对 PCBs 的修复，修复 12 周后，表层土壤中 PCBs 的去除率达到 41.3%（Tatiana et al.，2017）。生物修复技术具有安全、环保、绿色、不产生二次污染且成本低廉等优点，在卤代烃以及其他有机污染的土壤修复中具有巨大的应用潜力，但生物技术的修复周期一般较长，且存在一定的生态风险。

1.4 复合污染

随着全球产业结构的复杂化，工业"三废"（废水、废气、废渣）的排放量不断增加，新老污染物叠加和积累，导致环境污染呈现多样化、复合型状态。20 世纪 30 年代，Bliss 首次阐明多种污染物共存并不是简单的毒性效应累积，可能产生拮抗作用、加和作用、协同作用等多种复杂环境效应。因此，多种污染物共存产生的联合效应引起科研工作者的重视（Ping et al.，1997）。目前，我国复合污染治理技术依然短缺。根据现有单一污染物的作用机理制定的标准方法难以准确反映环境质量，复合污染对环境所造成的危害也尚未明晰（吴志能等，2016）。因此，针对复合污染的复杂性，研发突破性技术逐渐成为环境生态科学发展的重要方向。复合污染主要包括有机复合污染、重金属-有机复合污染。

1.4.1 有机复合污染

工业生产、农业活动、垃圾焚烧等人类活动均会产生有机污染物。在石油化工厂、炼钢厂等企业产生的工业废水中含有大量的多环芳烃类有机污染物，电器生产行业也会产生大量的多氯联苯类有机污染物。有研究表明，在受企业污染的水系中提取出的有机污染物种类多达 135 种（刘潇和王婷，2008）。新中国成立初期，我国的农业发展迅猛，但由于技术的缺乏，大量高毒性农药被广泛使用，如六六六、DDT 等，施加的农药只有少部分附着在植物表面，大部分进入土壤或者挥发到大气（最终沉降进入土壤）中。此外，人们日常生活中使用的燃气、交通工具，甚至香烟中都会产生大量多环芳烃污染物，有一项检测发现在香烟焚烧后产生的颗粒物中含有 123 种有机污染物，这其中就包含多环芳烃、苯酚等有机污染物（刘潇和王婷，2008）。由于有机污染物的辛醇-水分配系数较高，进入水体、大气中的有机物最终又通过附着在颗粒物上进入沉积物和土壤中，致使土壤成为有机污染的重灾区。这些有机污染物往往不是单独存在，通常为多种有机污染物共存于同一环境中相互作用造成有机复合污染，由于污染物之间的拮抗、协同作用等不同的环境效应，造成其治理难度较大。

1. 工业有机复合污染

工业污染场地是指由于石油化工等行业产生的工业"三废"（废水、废气、废渣）未达标处理倾倒/排放、工业化学物质泄漏、微量污染物长时间蓄积所造成的污染场地土壤及地下水中污染物质检测值超标的地块。全球许多国家都受到石油烃和多环芳烃的污染，尤其是在石油化工产业较多、经济发展较为迅速的地区污染尤为严重。在东亚地区，受工业制造的影响，有机污染物主要为石油烃和多环芳烃。20 世纪 90 年代，中国大中城市的化工企业开始大规模搬迁，造成大量的污染地块暴露（谢剑和李发生，2011）。这些工业企业分布范围广，尤其在京津冀、长江三角洲、珠江三角洲等发达地区呈现集中式分布。涉及化工、钢铁、焦化、农业等多种行业类型，其中化工类行业数量占比 42%，超过农药类（31%）、钢铁类（23%）、焦化类（4%）（孙兴凯等，2020）。在化工行业中占主要地位的石油化工行业对土壤的污染主要为石油烃-多环芳烃复合污染，这类污染物质具有高毒性、蓄积性等特点，石油化工企业经过数年的生产过程或搬迁过程，不可避免地造成土壤污染。此类土壤如未经达标处理用于其他建设中，对人体健康和城市发展存在巨大的潜在威胁（Han et al.，2016；Shi et al.，2020）。通过统计 Web of Science（WOS）和中国知网（CNKI）中关于近 30 年来有机复合污染土壤的发文量，如图 1.3 所示，可以看出无论在全球以及中国，对有机复合污染土壤的关注度均在大幅提升，关于有机污染场地的修复工作越来越受到人们的重视。

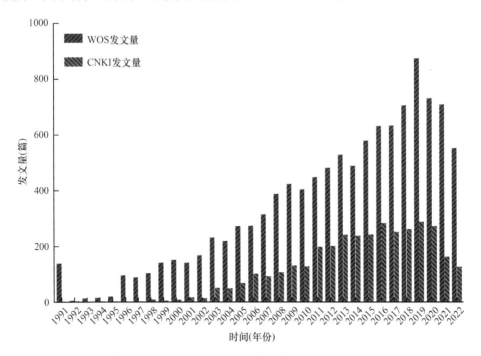

图 1.3　有关有机复合污染土壤的发文量（数据来源：Web of Science 和 CNKI）

2. 农业有机复合污染

作为农业大国，农业对我国的经济发展起到重要作用。在新中国成立初期，我国农业发展更是突飞猛进，为满足人们生存需要，开始研发各类有机合成农药，促进农业产值提升。然而，农药虽能够有效去除杂草、害虫，但是作为有毒有机化合物，在环境介质中长期存在对生态环境也造成了恶劣的影响。2001 年，127 个国家和地区的代表共同签署了《关于持久性有机污染物的斯德哥尔摩公约》，公约规定在全世界范围内限制或禁止使用 DDT、六六六、氯丹等 12 种有机农药（任仁，2003）。农药的大量使用已经对环境生态安全和人类健康产生严重影响。农药在施用后，仅有不超过 30%得到有效利用，其余大部分经农田灌溉进入水体、土壤，或挥发进入空气中（洪晓燕和张天炼，2010）。由于有机农药种类多样，加之有机农药疏水性强、迁移能力强等特点，其在环境中多以复合污染的形式存在。

农药主要通过喷雾形式进行喷洒。未经充分利用的农药首先挥发进入大气环境中。张晓雨等（2016）对江苏省江阴市 $PM_{2.5}$ 大气样品进行采集，共发现了 19 种有机氯农药，其中 DDT、六六六、氯丹、甲氧氯的质量浓度分别占大气样品总浓度的 19.7%、48.2%、12.3%、12.5%。劳齐斌等（2018）对福建沿海海岛大气颗粒物中的有机氯农药的区域背景及污染特征进行调查分析，结果表明福建东山岛共检测出 20 种有机氯农药，其总浓度为 0.05～13.24pg/m³，六六六、DDT 含量最高，背景调查显示这些有机氯农药主要为历史残留。虽然许多国家已经明令禁止 DDT、六六六等有机农药的使用，但是其较长的半衰期，导致其一旦释放进入环境中，可吸附在大气颗粒物上长距离运输，甚至在极地、高原等偏远地区仍可以检测到有机农药污染（Galbán-Malagón et al.，2012；李秋旭等，2015）。

水环境中的农药污染主要集中在河流（Sun et al.，2010）、海湾（Yang et al.，2010；Gong et al.，2007）、湖泊（Maskaoui et al.，2005）、港口（Devi et al.，2011）等地。由于这些区域的水体流动性小，水体稀释能力弱，水生态环境范围小、生态自我修复能力弱，所以更容易受到有机农药污染。王彬等（2010）对我国部分水体中有机氯农药污染情况进行了调查研究，结果表明六六六、DDT 在我国表层水中几乎均有检出。其中，大亚湾及珠江口内海六六六和 DDT 农药残留浓度超过国家水质标准。沉积物中有机农药的积累对水体污染存在更大威胁。受水体环境（温度、酸碱性、含氧量）影响，吸附在水体沉积物中的有机物质很可能再次释放进入水体环境中。王彬等（2010）对武汉东湖、洪湖及辽东湾水体和沉积物中有机农药残留量进行监测，结果显示上述 3 个采集区域水体中六六六残留量仅占沉积物的 4.32%、6.99%和 4.22%，由此也说明水体沉积物中农药残留危害更大。王未等（2013）认为虽然农药污染程度受到不同水域地理形势、气候等影响，但是水体受农药污染主要与当地农业产业结构和农药施用方式相关。因此，农药污染水体治理应从农业产业源头、水体污染现状全方位进行治理。

有机农药具有疏水性、蓄积性、持久性等特点，大量农药经过喷洒、浇灌进入水体或空气中，通常吸附在颗粒物上，最终经过迁移、沉积进入土壤环境中。因此，土壤中的农药残留量最大，污染程度最高。目前，虽然人们已经意识到这一问题的严重性并禁止使用 DDT、六六六等有机氯农药，但是在土壤中仍能检测到相关有机污染物（鞠晓樵等，2016；何瑞瑞，2020）。Riedo 等（2022）分析了草地和菜地共 60 块土壤中 46 种不同农药的丰度。结果表明在所有土壤中都发现了农药，农药对土壤存在广泛污染。

1.4.2　重金属-有机复合污染

重金属污染主要由采矿、冶炼、排放、灌溉和固体废物的腐蚀性扩散等人类活动导致。由于矿冶活动，周边及下游江河沿岸土壤中重金属的积累增加，这种污染在地理空间上表现为流域性或典型区域性分布。西南地区（云南、贵州、广西）及华中地区（江西、湖南、珠三角和长三角）均遭受着严重的重金属污染，给当地居民带来了极大的危害（龚平等，1997）。在这些区域，重金属污染的类型复杂多样，特别是镉-铜、砷-镉-铅等多种重金属元素的复合污染，它们的污染程度因地区差异而各有特点（龚平等，1997）。总体而言，这些复合污染类型代表了我国土壤重金属污染的主要特征。重金属污染的特点是：污染物的数量庞大，分布范围极其广泛，隐蔽性强，很难从土壤中清除，对人类健康威胁巨大（周建军等，2014）。

当有害的有机污染物进入土壤时，尤其当超过土壤的自我净化能力，极大扰乱土壤的生态系统，使得土壤功能受损，不仅会对农业生产产生极大影响，还会对农作物的产量和品质产生不利影响。常见有机污染物如有机氯杀虫剂、多氯联苯、邻苯二甲酸酯及多环芳烃（梁奔强和薛花，2020），不仅会对环境产生极大的损伤，而且还会在农作物中残留，以及在动物体内累积，对人们的身体健康构成潜在的威胁（郑学昊等，2018）。近年来，有机污染的治理已经引起了全球的重视，其修复技术也得到了大量的应用。但是，当前的土壤环境仍然存在着大量的污染，其污染物种类多样，从最初的单一污染发展成了一种综合性的、多元的、更加复杂的土壤复合污染。土壤复合污染是指由 2 种或 2 种以上的有毒有害污染物组成的复合复杂体系，其含有的有害元素的数量和种类均大于国家规定的最高限值，同时其数量和种类远远超过土壤的自然净化能力，从而对土壤的生态系统造成极大的破坏。复合污染的种类繁多，根据污染物的种类，可划归到三类：①有机污染物复合污染，即 2 种或 2 种以上的有机污染物同时存在于土壤中；②无机污染物复合污染，即 2 种或 2 种以上的无机污染物同时存在于土壤中；③有机-无机污染物复合污染，即有机和无机污染物同时存在于土壤中，并且存在相互作用的关系（周建军等，2014）。

由于环境污染的加重，复合污染已经变得越来越普遍，其污染状况也越来越复杂。目前，仅仅依靠单种污染物的治理是无法彻底改变这种状况的，因此，土壤重金属-有机污染作为复合污染的典型代表，正受到越来越多的关注。太原市的一块农田，重金属铅（Pb）、镉（Cd）、铬（Cr）、汞（Hg）、砷（As）和多环芳烃的复合污染对当地土壤已造成了严重污染，研究人员采集了当地的样本，并以一处长期用清水灌溉的点位作为背景点，结果发现，污染农田中 Hg、As、Pb、Cr、Cd，以及 PAHs 的总含量分别是背景值的 9.71 倍、5.46 倍、2.74 倍、2.26 倍、11.72 倍、23.87 倍，表明污水灌溉的农田面临重金属-有机复合污染（党晋华等，2013）。贺心然等（2014）对连云港市 3 个具有代表性的蔬菜基地中土壤有机氯农药以及重金属进行了检测和分析，发现部分点位重金属 Pb 和有机氯农药六六六、DDT 等浓度均已超过其在土壤中的标准值，这说明该蔬菜基地的土壤环境已经受到严重的重金属-有机复合污染。此外还需注意，重金属-有机复合污染对土壤生态环境造成的综合毒性会更强（梁奔强和薛花，2020），因为当土壤处于重金属-有机复合污染体系时，有机污染物与重金属会相互作用，而且，由于各自的特性不同，某种类型污染物的环境行为必然会受到其他类型污染物的影响，从而导致了即使处于一致的环境状态也很难实现对重金属-有机物复合污染环境的完全恢复（周东美等，2000）。随着重金属-有机物复合污染的迁移，也会给地下水环境带来污染和破坏。

1.5 新兴污染物

1.5.1 抗生素

近年来，新兴污染物抗生素在环境中不断被检出，最常见的抗生素污染物普遍存在于消炎药、止痛药、退烧药等药物中（Ouda et al.，2021）。抗生素在人类医学和兽医学中用于治疗目的，但是它们可以在环境基质和食物链中积累，对人类和动物造成不利影响，包括产生抗生素耐药性（Baralla et al.，2021）。人类对抗生素类药物的滥用是造成环境污染的主要原因，环境中抗生素类化学物质的超标产生的毒理作用可能对环境、生物、人类造成危害（李伟明等，2012）。据统计，全球每年抗生素的用量为 10 万～20 万 t，其中我国抗生素的使用量超过 2.5 万 t（Kümmerer and Henninger，2003）。此外，我国每年有 15 770t 抗生素用于人类医学方面，与畜牧业使用量相当甚至更多（Richardson et al.，2005）。大量抗生素的使用可能导致我国相较于其他国家有更严重的抗生素污染问题。人类和动物排泄未完全代谢的抗生素以及在药物生产过程中产生的未完全利用的抗生素流入水体是造成我国抗生素污染的主要原因（Cheng et al.，2014）。Richardson 等（2005）的统计数据显示，我国药物处方中抗生素药物的使用量是西方国家药物中抗生素使用量的 2 倍。未被生物体利用的抗生素或以生物体代谢物的形式流入环境中后，可能会生成比母体更为复杂的物质，它们的毒性可能超过母体。这些物质随环境介质最终进入生物链，在生物体中蓄积，进而给食品安全及人类健康带来极大的威胁。

抗生素广泛存在于各种环境介质中。一般情况下，抗生素通过尿液、粪便排泄并进入水体环境中。Yang 等（2013）对珠江三角洲城市水体中抗生素进行检测，均发现了抗生素的存在。在这项研究中，环丙沙星、对乙酰氨基酚和咖啡因的含量分别为 304ng/L、339ng/L 和 865ng/L。在另外一项研究中，阿替洛尔、磺胺二甲氧嘧啶和舒必利在河流样本中的含量分别为 52.9ng/L、77.3ng/L 和 164ng/L（Lim et al., 2017）。在乌克兰和法国，卡马西平、咖啡因和双氯芬酸是主要的污染物（Lim et al., 2017）。在澳大利亚，对污水处理厂中抗生素进行检测，发现其中存在三氯生、文拉法辛、阿替洛尔、索他洛尔、舒曲林、卡马西平、氯苯那敏等成分（Roberts et al., 2016）。在印度污水处理厂同样检测到了高浓度的抗生素类药物成分，并且印度污水处理厂中的磺胺甲噁唑、环丙沙星、诺氟沙星等抗生素含量普遍高于澳大利亚、北美、欧洲及其他亚洲国家。此外，阿替洛尔、布洛芬、三氯卡班、卡马西平、甲氧苄啶、对乙酰氨基酚和咖啡因也被以高浓度检测出来（Balakrishna et al., 2017）。

大量的抗生素通过各种途径进入土壤环境。一方面，吸附在颗粒物上的抗生素通过沉积作用进入沉积物及土壤环境中；另一方面，随着肥料使用、垃圾填埋和污水灌溉的实施，污染物透过土壤表层渗透或直接被引入土壤（Chaturvedi et al., 2021）。抗生素（诺氟沙星、红霉素、磺胺二甲氧嘧啶、氯霉素）、激素（雌二醇、雌酮）、消炎药和镇痛药（布洛芬、乙酰水杨酸）、抗菌剂（三氯生）、驱蚊剂、4-甲基-苄基苯胺-樟脑等多种药物被在土壤中检测出（Liu and Wong, 2013）。Chen 等（2013）在美国加利福尼亚州的土壤中发现了双氯芬酸钠、布洛芬、萘普生和氯纤维酸等多种抗生素类药物。对美国北卡罗来纳州利用城市污水灌溉的土壤进行研究，结果表明该土壤中存在 33 种抗生素类化合物，包括阿替诺醇、磺胺甲基嗪、副黄嘌呤、可替宁、咖啡因、水杨酸、甲氧苄氨嘧啶、水杨酸、萘普生、地尔硫铵、雌三醇、氨苯甲氨酯、阿替洛尔、睾酮、吉弗齐、胆固醇、氟西汀、黄体酮、苯海拉明等，浓度为 8.45～13.07ng/g（Harbordt, 2016）。

大量的抗生素类药物已经显现出对生态环境的破坏。Guruge 等（2019）发现土壤中存在环丙沙星可以干扰植物光合作用，阻碍植物正常生长，甚至导致植物形态产生畸形。此外，在微生物和动物体内也检测到了抗生素类药物的存在。抗生素类药物通过干扰土壤生物群落的代谢转化过程，降低土壤中酶活性，进而对整个土壤生态环境造成破坏。有研究指出，磺胺甲噁唑和环丙沙星对环境中微生物呼吸也会产生抑制作用（Qin et al., 2015）。

1.5.2 微塑料

塑料主要是由石油化工原料合成的高分子化合物，这种化合物具有较高的分子质量和可塑性，并添加一定的化学物质来提高产品的性能和效率。通常认为尺寸小于 5mm 的塑料被归类为微塑料（Rocha-Santos and Duarte，2015）。微塑料有两种类型，即初级微塑料和次级微塑料（Duis and Coors，2016）。初级微塑料是工业生产中颗粒排放的副产品，是塑料产品释放的塑料粉尘。次级微塑料是较大的塑料颗粒材料。这些微塑料最终进入水体，从河流一路流向海洋。微塑料还可以作为其他有毒元素（如 DDT 和六六六）的污染物运输媒介，最终进入消耗它的生物体内（Laskar and Kumar，2019）。

微塑料对生态系统造成的潜在威胁逐渐暴露。微塑料问题的严重性已经引起各个国家的重视，目前许多国家已经对微塑料污染状况进行调查。Thompson 等（2004）对英国某河口沉积物中微塑料进行检测，结果表明沉积物中含有丙烯酸、醇酸、聚酰胺（尼龙）、聚酯、聚乙烯、聚甲基丙烯酸酯、聚丙烯和聚乙烯醇等多种材质微塑料，平均含量为 31 个/kg。在加拿大休伦湖沉积物中主要含有聚乙烯、聚丙烯、聚对苯二甲酸乙二醇酯，在检测的 85m^2 面积内，微塑料总含量为 3209 个（Zbyszewski and Corcoran，2011）。Fok 和 Cheung（2015）对中国珠江口沉积物进行调查，其中主要含有聚苯乙烯，其含量可达（5595 ± 27.417）个/m^2。Zhao 等（2015）对中国 3 个河口水体进行调查发现，中国河流中主要包含聚乙烯、聚丙烯、聚四氟乙烯等微塑料物质，含量为 100～4100 个/m^3。Zhang 等（2016）对我国青藏高原湖泊沉积物中微塑料种类及含量进行检测，发现可以检测到聚乙烯、聚丙烯、聚苯乙烯、聚对苯二甲酸乙二醇酯、聚氯乙烯等多种微塑料材质，含量达 8～563 个/m^2。由此可见微塑料污染问题在全球范围内普遍存在。从我国微塑料污染数据来看，中国河流中微塑料与其他国家相比含量更高，且在高海拔地区仍然能够检测到多种微塑料。虽然我国已禁止使用聚氯乙烯材质的塑料制品，但是目前在我国环境中仍可检测到聚氯乙烯微塑料。微塑料的来源复杂、积累量大，目前已经对生态环境构成威胁。

1.5.3 溴系阻燃剂

阻燃剂作为一种功能性添加剂，自 20 世纪 80 年代以来，在工业中的使用量急剧增加（Rodriguez-Campos et al.，2014）。溴系阻燃剂由于具有阻燃效果好、热稳定性高、用量少等特点，成为最受欢迎的一类阻燃剂（Birnbaum and Staskal，2004）。作为应用最广泛的阻燃剂之一，溴系阻燃剂广泛应用于塑料、电子、纺织、建筑等材料和产品中（Toms et al.，2009）。传统的持久性有机污染物，如多溴二苯醚一直广泛应用于人类的生产生活中（Alaee et al.，2003），由于其难以降解和在土壤中的持久性，已被《关于持久性有机污染物的斯德哥尔摩公约》列为持久性有机污染物，并在过去 20 年中逐渐在全球范围内被禁止。新型溴系阻燃剂作为传统溴系阻燃剂的替代品，近年来在国际上得到了广泛的应用，如五溴甲苯、六溴苯、1,2-二（2,4,6-三溴苯氧基）乙烷、十溴二苯乙烷等（Ling et al.，2021）。

近年来，新型溴系阻燃剂表现出持久性和生物蓄积性等持久性有机污染物特征（Covaci et al.，2011），其中十溴二苯乙烷作为十溴二苯醚的典型代表普遍存在于各种生物和非生物介质中（Tang et al.，2019）。新型溴系阻燃剂也具有生物蓄积或生物放大的潜力。近年来，在各种环境样本中都发现了六溴苯（Hickman and Reid，2008），据报道，六溴苯通过我国南方的水生食物链被放大（Zhang et al.，2010），而五溴甲苯在我国南方的水鸟中表现出生物放大（Zhang et al.，2011）。1,2-二（2,4,6-三溴苯氧基）乙烷具有高度亲脂性和持久性，因此容易在环境介质中积累（王森和张兆祥，2020）。此外，1,2-二（2,4,6-三溴苯氧基）乙烷还倾向于与固相紧密结合，因此其在土壤、污泥和沉积物中的浓度远高于水和其他环境介质中的浓度，导致其在土壤中的检测频率较高（王森和张兆祥，2020）。十溴二苯乙烷在生物体中的分布是特定于物种、器官和组织的，在人类的母乳、血液和头发中都被检测到。例如，我国妇女母乳中最高浓度为 0.922ng/g FW，加拿大妇女血清中最高浓度为 16ng/g FW（Corsolini et al.，2021）。尽管溴系阻燃剂的替代品仍然在不断改良，但是作为一类持久性有机污染物，其仍然对生态环境产生严重威胁。关于溴系阻燃剂的降解方式以及研发生态友好型替代材料是未来研究的热点方向。

第 2 章　白腐真菌生物学和酶学

白腐真菌是一类能使木材呈现白色腐朽状的真菌，它能够分泌胞外氧化酶降解木质素（易峰，2017），使木质腐烂为白色海绵状团块（白腐），故将能分泌这些胞外氧化酶的真菌称为白腐真菌。20 世纪 80 年代初，*Science* 最先报道了白腐真菌（黄孢原毛平革菌 *Phanerochaete chrysosporium*）的降解作用，并且在其培养液中发现了木质素过氧化物酶，从此科研工作者开始了对白腐真菌生物学和酶学性质等方面的广泛研究（张平，2005）。

2.1　白腐真菌概述

2.1.1　白腐真菌的生物学特性

从分类学上，白腐真菌属于担子菌门（Basidiomycetes），少数属于子囊菌纲。白腐真菌主要寄生或腐生在树木或木材上，因能释放降解木质素的酶，侵入木质细胞腔内获取营养，导致木材腐朽，成为海绵状团块而得名（梁红，2008）。白腐真菌是一种嗜热性的好氧微生物，不仅能彻底降解木质素还能降解环境中的一些难降解物质，如杀虫剂、多氯联苯、多环芳烃、合成染料等。白腐真菌这种能降解环境中多种难降解污染物的特点引起了环境科学领域的广泛关注（朱晓红，2013）。

2.1.2　白腐真菌胞外酶系统

白腐真菌对污染物的降解过程主要发生在次生代谢阶段，当氮、碳、硫等营养物质受到限制时白腐真菌会产生木质素降解酶，即进入木质素降解条件时启动降解反应。白腐真菌对木质素和异生质的降解过程主要依赖于酶的产生和分泌，这些酶共同参与了木质素降解酶系统（lignin-degrading system）的形成。在降解反应过程中，白腐真菌降解系统的主体有一套酶系统，包括产生 H_2O_2 氧化酶系[葡萄糖氧化酶（GOX）、乙二醛氧化酶和其他酶]、木质素氧化酶系[需 H_2O_2 的过氧化物酶，如木质素过氧化物酶（LiP）、锰过氧化物酶（MnP）和漆酶（Lac）等]（张博，2014）。

2.1.3　白腐真菌降解技术的优势

对比其他细菌系统，白腐真菌降解技术的优势主要有以下几个方面（梁红，2008）。

1. 无需底物的预条件化

细菌必须在一定底物浓度的诱导下才能合成所需的降解酶，这导致细菌不能降解低浓度的有机污染物，且只能将污染物浓度降至有限水平。白腐真菌无须经过特定底物诱导真菌降解酶，它是靠营养限制（主要是 N）来启动降解过程的。因此，白腐真菌降解污染物与降解底物的有无或多少无关，能降解环境中某些低浓度有机污染物。

2. 动力学优势

细菌对污染物质的降解多属酶促转化，因此，降解遵循米氏动力学，需考虑各种降解酶对污染物的 Km 值（米氏常数）。而细菌对所降解的异生物质从本质上是排斥的、低亲和的（高 Km 值），这决定其降解过程的不彻底性或不充分性。相反，白腐真菌是通过自由基过程实现化学转化的，污染物质降解遵循的一般是准一级动力学。

3. 与其他微生物的竞争优势

与其他微生物相比，白腐真菌对营养物的要求不高，可以利用比较廉价的物质，如木屑、木片、剩余谷物、农业废弃物等作为营养源进行培养。因此，一旦微生物区系中导入白腐真菌后，白腐真菌较易在自然微生物菌落中保持竞争上的优势。

4. 胞外酶降解优势

白腐真菌能够合成具有水解能力的胞外酶，产生非常强的高效氧化剂（如 VA^+ 和·OH），具有把环境中的大分子营养物质分解成小分子物质的能力。白腐真菌降解酶系统的关键组分存在于细胞外，有毒污染物不必先进入细胞再代谢，污染物的毒性对菌体细胞的伤害较小。

5. 非专一性的降解性能

白腐真菌降解有机物依赖于其细胞外降解酶系统，使该菌对不溶的、有毒的、结构各异的物质，如木质素、DDT、氯代联二苯、二噁英和苯酚等均有降解能力，表现出高效、低耗、广谱、适用性强等优点。因为多数污染物在环境中往往以多种污染物混合共存的方式存在的，白腐真菌的这种非专一性降解特点，无疑具有更大的实用性。

6. 适用于固、液两种体系

大部分微生物系统都只能被用于溶液中，而白腐真菌能在固体、液体培养中生长，实现对底物的降解。因此白腐真菌降解技术，既适合于治理土壤污染，也适宜于治理水体污染。

2.1.4 白腐真菌产酶条件研究

1. 培养基优化

为了提高白腐真菌的产酶量，研究人员开展了针对毛革盖菌（*Coriolus hirsutus*）、采绒革盖菌（*Coriolus versicolor*）、硬毛粗毛盖孔菌（*Funalia trogii*）等不同菌种产漆酶的最优条件的筛选工作（孙巍等，2008），通过调整菌种的培养基质、pH、接种量、催化物质添加量等手段来提高菌种产酶的活性或延长产酶周期（Kahraman and Gurdal，2002；尹艳丽等，2004）。调整黄孢原毛平革菌培养基中的碳源、氮源，添加表面活性剂、调整诱导剂的用量，可以使其锰过氧化物酶的分泌量得到提高（杨晓宽等，2004）。通过调整培养基中各营养成分的浓度也能影响白腐真菌的产酶，添加天然浸出液后，LiP 最高酶活为 122.6U/L，MnP 最高酶活为 135.4U/L。并且碳源种类对木质素过氧化物酶及锰过氧化物酶产生显著影响，LiP 普遍在以淀粉为碳源的培养体系中产生，而 MnP 则易在以纤维素为碳源的培养体系中产生，这可能是与淀粉和纤维素底物对白腐真菌胞外多聚糖的合成作用机制不同有关（张晶等，2005）。

大量研究结果表明，通过模拟天然培养基能有效促进白腐真菌菌丝体的生长和产酶能力的提高，天然培养基在提高菌体生物量、菌丝直径和促进漆酶分泌的效果上均优于合成培养基（王灿等，2007）。通过在液体培养基中投加木屑、玉米和马铃薯浸出液的方法也可以促进白腐真菌产酶（林刚等，2003；张晶等，2005）。此外，通过优化白腐真菌培养基的组成，可以对酶基因的转录过程产生影响，结果显示，在不同的 7 种组合培养基中，都没有检测到 *GLG1* 和 *GLG5* 基因的转录产物，*GLG2* 和 *GLG3* 基因能够在一些营养组合条件下转录，但也存在一定的差异（冯红和张义正，2000）。

2. 培养条件优化

白腐真菌产酶还受到培养条件的影响，如温度、pH、氧气、摇床转速、培养周期、接种量和装液量等。大部分白腐真菌属于喜热嗜氧型真菌，偏酸性培养环境下菌体生长状况较好（Kirk et al.，1978），不同菌种间的最佳产酶温度和 pH 也有差异，甚至同一菌种分泌不同降解酶的最适温度和 pH 也不相同。例如，黄孢原毛平革菌在 37℃或 39℃、pH 4.5 的培养条件下，分泌 Lac 的效果最好，在 37℃、pH 4.5 的条件下，分泌 MnP 的效果最好。在 30℃、pH 为 4.0 的条件下，采绒革盖菌（*Corilus versicolor*）分泌 MnP 的效果最好（王宜磊和刘兴坦，2000）。变温方法对降解酶的产生也有影响，通过控制菌体的培养和产酶两个阶段温度，可以提高菌体对降解酶的分泌量（Asther et al.，1988）。振荡会促进培养体系与 O_2 的充分接触，通过改变振荡的速度可以直接影响菌体生长和产酶效率（高大文等，2007；高尚等，2007）。在白腐真菌培养的不同时期，菌种之间的产酶特性也有不同，如黄孢原毛平革菌的液体培养最佳培养周期为 4 天，而变色栓菌的最佳培养周期为 5 天（吴薇等，2008）。白腐真菌的产酶体系也受装液量和接种量影响，500ml 摇瓶装液量在 250ml/瓶时所获得的 MnP 的活性最高，达到 115.2U/L，接种量为 $1.3×10^6$ 个孢子/ml 时 MnP 的活性达到最高，为 132.9U/L（高尚等，2007）。此外，污染物的投加浓度对白腐真菌培养过程也有重要影响，较低浓度的外源物质投加可以促进白腐真菌产酶，但当浓度过大时则会抑制白腐真菌产酶。例如，当活性艳红 X-3B 浓度超过 400mg/L 时，黄孢原毛平革菌产酶会受到明显抑制（武琳慧等，2007）。综上所述，培养条件的优化可以提高白腐真菌产酶和降解效果。

3. 固定化及诱导技术对菌体产酶的影响

白腐真菌的固定化技术在近年来得到快速发展，固定化技术不仅能促进菌体生长，也使得菌体产酶得到提高。张朝辉等（1999）研究发现，用聚氨酯泡沫对白腐真菌进行固定化，LiP 酶活比游离菌丝高 1 倍。张书祥等（2004）利用尼龙网作载体，探讨了固定化白腐真菌产漆酶的最适产酶温度和 pH，固定化漆酶最适温度为 55℃，固定化漆酶最适 pH 为 4.5。朱雄伟等（2007）采用 3 种固定采绒革盖菌的方法，对采绒革盖菌在固定化的培养条件下的产漆酶条件进行了研究，结果表明：漆酶产量高的碳源是葡萄糖，氮源是氯化铵，pH 3.6，而表面活性剂、诱导剂对漆酶的活性影响不大，漆酶产量高的是海藻酸钙-聚乙烯醇双载体固定化法。

许多研究者利用多种诱导手段选育出高产酶的优良菌种体系，不同类型白腐真菌对不同诱导剂的反应和作用效果不同。微量元素会影响白腐真菌产酶，如 Cu 对白腐真菌产 Lac 具有一定的诱导作用（Baldrian et al.，2005）。通过对比不同诱导物对白腐真菌产 MnP 效果的影响，陈兆林等（2006）发现藜芦醇、吐温 80 和草酸对白腐真菌产 MnP 有促进作用。刘丽（2015）验证了外源化合物对 3 株白腐真菌产漆酶的诱导效果，结果表明，Cu^{2+} 具有很强的漆酶诱导能力，是漆酶活性中心必需的金属离子，因此 Cu^{2+} 的添加一方面诱导白腐真菌产漆酶，另一方面作为漆酶重要组成成分促进漆酶的大量合成。另外，有机醇和芳香族化合物对白腐真菌产漆酶也具有一定的诱导能力，但其诱导效果远不如金属 Cu^{2+}。宁大亮等（2009）利用诱导-原位光谱法将多种难降解有机物作为诱导物，比较了不同诱导物对黄孢原毛平革菌的诱导效果，其中萘、菲、二氯酚、五氯酚对黄孢原毛平革菌 P450 有诱导作用，诱导后的微粒体 P450 浓度分别可达 137pmol/mg、58pmol/mg、37pmol/mg、97pmol/mg，菲在低氮培养基中诱导产生的 P450 含量是马铃薯液体培养基中的 5.7 倍。此外，金属离子的浓度也会影响白腐真菌产酶，即金属离子的适当添加能够促进白腐真菌的产酶过程，但过量的诱导物反而会抑制菌体产酶（陈兆林等，2006）。余惠生等（1999）比较了不同酶系统之间，对金属离子浓度的耐受性，结果表明，锰过氧化物酶的产生受 Cu^{2+} 浓度的影响不大，而漆酶的产生却显著受 Cu^{2+} 的调控，没有 Cu^{2+} 存在时，漆酶的活性很低，增加 Cu^{2+} 浓度，漆酶的活性增大，但是过多的 Cu^{2+} 又会对漆酶产生抑制作用，使酶活降低。综上所述，诱导物对于提高白腐真菌产酶具有重要意义，诱导物的种类、浓度和投加时机均会对白腐真菌产酶产生影响。

2.1.5　白腐真菌在环境工程中的应用

白腐真菌能够降解木质素、纤维素、半纤维素等木质中的物质，而工业废水和生活废水中污染物与木质中的物质结构相似，所以有学者开始用白腐真菌处理工业废水及生活污水。研究表明处理工业废水时 pH 与温度对白腐真菌降解污染物影响较大，而处理生活污水时环境因素影响不大，即使是生物量很小时也会以污水中的物质为营养，可以处理大量的生活污水。国外学者研究表明白腐真菌能够有效去除土壤中蒽、芘等难降解物质。

人类生活与土壤息息相关，然而土壤污染日趋严重，危及人类的安全与健康，治理土壤污染成为科学研究热点。王银善（2010）用白腐真菌修复土壤污染，结果表明生物降解和生物吸附对活体白腐真菌降解环境中有毒物质——多环芳烃有重要的作用。农业遭受重金属污染越来越严重，胡霜（2011）研究了不同铅浓度下，白腐真菌降解农业固体废物。研究结果表明，低浓度铅对白腐真菌分泌酶有刺激作用，高浓度铅对白腐真菌分泌酶有抑制作用，铅浓度过高降低了白腐真菌对复杂有机物的降解水平，白腐真菌分解难降解有机物的同时能够逐渐适应低浓度重金属铅的毒性（胡霜，2011）。白腐真菌通过酶降解系统去除环境中石油烃污染物的研究也较多。白腐真菌应用于石油烃的去除，将有助于难降解成分的较快分解，从而将原油造成的污染减到最低限度。

2.2　白腐真菌生物学

2.2.1　白腐真菌的分类

1977 年，Carl Woese 从分子生物学角度出发，根据 16S rRNA 碱基序列特点，提出生物三域理论，整个生物世界被划分为细菌域（Bacteria）、古菌域（Archaea）和真核域（Eukaryotes）。真菌界属于真核生物超界。现代分类学概念中的真菌界（新真菌界），包括壶菌门（Chytridiomycota）、接合菌门（Zygomycota）、子囊菌门（Ascomycota）和担子菌门（Basidiomycota）及它们的无性型（半知菌类，Fungi imperfecti）。

白腐真菌的种类繁多，在分类学上属于真菌门，绝大多数为担子菌纲，少数为子囊菌纲，也有部分的半知菌。多数的多孔菌、伞菌都属于这一类型，《中国真菌志》（多孔菌科卷）记载了 46 属 137 种（李慧蓉，1996a），在环境领域研究得比较多的白腐真菌包括：黄孢原毛平革菌（*Phanerochaete chrysosporium*）、杂色云芝菌（*Trametes versicolor*）、硬毛粗毛盖孔菌（*Funalia trogii*）、烟管菌（*Bjerkandera adusta*）、糙皮侧耳菌（*Pleurotus ostreatus*）、香菇（*Lentinus edodes*）和朱红密孔菌（*Pycnoporus cinnabarinus*）等（梁红，2008）。20 世纪 80 年代，*Science* 中首次报道了白腐真菌具有分泌胞外木质素降解酶的能力，为生物降解的相关领域带来了新的研究方向。这一发现也引起了环境科学领域对白腐真菌的广泛关注。自此，科学界针对白腐真菌的生物学特征、生化原理、酶学、分子生物学、工业化生产和环境工程学应用等相关方面开展了大量研究（高大文等，2007）。

黄孢原毛平革菌（*Phanerochaete chrysosporium*）作为研究历史最久、受关注最多、研究最透彻的菌种，属于伏革菌科（Corticiaceae），原毛平革菌属（*Phanerochaete*），普遍分布于北美，在我国境内尚未发现。菌丝体多核，一个孢子内随机分布多达 15 个细胞核，菌丝一般无隔膜，也无锁状联合，多核的分生孢子常为异核体，担孢子为同核体，存在同宗配合和异宗配合两类交配系统（李慧蓉，1996a）。黄孢原毛平革菌主要有：①BMF-F-1767（ATCC 24725），1968 年从俄罗斯中东地区（East Central Russia）分离获得；②ME-446（ATCC 34541）；③OGC101，是 Gold 实验室将 ME-446 的分生孢子涂抹在含山梨糖的培养基上筛选获得的单菌体，为 ME-446 的衍生物（官嵩，2012）。

朱红密孔菌（*Pycnoporus cinnabarinus*）又名红栓菌、红菌子、朱红栓菌、朱血菌，隶属于非褶菌目，多孔菌科，红孔菌属（谢福泉和胡七金，2008）。其主要生长在栎、桦、椴及其他阔叶木材上，有时也生长在松木上，引起木材的腐朽。

朱红密孔菌是一种著名的药用菌，其子实体单生、群生或叠生，从外到内都是鲜艳的橙色至红色。朱红密孔菌的子实体中含有对革兰氏阳性和阴性菌均有抑制作用的多孔蕈素，有清热除湿、止血、消炎和抗癌的作用，对小白鼠肉瘤和艾氏癌的抑制率均为 90%（谢福泉和胡七金，2008）。

糙皮侧耳菌（*Pleurotus ostreatus*）是木腐菌的一种，通过分泌胞外酶来降解木质纤维素获取其生长发育所需的营养成分（胡延如等，2022）。它是食用菌范围里栽培历史深远、发展快、产量高、种植广的菌种，又名平菇、牡蛎菇，丰富的市场价值使其成为世界上最受欢迎的食用菌之一（许子洁等，2022）。全世界已知的侧耳属真菌约有 50 种，目前我国包括野生和引种栽培的侧耳属真菌达 36 种，是侧耳属真菌资源较为丰富的国家之一（周向宇等，2021）。2019 年，我国糙皮侧耳产量达到 6.8647×10^6 t，占食用菌总产量的 17.45%（李亚楠等，2021）。糙皮侧耳菌是一类适用性强、分布广且具有药用价值的白腐真菌。它可以预防高血压、糖尿病、心血管病、中年肥胖、癌症等疾病，是名副其实的健康食品。

烟管菌（*Bjerkandera adusta*）属于多孔菌科（Polyporaceae），黑管菌属（*Bjerkandera*），是一种木腐型真菌，多生于枯木、枯枝落叶区，覆瓦状排列或连成片，在湖南、云南、江苏、黑龙江、贵州、宁夏、台湾等地均有分布（朱云云，2020）。有时生长在香菇段木上，影响香菇产量，被视为"杂菌"，能够引起木材发生白色腐烂（陈蕾，2017）。烟管菌子实体（2～7）cm×（3～8.5）cm，厚 4～10mm，菌管表面白色，里面黑褐色至烟黑色，长 1.5～2.5mm。烟管菌菌落边缘整齐圆滑，质地疏松，菌丝发达，呈辐射状，平铺在培养基表面上，呈白色绒毛状（朱云云，2020）。

2.2.2 白腐真菌的生理特点

白腐真菌是生物界中能够引起木质白色腐烂的丝状真菌的总称，不属于生物系统分类学的范畴，而是基于功能角度对生物的描述和界定，因此白腐真菌是一个生物学概念。从分类学角度看，白腐真菌大多数属于担子菌纲，少数属于子囊菌纲，寄生或腐生在木材或树木上，可以通过分泌胞外酶（漆酶、锰过氧化物酶、木质素过氧化物酶等）来降解木质素，使木质素在纯培养条件下完全降解为 H_2O 和 CO_2，对全球碳循环有着重要作用。白腐真菌种类繁多，不同种类的白腐真菌的生理特征表现出显著差异。以黄孢原毛平革菌为例，简述其生长及代谢特点。

黄孢原毛平革菌菌丝体发达，菌丝常为多核。在合适的培养条件下，菌丝生长旺盛，能够在空气和水的界面上延展，产生大量无性分生孢子（官嵩，2012），分生孢子表面有小杆状结构，带负电荷，等电点近 2.5；具有疏水性，是直径为 5～

7μm 的卵形颗粒；分生孢子表面由蛋白质（35%）、多糖（20%）和类烃物质（33%）组成。分生孢子容易形成且数量大的特点，为菌的物质保存、遗传操作等提供很大的便利（张旭初，2010）。

黄孢原毛平革菌的生长与细菌生长相似，也存在对数增长期和稳定期。在对数生长期，黄孢原毛平革菌生长是线性的，生物量随时间显著增加，在稳定期，生长基本停止，同时由于碳氮等营养物限制而发生次生代谢，进入木质素降解阶段。

这种木质素降解发生或木质素降解酶合成所要求的营养物限制（主要是碳、氮或硫限制）条件，被称为木质素降解条件（官嵩，2012）。在这种条件下表现出的生理特征一般用木质素降解活性来描述，参与木质素降解反应的酶，被称为木质素降解酶。木质素中氮元素的含量相对较低，所以白腐真菌在降解木质素时，由于营养物氮素的缺乏进而启动次生代谢，分泌木质素降解酶。木质素降解酶往往不是一种酶，而是一套酶系，是白腐真菌独有的酶系统。这套酶系统主要包括产生 H_2O_2 的氧化酶、需 H_2O_2 的过氧化酶以及漆酶（laccase）、还原酶、甲基化酶和蛋白酶等。由于白腐真菌降解酶的诱导是靠营养限制来启动降解过程，所以与降解底物的有无或多少无关；这样，白腐真菌就能降解环境中某些低浓度污染物，还能将其降解到几乎测不出的水平。

黄孢原毛平革菌降解木质素实际上是通过共代谢进行的。共代谢有两种方式：一是指微生物的"生长基质"和"非生长基质"共酶。"生长基质"是可以被微生物利用作为唯一碳源和能源的物质。"生长基质"和"非生长基质"共酶，是指有些污染物（非生长基质）不能作为某些微生物唯一的碳源和能源，其降解并不导致微生物的生长和能量的产生，它们只是在其他微生物利用生长基质时，被微生物产生的酶降解（辅助代谢）或转化成为不完全的氧化产物（夏淑芬和张甲耀，1988），这种转化为其他微生物的攻击创造了条件，因此这种不完全的氧化产物进而可以被其他微生物利用并彻底降解。二是有机污染物彻底被降解为 CO_2 和 H_2O 的过程是有多种酶或微生物参与。有机污染物既能作为这些微生物的"生长基质"，在降解过程中成为它们自身的碳源和能源，也可以与生长基质共酶被共代谢降解（温继伟，2011）。

共代谢过程不仅提出了一种新的代谢现象，而且已被作为一种生化技术在芳香族化合物生物降解中得到了应用。现代的环境污染迫切需要人们更充分地利用微生物的降解活性，但有些化合物含有高度抗酶分解的结构元素或取代基。尽管环境微生物具有逐渐进化、适应功能，但酶催化途径的自然进化需要多种基因成分的改变，速度很慢，不能适应现代环境保护的要求。通过共代谢等各种生物技术的应用，在明确微生物降解环境污染物的能力和途径的基础上，应用现代基因工程技术，扩展微生物酶对基质的专一性和代谢途径，能有效地处理和降解各种污染物,可以更好地保护环境。

2.2.3 形态学特征

白腐真菌与大多数真菌一样是由菌丝构成的菌丝体。菌丝宽度为 5～10μm。菌落呈羊毛状、鹅毛状、棉絮状、绒毛状和粉末状。白腐真菌子实体的形态、菌落的形态、菌落的结构和颜色都可以作为鉴别真菌的依据。下面列举几种环境学领域典型白腐真菌的形态学结构。

偏肿革裥菌(*Lenzites gibbosa*),又称为偏肿拟栓菌、偏肿栓菌、短孔栓菌、褶孔栓菌、迷宫栓孔菌等,隶属于担子菌门(Basidiomycota),伞菌纲(Agaricomycetes),多孔菌目(Polyporales),多孔菌科(Polyporaceae),革裥菌属(*Lenzites*)。偏肿革裥菌可以产生大型可见的一年生无柄侧生担子果,菌盖半圆形或扇形,单生或覆瓦状叠生,新鲜时韧肉质至木栓质(李茹光,1980),有香味,干后变硬呈木质,香味消失(潘学仁,1995;Czarnecki and Grzybek,1995)。在马铃薯-葡萄糖琼脂培养基(PDA)中心处接种偏肿革裥菌后 1 周菌丝布满整个平板,菌落呈白色,菌丝体厚实,有轻微的酵母味或苦杏仁味(Lechner et al.,2004)。

杂色云芝菌(*Trametes versicolor*)子实体小至中等大,无柄,平伏面反卷,或扇形、贝壳状,硬木质,深灰褐色,有环状棱纹和辐射状皱纹,外缘有白色或浅褐色边,往往相互连接在一起,长 1～10cm,呈覆瓦状排列。菌盖宽 1～8cm,厚 0.1～0.3cm,革质表面,有细长绒毛和多种颜色组成的狭窄的同心环带,绒毛常有丝绢光彩,边缘薄,波浪状,菌肉白色。管孔面白色,盖下色浅,有细密管状孔洞,内生孢子,管口面白色、淡黄色,管口每毫米 3～5 个。孢子圆柱形,无色,(4.5～7)μm×(3～3.5)μm。初生菌丝为白色,随着时间的延长逐渐变黄(袁长婷,2001)。

糙皮侧耳菌(*Pleurotus pulmonarius*)担子体呈白色,扁片状,表面干燥光滑,老化之后变成淡褐色(Lechner et al.,2004)。孢子呈长圆形,透明,薄壁,(7.3～8.5)μm×(2.8～3.5)μm。菌盖上的菌丝可生,直径 4.4～11μm,壁通常比较薄。在培养过程中,菌丝呈白色,7d 后菌丝变白,呈棉状,边缘不规则,菌丝生长迅速,在 3d 内覆盖平面(Chelaliche et al.,2021)。

血红密孔菌(*Pycnoporus scoccineus*)子实体群生。菌盖直径 3～10cm,厚 0.3～0.7cm,近半圆形至扇形,扁平,表面鲜艳的朱红色,风吹雨打后褪成淡红色至白色,光滑,无毛,环纹不明显,表皮组织没分化。菌肉木栓质至革质,有比菌盖表面浅色的环纹。菌盖下面深红色,菌管长 0.1～0.2cm,孔口很细,每毫米 6～8 个。孢子长椭圆形,无色,光滑,(4～5)μm×(2～2.3)μm。

2.2.4　分子生物学鉴定

白腐真菌传统的分类依据主要是形态结构，但是白腐真菌形态特征复杂且易随环境发生变化。因此，仅利用形态学特征辨别白腐真菌种类存在不可靠性。将分子生物学技术引入真菌分类鉴定工作中，使得白腐真菌鉴别工作更加真实、可靠（邢来君和李明春，1999）。

目前白腐真菌分类鉴定工作常用的分子生物学技术主要包括：①真菌基因组 DNA 的（G+C）%含量的测定；②核酸杂交；③核糖分型；④基因组 DNA 限制性片段长度多态性分析；⑤随机扩增多态性 DNA 分析；⑥线粒体 DNA 的限制性片段长度多态性分析；⑦可溶性蛋白电泳等（蒋盛岩和张志光，2002）。目前科研工作者仍在致力于寻找更加准确、便捷、价格低廉的分子生物学鉴定手段。核糖体 RNA 基因序列分析被认为是最能反映物种之间遗传关系的指标之一，其原因在于：①核糖体是遗传进化的起源，其包含有真菌遗传进化的所有信息且在生物细胞中最为常见，可比性更强。②大小亚基核糖体 RNA 基因、5.8S 和 5S RNA 基因等编码核糖体的基因片段进化相对保守，适合用于属以上、亲缘关系较远的真菌鉴定。还有一些核糖体基因片段进化后差异较大可用于真菌种级别的鉴定。③核糖体是生物体蛋白质的合成与分配中心，为满足生物体蛋白质需求，核糖体一直保持基因的转录与翻译过程，在生物体的细胞基因中，核糖体编码基因占比最多，更利于提纯。随着技术的进步，分子生物学鉴定开始由核糖体大、小亚基基因序列转向更具准确性的大小亚基之间的基因间隔区，大小亚基基因间隔区主要分为转录间隔区（internal transcribeds spacer，ITS）和基因内间隔区（inter genics spacer，IGS）。主要研究手段包括探针杂交、PCR 扩增等技术。近年来，随着以 PCR 为基础的测序技术逐渐成熟，测序已经成为分子生物学研究常用的技术（袁长婷，2001）。对于白腐真菌菌种的分子生物学鉴定，目前常用技术是 ITS 分子生物学鉴定技术。真核生物核糖体编码基因中的18S、5.8S 和 28S rDNA 基因组成的转录单元高度保守，其中的内转录间隔区（ITS1、ITS2）由于进化相对迅速而具多态性，所以适合于等级水平较低的系统学研究（李慧蓉，2005）。

除用于富集分离菌株的分子生物学鉴定之外，通过基因工程等针对性调控高产降解酶基因也成为环境修复领域的研究热点。目前杂色云芝菌（*Trametes versicolor*）已成为研究漆酶基因转录调控的模式白腐真菌（梁红，2008），将漆酶基因在大肠杆菌中合成从而达到量产，可以将漆酶更好地用于环境修复中（Dai et al.，2020）。

2.3 白腐真菌酶学

白腐真菌在对营养限制应答反应时形成一套白腐真菌酶系统，具体包括以下几种（李慧蓉，1996b）。

1）H_2O_2 产生酶系：细胞内的葡萄糖氧化酶和细胞外的乙二醛氧化酶在 O_2 的参与下各自氧化相应底物（葡萄糖或乙二醛）形成 H_2O_2，从而激活过氧化物酶，启动酶促催化反应。

2）需要 H_2O_2 的过氧化物酶：白腐真菌主要合成两类过氧化物酶（LiP 和 MnP）。

3）酶、还原酶、甲基化酶、蛋白酶及其他酶。

上述降解酶共同组成了白腐真菌降解酶系统。研究较多的木质素降解酶系主要包括 MnP、LiP 和 Lac 三种酶系。不同的白腐真菌可分泌上述木质素降解酶系中的一种或多种，如 *Lentinula edodes* 只产生 MnP 和 Lac，而黄孢原毛平革菌则分泌 LiP 和 MnP（赵红霞，2002）。黄孢原毛平革菌也能产生 Lac，但是在以葡萄糖为碳源生长时产生的量很少。

由于木质素分子结构的复杂性和苯丙烷聚合物结构的多样性，参与其分解的降解酶必须表现出底物的广泛性。木质素降解酶系中产生 H_2O_2 的氧化酶在分子氧（外界曝气供给）参与下氧化底物形成 H_2O_2，从而激活过氧化物酶，启动酶的催化循环；需 H_2O_2 的过氧化物酶均在细胞内合成，分泌到细胞外，以 H_2O_2 为最初氧化底物。木质素降解酶能够断裂木质素结构单体间的 C—O 键或 C—C 键，并对侧链进行一定的修饰，发生侧链氧化、去甲基化、去甲氧基化、芳环开环等系列化学反应（潘明凤等，2011）。另外，芳醇氧化酶（aryl-alcoholoxidase，AAO）、乙二醛氧化酶（gyoxaloxidase，GLOX）、葡萄糖氧化酶（glucose-l-oxidase，GOX）、酚氧化酶、过氧化氢酶、对-香豆酰酯酶也与木质素的降解密切相关（张辉，2006）。

由于漆酶（60~80kDa）、锰过氧化物酶（30~62.5kDa）和木质素过氧化物酶（38~42kDa）分子量较大，无法穿透完整的木质素结构，所以降解过程中需要在一些被称为介体的低分子量化合物的帮助下才能实现（Leonowicz et al.，2001）。研究表明，在 Fenton 反应生成的低分子量 Fe^{3+}-有机复合物的介导下，MnP 能够氧化酚类和非酚类化合物，漆酶可以仅与 Fe^+ 或 Mn^{2+}/Mn^{3+} 协同氧化非酚类化合物。通过非酶促 Fenton 反应产生的羟基自由基能够降解木质素非酚类结构，部分氧化的木质素随后可被 MnP 和漆酶进一步氧化（Arantes and Milagres，2006）。

2.3.1　漆酶

1. 漆酶的来源

漆酶（laccase，Lac）最初是在漆树渗出物中被发现的（宋美静，1999）。随着相关研究的开展和深入，人们发现昆虫、植物、细菌和真菌均可产生漆酶（Christopher，1994；方华等，2008）。漆树（*Rhus*）和真菌是漆酶的两个重要来源。白腐真菌分泌漆酶较为普遍（Jarvis et al.，2003），产漆酶的主要菌种包括：黄孢原毛平革菌（*Phanerochaete chrysosporium*）、杂色云芝菌（*Trametes versicolor*）、长绒毛栓菌（*Trametes villosa*）、毛栓菌（*Trametes hirsuta*）、血红栓菌（*Trametes sanguinea*）、金针菇（*Collybia velutipes*）、香菇（*Lentinus edodes*）、糙皮侧耳菌（*Pleurotus ostreatus*）、朱红密孔菌（*Pycnoporus cinnabarinus*）、木蹄层孔菌（*Fomes fomentarius*）、丝核菌（*Rhizoctonia praticola*）、维氏针层孔菌（*Phellinus weirii*）、毛柄鳞伞菌（*Pholiota mutabilis*）、射脉菌（*Phlebia radiata*）。

2. 漆酶的结构和性质

Lac（EC1.10.3.2）是目前分布最广泛、研究最普遍的多酚氧化酶，能够以 O_2 作为氧化剂降解底物产生水，而不生成有毒的中间副产物，被称为"理想的绿色催化剂"。漆酶属于铜蓝氧化酶家族，是一种由肽链、糖基和 Cu^{2+} 三个部分组成的细胞外含铜糖蛋白，其分子的 $10\%\sim45\%$ 由包括阿拉伯糖、半乳糖、甘露糖、岩藻糖、氨基己糖和葡萄糖等糖基组成（王国栋和陈晓亚，2003），由于漆酶的来源不同，其分子组成中的糖基也有差异，所以漆酶的分子量也有很大差异（Yaropolov et al.，1994）。

如图 2.1 和图 2.2 所示，铜离子和特定的氨基酸残基配位构成漆酶的活性中心，每个漆酶分子含有 4 个 Cu^{2+}，根据光谱特征可分为三类：I 型 Cu^{2+}（T_1Cu，1 个）；II 型 Cu^{2+}（T_2Cu，1 个）；III 型 Cu^{2+}（T_3Cu，2 个），其中 T_2 和 T_3 构成一个三核中心（Palmer et al.，2001）。

漆酶一般适宜温度较低，多数真菌漆酶的反应温度在 $25\sim50℃$。当然也有耐高温真菌漆酶，如担子菌 PM1（CECT 2971）漆酶 I 的最适反应温度为 80℃。多数真菌漆酶最适反应 pH 在 $4.0\sim6.0$，其中酸性 pH 催化效率较高。同一漆酶的作用底物不同，最适反应 pH 也有所差异。真菌漆酶多为酸性蛋白质，等电点在 $3.0\sim6.0$。

3. Lac 的催化底物

对于电子供体而言，漆酶具有广泛的底物专一性，在小分子介体环境中漆酶

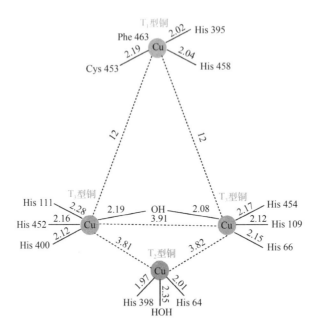

图 2.1　杂色云芝漆酶三核铜中心（Zofair et al.，2022）

His：组氨酸；Cys：半胱氨酸；Phe：苯丙氨酸；HOH：水分子

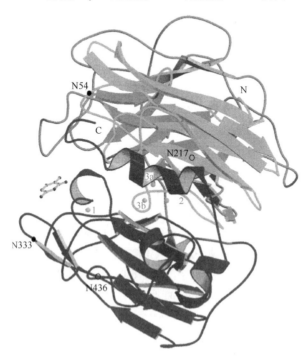

图 2.2　漆酶 LacIII b. Ribbon 的二级结构（Bertrand et al.，2002）（彩图请扫封底二维码）

1：T$_1$ 型铜；2：T$_2$ 型铜；3a、3b：T$_3$ 型铜

不仅具有更强的催化能力，还会扩大其对底物的作用范围。漆酶的合适底物分子是酚类化合物，如对苯二酚、邻苯二酚、愈创木酚、2,6-二甲氧基苯酚、氨基酚等。

相对于易氧化高电离电位的非酚类化合物的 LiP 和 MnP 而言，Lac 则能氧化低电离电位的非酚类化合物。Lac 宽泛的底物专一性还可以扩展到各种木质素的非酚类亚单位、苯胺类、苯硫类、丁香连氮、2,2-连氮-二（3-乙基苯并噻唑-6-磺酸）（ABTS）、各种染料、PAHs 及多氯联二苯等。但这有时需要添加适当的氧化还原调节剂以促进非 Lac 底物的非酚类化合物的氧化反应。在离体条件下，杂色云芝菌（*Trametes versicolor*）的 Lac 能氧化多种 PAHs，对苊、蒽、苯并[a]芘的去除率分别为 37%、18% 和 19%；对蒽、荧蒽、苊、苯并[a]蒽、䓛、苯并[b]荧蒽、苯并[k]荧蒽、芘的氧化仅约 10%；而对萘、芴和菲却不能氧化。*Trametes hirsuta* 的 Lac 可对染料进行有效的脱色和解毒。在对三苯甲烷染料、靛类染料、偶氮染料和蒽醌染料的降解中，染料的初始脱色速度依赖于染料结构中酚环上的取代基结构。

4. Lac 的催化反应及降解机制

Lac 能对包括木质素在内的多种芳烃类底物进行氧化性聚合和解聚，还能对氯化酚类化合物直接脱氯，致使 Cl⁻ 从氯化有机物中释放。Lac 催化氧化不同类型反应底物的机制主要表现在两个方面：一方面，漆酶从被氧化的底物分子中提取一个电子，使之形成自由基，进一步发生聚合或解聚反应。在 O_2 存在的条件下，还原态漆酶被氧化，O_2 被还原成水。另一方面，漆酶催化氧化底物和对 O_2 的还原通过 4 个铜原子协同传递电子和价态变化实现。漆酶催化 4 个连续的单电子转移氧化还原性底物，将 O_2 还原成水。漆酶氧化木质素时可以裂解 C—C 键（芳基–烷基），如图 2.3 所示。漆酶作用于木质素的酚类结构单体时，能够将酚羟基氧化成苯羟自由基，从而使芳香基裂解。对于非酚类物质，漆酶必须借助介体通过氢原子转移、电子转移和离子转移的方式作用于木质素（Morozova et al.，2007）。漆酶除了能够催化解聚木质素外，还具有聚合木质素的作用，因此，漆酶单独存

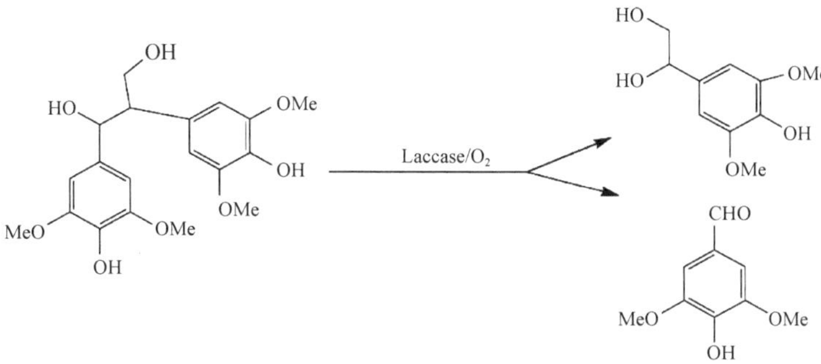

图 2.3 　Lac 降解木质素及木质素类似物的作用机制（侯红漫，2003）

在时，木质素降解效率可能比较低，而与 MnP 等其他酶共存时，才能实现较高的木质素降解效率。在自然环境下，漆酶经常与其他木质素氧化酶协同降解木质素（李玉英和杨震宇，2009）。

5. Lac 的应用

由于漆酶具有特殊的催化性能和广泛的作用底物，在造纸工业、食品工业、生物检测、染料脱色和污染治理等方面具有广泛的应用价值（张跻，2007）。

（1）造纸工业

木质素在木材中的含量为 15%～32%，仅次于纤维素和半纤维素。传统的制浆工艺是使用烧碱或硫酸盐蒸煮原料以去除木材中的木质素，但该工业不仅制浆获得率低，而且会对环境造成严重污染。利用漆酶对木质素选择性降解的特性来生产纸浆，不仅可以使造纸新工艺在常温、常压的温和条件下进行，还可以节约设备和节省能耗（杨金水，2004；卢蓉，2004；王艳婕，2004）。此外，当漆酶用于纸浆生物漂白时，在减少二氧化氯使用量的前提下可实现与化学处理的纸浆相似的白度，是一种适用于造纸厂的既环保又经济的漂白方法（Sharma et al.，2019）。

（2）食品工业

啤酒、果汁等饮料在储存期间往往会出现浑浊或沉淀，这与其中含有酚或芳胺类物质有关。使用漆酶处理啤酒、葡萄汁或葡萄酒的发酵液，可以去除其中的酚类物质，使饮品长期保持澄清并延长其储存时间（杨金水，2004；卢蓉，2004；王艳婕，2004）。另外，许多食品如色拉酱、法式生菜调味酱和蛋黄酱等都含有植物油，而植物油内含有的亚油酸易氧化形成难闻的氧化物。将漆酶添加到油类和含油制品中，可以防止油类氧化提高含油制品的风味（张跻，2007；高恩丽，2007）。此外，烘焙时，加入漆酶，可增加产品风味，增强筋性（彭滟钞等，2013）。

（3）生物检测

漆酶运用到生物检测中主要是进行生物传感器的制作和免疫检测（曹治云等，2004）。Tvorynska 等（2022）研制出了一种简单有效的流通式电化学生物传感器，该传感器由基于杂色云芝漆酶的微型反应器和银固体汞合金（TD-AgSA）管式检测器组成，能够快速、选择性地检测酚类化合物。Leech 和 Daigle（1998）研究了用测定叠氮化物的无反应物漆酶电极，漆酶被固定在涂了具有氧化还原作用的水凝胶的电极表面，电极上的电子传递给氧分子，氧气作为该酶促反应的底物，因在反应过程中消耗了氧气，引起氧电流减小，如果样品中叠氮化物浓度越高，则氧电流减小越多。

酶的免疫检测是指将酶与抗原或抗体相结合，形成酶标记物，利用酶将无色的底物催化生成可溶性或不溶性的有色产物，通过有色产物的浓度反映抗原或抗体的量，从而实现定量测定的目的（曹治云等，2004）。

（4）染料脱色

漆酶还可以用于印染废水中染料的脱色降解处理。商业染料的种类约有 10 万种，每年染料的总产量为 $7 \times 10^5 t$，我国年产量已达 $1.5 \times 10^5 t$，这其中有 10%～15%的染料会直接随废水排入环境。根据染料结构的不同，可分为漆酶底物型染料和非漆酶底物型染料。蒽醌类染料是漆酶的底物，因此可被漆酶直接氧化，其脱色和降解程度一般与酶活性成正比（张跻，2007）。Lin 等（2003）的研究表明彩绒革盖菌游离细胞培养液和固定菌丝培养液能够降解多种染料。宋美静（1999）用腐烂木材中分离到的真菌 SM77 进行偶氮染料 orange G 的脱色，其对 orange G 的脱色主要由漆酶完成，脱色能力随 pH 的增加而增加，16h 内脱色率达 96%，该酶作用于偶氮类染料的可能机制在于酶分子攻击与偶氮原子连接的芳香碳，使其形成自由基，然后在水分子攻击下产生二氮苯，二氮苯通过单电子传递作用进一步降解为 N_2。

（5）污染治理

某些工业废水处理时往往产生酚或芳胺等污染物降解中间产物，而漆酶对酚、胺类物质的降解有催化氧化作用。Bollag 等（2003）用固定化漆酶处理造纸厂废水，有效地去除了甲基酚。以硅藻土为载体固定漆酶催化农药分解成 2,4-二氯酚，氧化生成没有活性的低聚物。Hirai 等（2004）发现云芝漆酶-HBT（1-羟基苯并三唑）可有效催化杀虫剂甲氧 DDT 氧化脱氯，产生无毒物质。

将白腐真菌分泌的漆酶用于有毒污染物的降解研究也比较广泛。Ricotta 等（1996）研究了杂色云芝菌（*T. versicolor*）分泌的漆酶与五氯苯酚的矿化关系，发现分离得到的胞外漆酶加速了五氯苯酚的矿化。

利用漆酶进行土壤修复，修复过程克服了外源微生物与土壤土著微生物竞争引起的定殖问题。同时，固定化技术（介孔硅酸盐上的吸附、海藻酸钠或 MOFs 中的包埋、共价结合和可生物降解聚合物上的交联）的进步提高了酶的操作稳定性和催化活性，从而实现对有机污染土壤的酶促生态修复（Wang et al.，2023）。酶固定化目前已逐渐被用于土壤生态修复，特别是用于去除农业土壤中的卤代有机污染物、残留农药以及工业场地土壤中的多环芳烃等难降解污染物。

Ren 等（2021）的研究表明，在漆酶处理的土壤中，44.4%的 2,4-二氯苯酚（2,4-DCP）在 5d 内被游离漆酶降解。相比之下，固定在有机肥上的漆酶在 5d 内对 2,4-DCP 的去除率为 58.6%。毒死蜱是一种广谱杀虫剂，广泛用于农业和家庭害虫控制。在毒死蜱控制的研究中，固定在纳米氧化铁颗粒上的商业漆酶可以更好地吸附和降解毒死蜱，并且漆酶的浸出量比游离酶少 2.5 倍（赵红霞，2002）。

6. Lac 合成及活性的诱导剂

Lac 可分为两种：可诱导性的（inducible）和组成性的（constitutive）。

在担子菌中，细胞外组成性 Lac 的产量较低，但是各种与木质素及木质素衍生物相关的芳烃类和酚类化合物则可以显著提高漆酶产量。真菌 Lac 的合成易被许多化学物质诱导，它们的结构特点是：在芳核上连有—OH 或—NH_2—（NH—）。这些物质大部分都具有较弱或者中等的活性，但有一些（如苯甲胺）是强诱导剂。同时，越来越多的研究表明，Cu^{2+} 是最有效的漆酶活性诱导剂（李文燕，2012）。

（1）芳香类诱导剂

Lac 是可被多种酚类物质、放线菌酮、2,5-二甲代苯胺等诱导的酶。研究表明，杂色云芝菌（*Trametes versicolor*）的 Lac 被诱导的最佳时间是接种后的 8~10d，此时菌丝体处于静止生长期。

（2）重金属诱导剂

可溶性的重金属盐是 Lac 合成及活性刺激的另一类 Lac 诱导剂，其中 $CuSO_4$ 是使用最多、诱导效果最好的重金属诱导剂。

2.3.2　木质素过氧化物酶

1. 木质素过氧化物酶的结构和性质

木质素过氧化物酶（LiP，EC1.11.1.14）是最早在氮限制条件下培养黄孢原毛平革菌的平板中被发现的木质素降解酶，采用拉曼共振、核磁共振、X 衍射分析等技术对 LiP 的结构进行分析，发现 LiP 的晶体结构是一个典型的含有血红素分子的血红蛋白（刘尚旭和赖寒，2001；张力等，2009）。包埋在蛋白质内的铁血红素构成酶的活性中心，其活性部位结构的稳定性主要由 4 个二硫键和 2 个 Ca^{2+} 来维持。LiP 的分子量大约为 40kDa，有酸性等电点和偏酸性的最适 pH，包含一个亚铁原卟啉Ⅸ血红素半体（张建军和罗勒慧，2001；张力等，2009）。LiP 具有较高的氧化还原电位，能通过单电子氧化并引起一系列自由基反应，为氧化木质素非酚类结构提供了优势（Martínez et al.，2005）。LiP 的氧化还原电位为 1.5V，是唯一能够直接降解非酚型木质素的白腐真菌关键酶（张建军和罗勒慧，2001）。LiP 易受 H_2O_2 的影响而失活，并且木质纤维素基质的一些成分也会抑制 LiP 的活性。

2. LiP 的催化反应及降解机制

LiP 有一个"配体通道"，小分子底物可通过通道与血红素直接作用，而底物的大小和理化性质共同决定了其能否通过"配体通道"与血红素结合。研究发现，除草剂阿特拉津进入 LiP "配体通道"后，阿特拉津与"配体通道"中某些氨基酸残基结合，最终无法到达血红素的活性位点（Acebes et al.，2017）。目前对"配体通道"中氨基酸残基的研究较少，因此明确"配体通道"中的关键氨基酸残基、分析"配体通道"的功能具有相当大的发展前景，这将有利于深入探索和了解 LiP 作用机理。

　　LiP 对底物具有非特异性催化作用，可在 H_2O_2 及有机过氧化物存在的条件下，通过电子传递攻击酚类或非酚类芳香化合物，夺取其苯环上的电子，将苯环氧化成自由基，并以链式反应的方式产生一系列自由基和小分子降解产物，最终导致底物中的主要键断裂，促发一系列的裂解反应。

　　木质素是由三种醇单体（对香豆醇、松柏醇、芥子醇）形成的一种复杂酚类聚合物，这些醇单体通过碳碳键、醚键互相偶联，然后通过自由基机制聚集形成木质素聚合物（Lin et al.，2019）。木质素等大分子物质无法通过"配体通道"与血红素结合，而是通过酶表面氨基酸残基经长电子转移机制与血红素反应。LiP 催化木质素降解时，从酚或苯环上提取一个电子生成自由基，然后通过侧链裂解、去甲基化、分子内加成和重排等方式破坏木质素分子的主要化学键（Brigitteso et al.，2019）。LiP 催化木质素中的芳香环裂解生成的酚衍生物转化为醌类化合物后，经一系列酶的协同作用，最终以纤维二糖酸内酯的形式进入三羧酸循环或戊糖磷酸途径，生成 CO_2（Xiao et al.，2020）。

　　在 H_2O_2 存在时，LiP 可以氧化木质素及木质素类似物中的 β-*O*-4 二聚体，使 C_α—C_β 之间的键断裂，如图 2.4 所示。

3. LiP 的酶活测定

　　藜芦醇可以被 LiP 催化氧化生成藜芦醛，其产物藜芦醛在 310nm 处有最大吸收峰，以藜芦醇为反应底物，通过测定 310nm 处藜芦醛的吸光值，可以判定 LiP 的酶活性（Vivian et al.，2019）。采用天青 B 法监测 651nm 处吸光度变化计算 LiP 酶活。在 LiP 酶活测定时，310nm 处吸光度易受粗酶液中芳香化合物及其他过氧化物酶干扰，而在 651nm 处吸光度受此影响较小，但天青 B 法测定时间较长，因此，当测量体系中干扰较多且时间允许时，可选择天青 B 法；当测量体系中干扰较少时，藜芦醇氧化法则更加便捷。对比不同研究发现，即使选择同种底物，LiP 酶活测定体系中缓冲液、pH、反应体系也存在差异，这使得不同研究中的 LiP 酶活不具有对比性（Abeer and Tracey，2019；Konadu et al.，2019；Karla et al.，2020）。

4. LiP 的应用

（1）化工行业

　　LiP 可降解黑色素，其美白效果与对苯二酚相当，没有明显的副作用，而且在皮肤质地和粗糙度方面具有优势（Draelos，2015；Vivian et al.，2019）。LiP 的催化活性依赖于 H_2O_2，但高浓度的 H_2O_2 会导致 LiP 失活，因此，一些美白产品

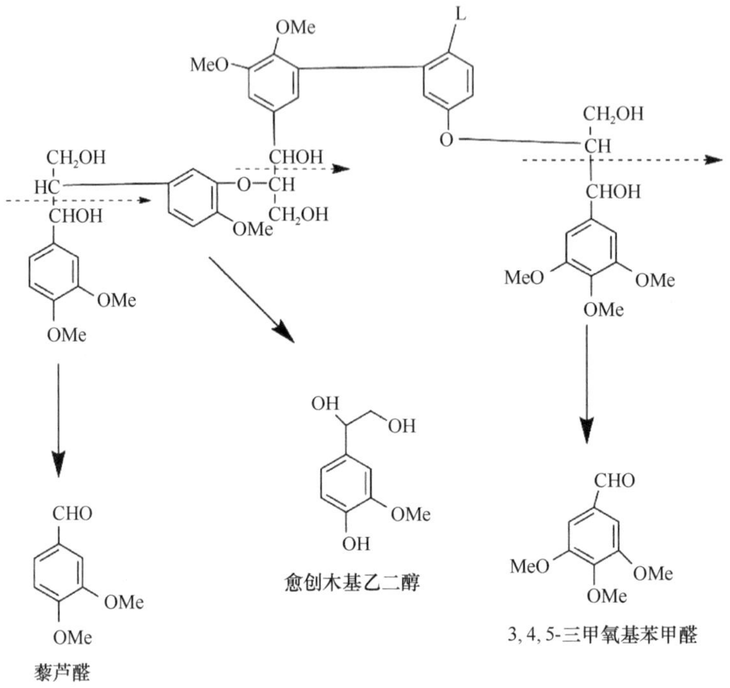

图 2.4　LiP 使木质素侧链 C_α—C_β 键断裂结构图（侯红漫，2003）

中需要持续存在低浓度的 H_2O_2。Ho 等（2019）在美白产品中协同 LiP 与葡萄糖氧化酶，利用葡萄糖氧化酶生成的 H_2O_2 催化 LiP 对黑色素脱色，从而避免了高浓度 H_2O_2 使 LiP 失活，提高了黑色素的脱色效率。此外，LiP 降解木质素产生的二元羧酸、小分子酚类物质等还是重要的化工原料，如 LiP 降解木质素产生的香兰素可代替天然香兰素用于食品、化妆品行业；LiP 作用于木质纤维素，脱木质素后可作为乙醇的生产原料等（Draelos，2015；梁晓玉等，2021）。

（2）污染治理

纺织废水、农药、抗生素等未经处理排放到生态系统将严重威胁人类健康。LiP 作为真菌和细菌的木质素分解酶系统的一部分，已被报道可以矿化不同类型的难降解芳香化合物，包括三环和四环多环芳烃、多氯联苯、氯酚和合成染料。表 2-1 列出了近几年关于 LiP 去除有机污染物的研究，这些数据表明 LiP 可用于污染治理。但环境中这些污染物浓度较低，且种类多样，LiP 虽然具有很强的降解能力，但其产量少，难以大规模工程应用（Efaq et al.，2019；梁晓玉等，2021）。

（3）生物饲料

中国秸秆资源丰富，但大都被焚烧或废弃在农田里，没有得到合理利用。木质素降解酶处理秸秆后可以转化为优质生物饲料（酶解饲料），既能提高秸秆

表 2-1　白腐真菌 LiP 去除有机污染物的应用

LiP 来源	污染物及浓度	去除率
Pleurotus sajor-caju	偶氮染料：活性黑 5（10mg /L）、活性橙 16（25mg /L）、分散蓝 79（25mg /L）；蒽醌染料：分散红 60（25mg /L）、分散蓝 56（25mg /L）纺织合成废水	4h 后，活性黑 5：84.0%；活性橙 16：80.9%；分散蓝 79：32.1%；分散红 60：47.2%；分散蓝 56：5.9%；纺织合成废水：67.9%
Ganoderma lucidum IBL-05	檀香活性染料 100mg /L	3d 后，染料脱色率：80%～93%；BOD：66.44%～98.22%；COD：81.34%～98.82%；TOC：80.21%～97.77%
Bjerkandera adusta CX-9	酸性蓝 158；Cibacet 亮蓝 BG；聚合染料：Remazol 亮蓝 R，Remazol 亮紫 5R，靛蓝胭脂红和甲基绿（50μmol/L）	12h 后，各染料的脱色率为 15%～89%
Commercial LiP	17β-雌二醇（E2），19μmol/L	在 1mm 维生素 A 存在的情况下，30min 内去除 100%
Commercial LiP	氧化和还原氧化石墨烯纳米带（GONRs 和 rGONRs）	GONRs 和 rGONRs 在 96h 内被全部或部分降解
Phanerochaete sordida YK-624	EDCs：100μmol/L 的对- t-辛基酚（OP）、双酚 A（BPA）、雌酮（E1）、17b-雌二醇（E2）、炔雌醇 2（EE2）	24h 后，OP 和 BPA 约去除 98%；E1 去除约为 60%；E2 约去除 88%，EE2 约去除 87%
P. chrysosporium BKM F-1767（DSM 6909）	药物：卡马西平（CBZ）和双氯芬酸（DFC），5mg /L	2h 后，DFC 去除率为 100%，CBZ 为 10%以下
Sparassis latifolia	碳纳米管：单壁碳纳米管（SWCNTs）	随着 CO_2 的产生，SWCNTs 被有效降解，颜色变化明显，长度缩短
P. chrysosporium	四环素、邻苯二甲酸二丁酯、5-氯苯酚、苯酚、菲、氟蒽和苯并（a）芘，5mg/L	48h 内，四环素、邻苯二甲酸二丁酯、5-氯苯酚和苯酚的去除率为 100%；菲为 79%；氟蒽为 73%；苯并（a）芘为 65%
P. chrysosporium	聚氯乙烯薄膜	重量减轻 31%，化学成分发生结构性变化，物理结构变化明显
P. chrysosporium	双重难处理金矿石中的碳质物质	将碳质物质分解成类似腐殖质的物质

资料来源：Zhuo 和 Fan（2021）

利用率，降低环境污染，又能解决牲畜粗饲料短缺、人畜争粮争地的问题。秸秆中高含量的木质纤维素很难被动物消化，且影响饲料适口性。秸秆经木质素降解酶处理后，其中的木质纤维素被降解成牲畜易于吸收的含糖物质，提高了饲料利用效率。

LiP 具有强大的应用潜力，但迄今无法大规模应用的根本原因是产酶菌生长缓慢、产酶量低，以及酶本身性质的限制。小分子介体能够拓宽酶底物范围，提升酶活力，但目前对 LiP-介体系统的研究落后于 MnP 和 Lac 的研究，且相关研究多为 ABTS 等介体，这类介体价格昂贵，不适合大规模工业化应用。理想的介体应该廉价易得、高效且绿色环保，因此，仍需进一步筛选优质的 LiP 介体。

2.3.3 锰过氧化物酶

1. MnP 的结构和性质

锰过氧化物酶（MnP，EC1.11.1.13）是真菌分泌的一种含铁血红蛋白的细胞外糖基化过氧化物酶，能催化木质素中酚型结构氧化降解。MnP 分子与 LiP 相似，也是一种糖蛋白，由一个红血素基和一个 Mn^{2+} 构成活性中心。这种糖基化的亚铁血红素蛋白有多种同工酶，分子量一般在 38～62.5kDa，稍大于 LiP，大多数纯化后的 MnP 的分子量都在 45kDa 左右。这些同工酶主要是等电点不同，通常具有偏酸性的最适 pH（pH 3～4）（张力等，2009）。

2. MnP 的催化反应及降解机制

MnP 的活性位点由一个近端组氨酸配位体和一个远端过氧化物酶结合中心组成，具有 5 个二硫键和 2 个 Ca^{2+} 维持活性位点。MnP 具有底物特异性，主要催化酚醛类的 C_α—C_β 键裂解、C_α—H 键氧化和烷基–芳基的 C—C 键裂解（泊翠翠，2018）。在 H_2O_2 或者有机过氧化物存在时，MnP 优先选择 Mn^{2+} 作为电子供体，Mn^{2+} 被 H_2O_2 氧化成 Mn^{3+}，Mn^{3+} 反过来又氧化酚类化合物，同时避免 MnP 被活性自由基破坏。在外源 H_2O_2 缺乏时，Mn^{3+} 和羧酸等有机酸螯合成高氧化还原电位的螯合物而脱离酶的活性部位，转化生成烷基自由基，随后与氧发生自发反应生成其他自由基（如过氧化物），与 MnP 结合启动催化循环。在氧化分解反应中，MnO_2 的存在可保护木质素过氧化物酶免受 H_2O_2 的破坏。在 Mn^{2+} 和 H_2O_2 存在时，MnP 能氧化分解芳香环多聚体。MnP 的催化机制如图 2.5 所示，催化循环反应如下（泊翠翠，2018；邵喜霞，2009）：

$$MnP + H_2O_2 \longleftrightarrow Comp\ I + H_2O$$
$$Comp\ I + Mn^{2+} \longleftrightarrow Comp\ II + Mn^{3+}$$
$$Comp\ II + Mn^{2+} \longleftrightarrow MnP + Mn^{3+} + H_2O$$

因为 Mn^{3+} 能氧化各种单酚和二聚酚，所以具有酚结构的底物被氧化成苯氧基，苯氧基进一步被脱甲基化、烷基苯基键断裂、α 碳原子被氧化、α 碳原子和 β 碳原子之间的键断裂。在一个由 *P. chrysosporium* 产生的 MnP、丙二酸钠、Mn^{2+} 和 H_2O_2 组成的反应体系，MnP 可催化 β-1 型木质素结构酚紫丁香基发生 C_α 和 C_β 之间的键断裂、C_α 被氧化、烷基–芳基键的断裂（王蓓等，2005）。Mn^{3+} 和羧酸（如草酸盐、丙二酸盐、苹果酸盐、酒石酸盐、乳酸盐）的螯合物能引起多种底物（酚类化合物、氨基芳香化合物及非酚芳香族物质）的单电子氧化作用。酚及氨基芳香化合物都可以由脱氢作用被氧化，分别形成酚氧基和氨基自由基。一些氧化还原能力较低的非酚芳香族物质[如四甲氧基苯（茴香醚）或蒽]易于从芳香环中脱

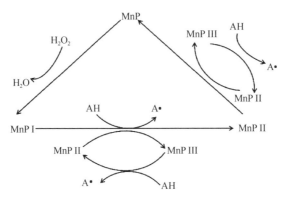

图 2.5　MnP 催化作用机制（侯红漫，2003）

AH：有机化合物

去一个电子，形成芳香阳离子基团。Mn^{3+} 和羧酸（如草酸盐或丙二酸盐）的螯合物也可能发生相互反应，转变成烷基团，这些烷基团再与氧分子发生自发反应，形成其他的基团（如超氧化物）。这些基团被认为是过氧化物的前体，可以通过自动的催化反应产生，它们在外源 H_2O_2 缺乏的情况下，可以被 MnP 利用，成为 H_2O_2 供应源（Tuor et al.，1992；池玉杰和伊洪伟，2007）。

添加合适的介质（如硫醇、脂、不饱和脂肪酸及其衍生物）可以提高 MnP 体系的催化氧化能力，使 MnP 可以断裂非酚类的芳基醚、某些多环的芳香族碳氢化合物等原先不能断裂的化合键（Hofrichter et al.，1998；王蓓等，2005）。锰过氧化物酶系统的氧化还原潜能较 LiP 低，因为 Mn^{3+} 螯合物不是一种很强的氧化剂，弱于 LiP 的氧化作用，简单的 MnP 酶系统不能攻击和氧化木质素的非酚单元。然而在木质素的全部芳香结构中，仅有一小部分由酚羟基组成，大部分是非酚类结构，这些非酚类结构在通常情况下不能被 Mn^{3+} 螯合物直接氧化。因此，MnP 对木质素内的酚基单元的催化氧化不可能大量分解木质聚合体的。但值得注意的是，已观察到单独的 MnP 对非酚类木质素单元的氧化（Fakoussa and Hofrichter，1999）。如果这种能力能够得到进一步证实和改进，MnP 可能会在污染物生物降解中得到更广泛的应用。

3. MnP 产酶条件研究

大多数白腐真菌具有合成 MnP 的能力，白腐真菌所产 MnP 的活力受到培养条件的诸多因素影响。首先，Mn^{2+} 的浓度对多数白腐真菌产 MnP 的影响较大：随着 Mn^{2+} 浓度的增加，MnP 产酶量增大，但当 Mn^{2+} 浓度增大到一定程度后，浓度再提高，产酶量基本不再增加（陈兆林等，2006）。白腐真菌培养温度和 pH 也会较大程度地影响 MnP 的产生。不同菌种的最适宜培养温度也有所不同，如黄孢原毛平革菌产 MnP 的最适温度范围为 $36\sim40$℃（尹亮和谭龙飞，2004），而杂色云芝菌为

30～35℃（张连慧等，2005），因此，需对不同菌种进行培养条件的优化来确定其最适产酶温度。pH 影响白腐真菌细胞膜所带电荷，通过改变培养基中化合物的离子化程度，可以影响细胞对营养物质的吸收与代谢产物的分泌。研究表明，白腐真菌生长适宜的 pH 为 4.5～5.5（张连慧等，2005），如黄孢原毛平革菌产 MnP 的最适 pH 为 4.5（李华钟等，2002）。但是，不同碳源对 MnP 的产生影响不大（Kong et al.，2016），碳源浓度过高会抑制 MnP 的生成。白腐真菌在氮源限制的条件下产 MnP 时间长，产酶量较高，但氮源限制并非 MnP 合成所必需的条件（尹亮和谭龙飞，2004）。

4. MnP 的应用

表 2-2 总结了 2011～2021 年 MnP 去除有机污染物的研究现状。与其他细胞外木质素氧化酶（包括 Lac 和 Lac 介体系统）相比，MnP 表现出更强的有机污染物去除效果（浦跃武等，1998），这可能是由于 MnP 的氧化还原电位高于 Lac。

Kucharzyk 等（2018）观察到用木质素降解酶处理导致沉积物中的碳氢化合物减少，同时丰富了碳氢化合物降解微生物种群。在这个过程中，石油馏分通过

表 2-2　白腐真菌 MnP 去除有机污染物的研究

MnP 来源	污染物及浓度	去除率
Stereum ostrea	染料包括孟加拉玫瑰、雷马佐亮紫、雷马佐黑-5、雷马佐蓝-19 和雷马佐橙-16	16h 内 70%～80%
P. chrysosporium BKM-F-1767	孔雀石绿，100mg /L	3h 后 100%
P. chrysosporium CICC 40719	靛蓝胭脂红，30mg /L	6h 后 90.18%
Irpex lacteus F17	染料聚 R-478，10mg /L	1h 内，21%（粗酶）和 14%（纯化酶）
P. chrysosporium	纺织废水	5h 后，色度去除率为 97.31%；COD、TOC 和 BOD 的去除率分别为 82.40%、78.30%和 91.7%
G. lucidum IBL-05	活性红 195A（RR 195A）、活性蓝 21（RB 21）、活性黄 145A（RY 145A）	RB 21 为 84.7%；RR 195A 为 78.6%；RY 145A 为 81.2%
G. lucidum	纺织废水	5h 后，脱色率为 87.4%
Trametes sp.48424	染料：Remazol 亮紫 5R（RBV5）、甲基绿（MG）、Remazol 亮蓝 R（RBBR）和靛蓝胭脂红（IG），100mg/L；多环芳烃：如芴、荧蒽、芘、菲和蒽，10mg /L	在18h内，IG 的脱色率为94.6%，RBBR 为 85.0%，RBV5 为 88.4%，MG 为 93.1%；24h 内，去除了93%芴、96% 荧蒽、98%芘、97%菲和 98% 蒽
G. lucidum 00679	染料：Drimaren 蓝 CLBR、Drimaren 黄 X-8GN、Drimaren 红 K-4Bl 和分散海军蓝 HGL，500mg /L；苯酚，50mg /L	90 min 后，4 种染料的脱色率为 70%；苯酚的去除率为 8.08%
Bjerkandera adusta CX-9	染料：酸性蓝 158（AB）、Cibacet 亮蓝 BG（CBB）；聚合染料：Remazol 亮蓝 R（RBBR）、Remazol 亮蓝 5R（RBV5R）、靛蓝胭脂红（IC）和甲基绿（MG），50μmol/L	12h 内，AB 的脱色率为 91%，CBB 为 77%，RBV5R 为 70%，IC 为 42%，RBBR 为 38%，MG 为 12%

续表

MnP 来源	污染物及浓度	去除率
Trametes pubescens strain i8	染料：Remazol 亮紫 5R（RBV5R）和 Direct Red5B（DR5B）、甲基绿（MG）；聚合染料：Poly R-478、Remazol 亮蓝 Reactif（RBBR）和 Cibacet 亮蓝 BG（CBG）、酸性蓝 158（AB）和靛蓝胭脂红（IC），50μmol/L	24h 内，AB 为 95%，Poly R-478 为 88%，RBV5R 为 76%，DR5B 为 66%，IC 为 64%，MG 为 50%，CBG 为 46%，RBBR 为 42%
Lentinus tigrinus CBS 577.79	多环芳烃：蒽（Ant）、菲（Phe）、荧蒽（Flt）、芘（Pyr）和苯并[a]芘（BaP），3mg/L	在 20h 和 24h 内，Ant 和 BaP 的去除率为 100%；168h 后，Pyr 为 88%，Flt 59 %，Phe 为 46%
Anthracophyllum discolor	多环芳烃：芘、荧蒽（98%）、蒽和菲，10mg /L	24h 后去除率：芘> 86%，蒽> 65%，荧蒽< 15.2%，菲<8.6%
Peniophora incarnata KUC8836	蒽，3mg /L	6.5%
Cerrena unicolor 300	粗油	平均 76%~83% 的多环芳烃被去除
P. chrysosporium ME-446	三氯生（TCS），28.95mg/L	30min 后，去除 94%；60min 后，去除 100%
Irpex lacteus	辛基酚和壬基酚，50mg /L	2h 内，去除 99% 辛基酚；1h 内，去除 90% 壬基酚
Tremetes versicolor IBL-04	壬基酚（NP）和三氯生（TCS），10 μg/L	1h 后，超过 90%
P. sordida YK-624	黄曲霉毒素 B1（AFB1），0.01mmol/L	48h 后，86%
Pleurotus ostreatus	黄曲霉毒素 B1（AFB1），0.2mmol/L	48h 后，90%
P. chrysosporium PcMnP1，*Ceriporiopsis subvermispora* CsMnP，*Irpex lacteus* CD2，*Nematoloma frowardii*	黄曲霉毒素 B1（AFB1）、玉米赤霉烯酮（ZEN）、5 μg/ml；脱氧雪腐镰刀菌醇（DON）、伏马菌素 B1（FB1），10μg/ml	72h 内，AFB1 去除率为 78%~100%，ZEN 为 42%~94%，DON 为 42%~96%，FB1 为 22%~43%
P. chrysosporium BKM-F-1767	四环素和土霉素，50mg /L	4h 内，四环素的去除率为 72.5%，土霉素 84.3%
P. chrysosporium（ME-446）	咪康唑（MCZ）和舍曲林（SER），0.1mmol/L	24h 后，MCZ 为 88%，SER 为 85%
P. chrysosporium	单壁碳纳米管和氧化碳纳米管	MnP 能够转化单壁碳纳米管，但不能转化氧化碳纳米管
Ganoderma applanatum	β-胡萝卜素	1h 后，增亮率为 88%
P. chrysosporium ATCC 24725	苯酚，150μmol/L	24h 后，去除率为 98%
Echinodontium taxodii 2538	4-羟基肉桂酸、4-羟基-3-甲氧基肉桂酸、4-羟基-3,5-二甲氧基肉桂酸、肉桂酸、3-甲氧基肉桂酸和 3-甲氧基肉桂酸	4.1%~30.03%
P. chrysosporium	糠醛和 5-羟甲基糠醛（HMF），1g/L	100U/L 和 200U/L 的 rMnP（recombinant MnP）对糠醛的去除率分别为 15% 和 46%，对 HMF 的去除率分别为 12% 和 48%
P. chrysosporium ATCC 24725	双酚 A（BPA）、双酚 F（BPF）和双酚 AP（BPAP），150μmol/L	24h 内，去除率为 80%~95%
Commercial MnP enzyme	21 种不同的新兴污染物，2mg /L	咖啡酸和巯基苯并噻唑的去除率超过 75%
P. chrysosporium ATCC 24725	氨基芳香化合物：2-氨基-4-硝基甲苯（ANT）和 2,4-二氨基甲苯（DAT）	使用 1.5U/L 和 4U/L 的 vMnP（MnP packaged in vaults），ANT 和 DAT 的降解率分别为 38% 和 50%

资料来源：Zhuo 和 Fan（2021）

酶处理的催化转化释放到沉积物中，石油继续被微生物降解。但 MnP 可能并不是适用于所有生物修复。Anasonye 等（2014）观察到白腐真菌能够生物修复多氯二苯并二噁英（PCDD）和二苯并呋喃（PCDF）污染土壤，但 MnP 对 PCDD/PCDF 浓度没有任何影响，这表明存在酶或机制在白腐真菌生物修复中起作用。研究人员证明了脱色可作为使用 MnP 对真菌毒素进行生物修复的指标，这将大大降低处理真菌毒素的风险（Wang et al.，2019）。这种技术的推广使用将会大大提高利用白腐真菌进行生物修复的可行性。

5. MnP 和 LiP 的相互作用

（1）依赖于 Mn 的相互作用

Mn^{2+} 对 LiP 和 MnP 的产生具有调节作用。LiP 的活性与 Mn^{2+} 浓度成反比，而 MnP 活性与 Mn^{2+} 浓度呈直接的正比关系。Mn^{2+} 的存在是 LiP 和 MnP 调节的关键因子（Wang et al.，2019）。此外，Mn 还参与一些 LiP 催化的反应。当存在藜芦醇和草酸这两种黄孢原毛平革菌的天然代谢物时，LiP 会将 Mn^{2+} 氧化成 Mn^{3+}。

白腐真菌的培养中会产生 MnO_2，这是 MnP 对 Mn^{2+} 的酶促氧化而形成的 Mn^{3+} 的歧化作用而致。当缺乏合适的螯合剂稳定 Mn^{3+} 时，Mn^{3+} 会自发地歧化成 Mn^{4+} 和 Mn^{2+}。因 MnP 作用而自然产生的 MnO_2 沉淀有助于将 Mn^{2+} 析出，而 Mn 的去除促进了 LiP 更有效地降解木质素。MnO_2 可通过庇护 LiP 免遭周围的 H_2O_2 破坏的方式，在木质素生物降解中发挥重要作用。

（2）依赖于 H_2O_2 的相互作用

在 Mn^{2+} 和 O_2 的参与下，而不需要 H_2O_2，MnP 氧化 GSH（谷胱甘肽）、DTE（二硫赤鲜醇）、NADPH（还原型烟酰胺腺嘌呤二核苷酸磷酸）等，产生的 H_2O_2 作为 LiP 的共底物（Wang et al.，2019）。

2.3.4　纤维二糖脱氢酶

1974 年科学家首次在黄孢原毛平革菌的无性世代，也称为多粉侧孢霉（*Sporotrichum pulverulentum*）中分离得到纤维二糖脱氢酶。研究发现，黄孢原毛平革菌的木质素-琼脂培养平板因 Lac 和过氧化物酶的作用而发生脱色，但是当将培养基中的碳源改为纤维素或纤维二糖时，则脱色减至最低限度，这主要是由于醌被还原所致。这种催化醌还原的酶是一种黄素蛋白，命名为纤维二糖：醌氧化还原酶（cellobiose: quinone oxidoreductase，CBQ）。20 世纪 90 年代初，提出用纤维二糖脱氢酶（cellobiose dehydrogenase，CDH，EC1.1325）取代旧称 CBQ。这一新名称源于两个发现：其一，纤维二糖并没有发生以前报道的加氧化，而是纤维二糖的醇基被氧化成醛基；其二，氧其实是一种非常差的底物。CDH 与 LiP、MnP 和 Lac 有密切的关系，是白腐真菌的又一重要酶种，它参与纤维素和木质素的生物降解。

1. CDH 的结构和性质

CDH 单体蛋白，由 C 端的黄素区（含黄素腺嘌呤二核苷酸）和 N 端的血红素区（含细胞色素 b 型的血红素）两个不同的氧化还原区组成。黄素区约 60ku，血红素区 30ku，血红素区的糖基化程度比黄素区高。CDH 总分子质量 90ku，约由 752 个氨基酸组成。CDH 蛋白质部分的分子质量约 80ku，还有约 10ku 是糖基化部分，其中大多为甘露糖（刘东华，2008）。由于 CDH 是一种双辅助因子的黄素-细胞色素 b 酶，又被称为血黄素蛋白、黄素血红素等。它是黄素细胞色素中唯一的细胞外蛋白。

CDH 的 pI 为 4.2，而单独的黄素区是 5.45，血红素区为 3.42。CDH 在 pH 3～5 时最稳定（如当 pH 为 4.5 时，稳定性仍较高），pH 为 5～8 时稳定性稍差些，pH 为 8～10 时稳定性则相当低，而当 pH 为 2 时，酶在 2h 内完全失活。

2. CDH 的催化反应及降解机制

CDH 能将纤维二糖的还原端、短的纤维-寡聚体和纤维素分子，氧化成为内酯，产生糖酸。利用由糖所衍生的电子，CDH 还原广谱的底物，包括醌、过渡金属离子、含芳基的色团和苯氧基自由基（刘东华，2008）。

CDH 的黄素区被电子供体纤维二糖还原，其中纤维二糖发生双电子氧化成为纤维二糖内酯；而从纤维二糖获得的电子中有 1 个转移到高铁血红素，形成亚铁血红素和黄素自由基。而广谱的化合物再将 CDH 恢复到原来的氧化状态，重新发挥电子受体的作用。CDH 能催化多种反应，而 CDH 的催化机制基本上是以自由基的"乒乓"链反应为基础，由 CDH 引起纤维二糖发生双电子氧化启动整个反应途径。

CDH 拥有产生 H_2O_2 和 Fe^{2+} 的途径。酶将 Fe^{3+} 和 O_2 分别还原为 Fe^{2+} 和 H_2O_2，Fe^{2+} 再还原 H_2O_2 产生羟自由基 OH·。OH·是一种标准氧化还原电位为+2.3V 的强氧化剂，它被认为在破坏天然纤维素高度有序的微晶结构中发挥重要作用。OH·能氧化草酸，而像草酸这类 α-酮酸的单电子氧化，会导致 CO_2 的释放。由于 CO_2 的释放，将 1 个不成对电子留在羧基上，导致羧基阴离子自由基 CO_2^- 的形成。CO_2^- 的标准还原电位是–1.9V，它是一种强还原剂，能对像四氯化碳和三氯乙烯这样的化合物进行脱卤，还可将三氯甲溴还原为三氯甲基自由基。因此在一定的生理条件下，菌的培养体系中可能发生 OH·对草酸的氧化并伴随着生成 CO_2^-。MnP 和 LiP 也催化形成 CO_2^-。其作用机制为，LiP 将 VA 氧化成 VA^+，或 MnP 将 Mn^{2+} 氧化成 Mn^{3+}，产生的调节剂再去氧化草酸，产生 CO_2^-。

CDH 催化产生的 OH·，提供了一种有力的氧化机制；而形成 CO_2^-，又使菌拥有一种有力的还原机制。产 CDH 酶的真菌中，这种氧化性机制和还原性机制，在对木质素及各种环境污染物的降解中起着重要作用。这条反应途径为黄孢原毛平革菌提供一种生理机制，还原那些本处于高度氧化状态而难以进一步氧化的化学物质。此外，OH·的高氧化还原电位和非专一性的反应性，本身也有助于对光谱的化学物质的氧化。图 2.6 为 CDH 催化形成羟基自由基 OH·和羧基阴离子自由基 CO_2^- 机制的示意图。

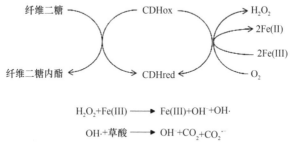

图 2.6　CDH 产生自由基的机制示意图

2.3.5　其他酶

1. 产 H_2O_2 酶

白腐真菌能够合成多种产生 H_2O_2 的氧化酶，这些氧化酶包括乙二醛氧化酶、葡萄糖氧化酶、藜芦醇氧化酶和甲醇氧化酶等。

在黄孢原毛平革菌中，酯酰辅酶 A、葡萄糖-1-氧化酶、葡萄糖-2-氧化酶等细胞内氧化酶是 H_2O_2 的主要来源，此外包括芳基醇氧化酶。而在杂色云芝菌中，发现位于细胞壁与细胞膜之间的葡萄糖-1-氧化酶（吡喃糖氧化酶）是生产 H_2O_2 的主要部位，它是一种组成性酶，偏好以 D-葡萄糖为底物。

2. 过氧化物歧化酶

从黄孢原毛平革菌中分离纯化到一种超氧化物歧化酶（superoxide dismutase，SOD），纯化的酶分子质量为 44 000ku±800ku，由 2 个相同大小的亚基组成，各含 1 个 Mn，被称为含锰过氧化物歧化酶（manganese-containing SOD，MnSOD）。纯化的 MnSOD 的最佳 pH 为 8.8。酶对氰化物、DTE、叠氮化钠、TritonX-100 和 3-巯基乙醇等不敏感，而对十二烷基磺酸钠敏感。

3. 葡糖苷酶

在筛选对制浆废水具有脱色能力的真菌菌种研究中，从 51 种菌中发现 *Lentinus*

edodes UEC-2019 最有效。*Lentinus edodes* 和黄孢原毛平革菌的 BKM-F-1767 一样，有较高的 β-葡糖苷酶（β-glucosidase）活性。这种酶在废水的脱色中起重要作用。

葡糖苷酶具有糖基化的活性，而糖基化的木质素更易被过氧化物酶催化降解。由于这一酶系统的存在，通过形成糖苷，防止发生聚合反应，并加速了降解反应。

4. 还原脱卤酶系统

在黄孢原毛平革菌中存在一个还原脱卤酶系统（reductive dehalogenase system）。它由一种结合在膜上的谷胱甘肽-*S*-转移酶（glutathione-*S*-transferase，GST）和一种可溶性的谷胱甘肽共轭物还原酶（glutathione conjugate reductase，GCR）组成。这个酶系统能催化四氯氢醌（TCHQ）和五氯苯酚（PCP）的代谢物发生还原反应，去除氯取代基。

TCHQ 的还原脱卤反应分两步进行：GST 将 TCHQ 转化为 *S*-谷胱甘肽三氯-1,4-氢醌（GS-TrCHQ）；GCR 将这种共轭物（GS-TrCHQ）还原成三氯氢醌（TrCHQ）。两种酶协同工作，最终还原性地去除 TCHQ 中所有的氯取代基。

5. 蛋白酶

2002 年研究人员建立了属于同一科的黄孢原毛平革菌和 *Phlebia radiata* 的固态培养体系，比较研究这两种降解能力很强的白腐真菌产生蛋白酶的能力。利用惰性载体尼龙海绵和非惰性载体玉米芯作为菌生长的介质或营养源支撑菌的生长。研究发现，培养基中蛋白酶的浓度越高，则木质素降解酶（LiP、MnP 和 Lac）的活性变化越不规则。黄孢原毛平革菌主要在初生代谢中分泌蛋白质水解酶，而 *Phlebia radiata* 在次生代谢开始时才分泌。黄孢原毛平革菌所分泌的主要是硫醇蛋白酶和酸性蛋白酶，而 *Phlebia radiata* 分泌的是硫醇蛋白酶、丝氨酸蛋白酶和金属蛋白酶。

第3章　白腐真菌产漆酶基础研究

1883 年 Yoshida 最初从漆树的渗出物中发现漆酶，后来发现一些高等真菌也能分泌漆酶（沈清江，2007）。此外，咖啡豆、苜蓿花、马铃薯、香蕉、桃子等植物中也含有漆酶，甚至一些动物肾脏（如猪肾）和血清中也发现了漆酶（季立才和胡培植，1996）。但目前最主要的漆酶生产者还是一些大型真菌，长期以来以变色多孔菌（*Polyporius versicolor*）为研究对象的较多。

漆酶，即对苯二酚：氧氧化还原酶（*p*-benzenediol：oxygen oxi-doreductase，EC 1.10.3.2）（朱友双，2011）。漆酶是 20 世纪末受到广泛关注的少数酶种之一，尤其在白腐真菌系统中更是成为研究热点（李慧蓉，2005）。这有两个原因：一是因为曾经一度被认为在白腐真菌的代表种黄孢原毛平革菌中不存在漆酶，这一现实刺激人们在白腐真菌的其他菌种中去寻求漆酶存在的真实性（张企华，2014）；二是因为漆酶的独特催化功能，使其拥有巨大的生物技术的潜能，如纸浆的去木质化、染料脱色、废水处理、食品加工及制药等（叶选怡等，2013）。

3.1　漆酶对有机污染物的降解机理

漆酶催化氧化反应机理主要表现在底物自由基的生成和漆酶分子中 4 个 Cu^{2+} 的协同作用（陈军，2008）。例如，当漆酶催化氧化氢醌等酚类时，首先底物氢醌向漆酶分子转移 1 对电子，生成半醌/氧自由基中间体，2 分子半醌生成 1 分子对苯醌和 1 分子氢醌。氧自由基中间体还能转变成碳自由基中间体，与自身结合或相互偶联，产物中除醌外还有聚合物和 C—O、C—C 偶联产物。在有 O_2 存在下，还原态漆酶被氧化，O_2 被还原为水。漆酶催化底物氧化和还原 O_2，是通过 4 个 Cu^{2+} 协同地传递电子和价态变化实现的（陈坚等，2002）。其过程可用下式表示（张兰英等，2005）：

$$Cu^{2+}Cu^{2+}Cu_2^{4+} \xrightarrow[\text{底物}]{2e} Cu^+Cu^+Cu_2^{4+} \xrightarrow[\text{电子转移}]{\text{分子内}} Cu^{2+}Cu^{2+}Cu_2^{2+} \xrightarrow[\text{底物}]{2e}$$

（氧化态）　Ⅰ　Ⅱ　Ⅲ

$$Cu^{2+}Cu^{2+}Cu^{2+} \xrightarrow[-H_2O, \text{快}]{2H^+, O_2} Cu^{2+}Cu^{2+}Cu_2O^{3+} \xrightarrow[-H_2O, \text{慢}]{2H^+} Cu^{2+}Cu^{2+}Cu_2^{4+}$$

（还原态）　　　　　　　　　　　　　　　　　　　　　　　Ⅰ　Ⅱ　Ⅲ（氧化态）

漆酶是铜蓝氧化酶家族的"一员"。漆酶和抗坏血酸氧化酶、血浆铜蓝蛋白属同一小族，在结构和功能上相似（阳经慧，2014）。漆酶催化氧化酚类和木素类化合物裂解。漆酶催化酚类和木质素的机理为，脱去酚类羟基上的电子或质子，从而形成自由基，在分子氧的参与下生成 H_2O（Johannes，1998）。漆酶的催化循环从天然状态的酶中间体开始，被降解的底物经过一系列电子传递后使酶中间体处于氧化状态。因此，漆酶的催化作用主要是氧化反应。对芳香烃化合物（特别是酚类）可以进行氧化性聚合和解聚，并且漆酶的催化反应机制也是建立在自由基链式反应基础上的，通过单电子提取的方式，催化单酚和多酚类底物的羟基和芳胺中的氢原子，形成自由基并经过解聚、再聚、脱甲基或形成醌类，其对酚类底物的催化过程如图 3.1 所示（张博，2014）。

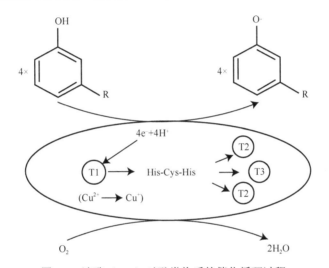

图 3.1　漆酶（Lac）对酚类物质的催化循环过程

　　漆酶对酚类、芳香类化合物及其他类似结构的有害污染物都具有催化氧化作用。大部分白腐真菌，包括典型种黄孢原毛平革菌，都能产生漆酶。其他漆酶产酶菌，还包括密孔菌、层孔菌、毛栓菌、革盖菌、烟管菌、侧耳菌等众多菌属的白腐真菌。不同的白腐真菌主要依靠 Lac、LiP、MnP 中的一种或多种对木质素及其衍生物进行降解。胞外酶的特殊催化降解功能决定了其独特的降解模式，具有十分重要的开发意义（张博，2014）。

　　漆酶和木质素过氧化物酶一起，通过催化 C—C 键和 C—O 键发生断裂的方式，参与木质素降解过程，在木质素生物降解中具有重要作用（张企华，2014）。漆酶还能脱甲基化。漆酶能对包括酚类化合物在内的多种芳烃类底物进行氧化性聚合和解聚（张博，2014）。漆酶还能对氯化酚类化合物直接脱氯，使 Cl^- 从氯化有机物中释放（张企华，2014）。漆酶能够以 O_2 作为电子受体，从酚类化合物的 OH 基中去除 H 原子，形成的自由基重排，导致烷基–芳基断裂、苄醇氧化、侧链和芳环断裂等系列反应（王晓燕，2008）。漆酶可以通过单电子提取的方式，从单酚和多酚类底物的 o 位和 p 位的 OH 及芳胺中去除 1 个氢原子，形成的自由基经过解聚、再聚的过程生成醌（张博，2014）。在木质素的降解过程中，甲氧基氢醌类结构的氧化，产生的甲氧基半醌再发生自动氧化，导致超氧化物阴离子自由基产生，超氧化物阴离子自由基再进一步反应。漆酶的相当广谱的底物专一性，还可以通过添加氧化还原调节剂如 ABTS、1-羟基苯并三唑（HBT）或其他的木质素降解真菌所分泌的化合物进一步拓宽。另外，当以非酚类木质素亚单位为终底物时，反应体系中若同时存在着易被漆酶氧化的初底物时，这种初底物将充当电子转移调节剂。这些氧化还原调节剂或电子转移调节剂的作用，可以理解为类似于木质素过氧化物酶中的藜芦醇和 MnP 中的整合 Mn^{3+}，它们的存在促进了漆酶催化反应中自由基的产生和继后的链反应（李慧蓉，2005）。

3.2　不同菌种产漆酶条件优化

3.2.1　偏肿拟栓菌产漆酶条件的优化

1. 产漆酶培养基的优化

（1）TK 液体培养基

葡萄糖 10g/L，酒石酸铵 0.44g/L，KH_2PO_4 0.2g/L，$MgSO_4$ 0.05g/L，$CaCl_2$ 0.01g/L，吐温 80 1.0g/L，无机溶液 1ml/L，维生素溶液 0.5ml/L，pH 4.4（0.2mol/L HAc-NaAc）。

（2）偏肿拟栓菌的培养

在斜面上生长的偏肿拟栓菌（*Pseudotrametes gibbosa*）经培养箱 25℃活化 3d 后，从斜面接种于含固体培养基的平板上，7d 左右待偏肿拟栓菌长满整个平板后，用无菌打孔器打成直径为 10mm 的菌片，接种于含有 50ml TK 液体培养基的 150ml 三角瓶中，接种量为 3 片，在 130r/min、25℃的条件下进行摇床培养，定时取样测定生物量和漆酶酶活。

（3）偏肿拟栓菌产漆酶培养基正交试验设计

采用正交试验对培养基的组合进行优化，正交试验的设计主要包括确定以下 4 个内容（Rodríguez et al.，1999）：试验指标、试验因素、因素的水平和正交表。

1）确定试验指标

目的是优化 TK 培养基，使偏肿拟栓菌分泌大量漆酶，所以选定以漆酶酶活作为正交试验的考察指标。

2）选取试验因素

试验因素是指对试验指标特性值可能有影响的原因或要素，如碳源种类、碳源浓度、氮源种类、氮源浓度、金属离子浓度、表面活性剂浓度、pH、转速、温度等。在试验中要选取那些对产酶影响较大并且易于控制的因素作为试验因素，本研究将碳源种类、氮源种类、氮源浓度和 pH 作为试验因素。

3）划分因素水平

以 TK 液体培养基为基础，采用正交试验，改变部分培养基组成，选择各个因素的各个水平遵循的主要原则为，把参数的水平区间拉开，尽可能使最佳区域能包含在设定的水平区间内。

正交试验的因素水平划分为 4 个等级。选择常用的碳源和氮源种类，对于碳源和氮源的浓度，主要考察不同碳氮比产漆酶状况，对于 pH，选用适于此菌株生长和产酶活的 pH 范围。本研究采用的试验因素和试验水平见表 3.1，表中列出了培养基的 5 个因素及其各水平取值。

表 3.1　偏肿拟栓菌产漆酶培养基的因素水平表

水平	A 碳源	B 氮源	C 碳源浓度（g/L）	D 氮源浓度（g/L）	E pH
1	葡萄糖	酒石酸铵	8	0.11	4
2	蔗糖	氯化铵	10	0.44	5
3	麸皮	酵母粉	12	0.88	6
4	玉米粉	蛋白胨	14	1.32	7

注：玉米粉和麸皮煮沸 30min，过滤所得

4）选用正交表

正交试验选用 5 个因素，每个因素分 4 个水平，为多因素多水平正交试验，根据因素数和水平数的要求，设计出 $L_{16}(4^5)$ 的正交表，正交表表头设计见表 3.2。

表 3.2　正交表表头设计

因素	A 碳源	B 氮源	C 碳源浓度（g/L）	D 氮源浓度（g/L）	E pH
列号	1	2	3	4	5

正交试验的试验指标、试验因素、因素的水平和正交表确定后，确定整个试验方案，见表 3.3。表中每一横行代表要进行一组试验的条件，表中共有 16 个横行，因此要做 16 个不同条件的试验。例如，在表中，第 1 号试验是 $A_1B_1C_4D_3E_2$，具体内容是：碳源种类为葡萄糖，氮源种类为酒石酸铵，碳源浓度为 14g/L，氮源浓度为 0.88g/L，pH 为 5.0。同理，依次确定其他试验号的具体内容，每个试验号做 3 个平行样，定时测定漆酶酶活。

表 3.3　正交试验的试验方案

编号	碳源 A	氮源 B	碳浓度 C	氮浓度 D	pH E
1	1	1	4	3	2
2	1	2	3	2	3
3	1	3	1	4	4
4	1	4	2	1	1
5	2	1	1	1	3
6	2	2	2	4	2
7	2	3	4	2	1
8	2	4	3	3	4
9	3	1	3	4	1
10	3	2	4	1	4
11	3	3	2	3	3
12	3	4	1	2	2
13	4	1	2	2	4
14	4	2	1	3	1
15	4	3	3	1	2
16	4	4	4	4	3

（4）正交试验数据分析

1）直观分析法

直观分析法是指运用简单的数学运算对试验结果进行分析的方法。通过直观分析，可确定影响试验指标的主要因素、次要因素和影响很小的因素，分析试验因素和试验指标之间的关系，还能找出可能的最优水平和最优水平组合，即表 3.3 反映出来的最优试验方案。其计算分析步骤如下：

a. 求出正交表中各因素的每个水平的试验指标之和 X_k（对于 5 因素 4 水平正交表：X=A，B，C，D，E，k=1，2，3，4）：

$$A_1 = y_1 + y_2 + y_3$$

b. 求出每个水平的试验指标的平均值（水平均值）$\overline{X}_k$（X 和 k 同上）；

$$\overline{A_1} = \frac{1}{3} A_1$$

c. 得出直观分析后的最优组合方案（X 和 k 同上）。

通过比较正交试验各因素的水平均值，求出每个因素的最大平均值，可以得出最优方案。

2）极差分析法

通过极差分析可依因素对指标影响大小排定因素重要性主次顺序。分析步骤如下：

a. 求出每个因素的极差 R_{X_k}（X 和 k 同上）；

R 在数学上反映一组数据的离散程度，在正交试验中反映因素对指标的影响大小，R 越大，说明因素对指标的影响越大，反之，影响越小。值得注意的是，如果空列的 R 较大，则说明各因素之间可能存在一定的交互作用。

在上述直观分析法求出每个因素的各水平均值 $\overline{X}_k$ 的基础上，用各因素的最大水平均值减去最小水平均值得到各因素的极差（X 和 k 同上）。

b. 比较各极差值大小，排定各因素对指标影响大小的主次顺序。

c. 画出各因素的水平-指标图，分析各因素的水平变化时指标的变化情况。

（5）最佳产漆酶培养基的优化调控

采用正交试验对培养基的组合进行优化，实验结果见表 3.4。从表 3.4 中比较各因素水平平均值 k_i，求出每个因素的最大平均值，可以得出培养基的最优方案。偏肿拟栓菌产漆酶培养基的最优方案为 $A_4B_1C_2D_2E_4$，即碳源为玉米粉，浓度为 10g/L，氮源为酒石酸铵，氮源浓度为 0.44g/L，pH 为 7.0。

表 3.4　灭菌培养最优方案产漆酶直观分析表

编号	碳源 A	氮源 B	碳浓度 C	氮浓度 D	pH E	平行样之和 Lac（U/L）
1	1	1	4	3	2	26.67
2	1	2	3	2	3	3 158.49
3	1	3	1	4	4	5 221.93
4	1	4	2	1	1	26.67
5	2	1	1	1	3	1 623.41
6	2	2	2	4	2	26.68
7	2	3	4	2	1	93.34
8	2	4	3	3	4	4 558.56
9	3	1	3	4	1	147.51
10	3	2	4	1	4	7 617.05
11	3	3	2	3	3	1 078.39
12	3	4	1	2	2	450.03
13	4	1	2	2	4	8 393.75
14	4	2	1	3	1	68.4
15	4	3	3	1	2	66.6
16	4	4	4	4	3	815.1
K_1	8 433.76	10 191.35	6 958.74	9 333.73	309.25	
K_2	6 301.98	10 870.61	9 498.81	11 690.58	164.94	

续表

编号	碳源 A	氮源 B	碳浓度 C	氮浓度 D	pH E	平行样之和 Lac（U/L）
K_3	8 842.94	6 460.25	7 931.16	5 732.02	6 675.39	
K_4	9 343.85	5 445.33	8 552.16	6 211.1	20 569.36	
k_1	2 811.25	3 397.12	2 319.58	3 111.24	103.08	
k_2	2 100.66	3 623.54	3 166.27	3 896.86	54.98	
k_3	2 947.65	2 153.42	2 643.72	1 910.67	2 225.13	
k_4	3 114.62	1 815.11	2 850.72	2 070.4	6 856.45	
R	1 013.96	1 808.43	846.69	1 986.19	6 801.47	

注：K_i 表示任一列上水平号为 i 时所对应的试验结果之和；k_i 表示任一列上因素取水平 i 时所得试验结果的算术平均值，$k_i=K_i/s$，式中，s 为每个水平下样本的重复次数（本研究重复次数为 3 次）；$R=\max\{k_1, k_2, k_3, \cdots, k_i\}$ $- \min\{k_1, k_2, k_3, \cdots, k_i\}$。一般来说，各列的极差是不相等的，极差越大，表示该列因素的数值在试验范围内的变化会导致试验指标在数值上有更大的变化，所以极差最大的那一列，就是因素的水平对试验结果影响最大的因素，也就是最主要的因素

（6）各因素对指标的影响

从图 3.2 可以看出，在试验选取的 4 种碳源中，玉米粉最有利于产漆酶，蔗糖最不利于产漆酶。玉米粉浸出液是天然的，能促进漆酶的分泌。而无机碳源蔗糖能支持菌的生长，不能促进漆酶的分泌。

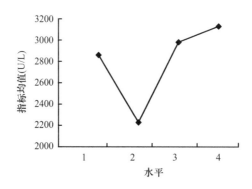

图 3.2　碳源水平指标图

从图 3.3 可以看出，试验中选取的 4 种氮源，氯化铵最有利于产漆酶。氯化铵和酒石酸铵比蛋白胨和酵母粉产酶活高，说明无机氮源比有机氮源产漆酶酶活高，主要是偏肿拟栓菌直接利用氮元素，而有机氮需要进一步分解成无机氮才能被利用（朱雄伟等，2003）。

从图 3.4 可以看出，试验选取不同碳源浓度中，当浓度为 10mg/L 时最有利于产漆酶。一般认为碳源浓度选用质量浓度为 1%时最好，本试验所得的碳源质量浓度正好为 1%。

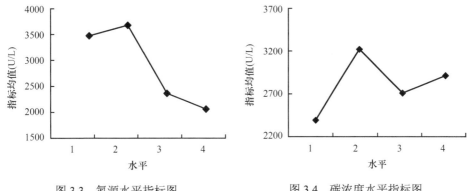

图 3.3　氮源水平指标图　　　　图 3.4　碳浓度水平指标图

从图 3.5 可以看出，4 种氮源浓度中浓度为 0.44g/L 时产漆酶最高。氮源是影响漆酶分泌的一个重要因素，特别是碳氮浓度比，高氮碳浓度比有利于漆酶的分泌（王习文等，2003）。

从图 3.6 可以看出，选取的 4 种 pH，当 pH 为 7.0 时，产漆酶酶活最大，pH 小于等于 5 时不利于产漆酶。每一种酶都有自己最适宜的 pH 范围，pH 小于等于 5 时，酸性条件使酶的空间结构改变，引起酶的活性丧失（李翠珍和文湘华，2005），pH 为 7.0 时有利于分泌漆酶和保持酶活活性。

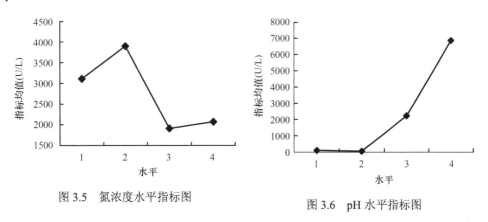

图 3.5　氮浓度水平指标图　　　　图 3.6　pH 水平指标图

同时，通过极差分析，排列出各个因素对指标影响大小的主次顺序为 $R_E > R_D > R_B > R_A > R_C$，说明 pH 对偏肿拟栓菌产漆酶影响最大，其次是氮源的浓度、氮源种类，最后是碳源种类和碳源浓度。

2. 产漆酶条件的优化

（1）偏肿拟栓菌产漆酶培养环境

1）不同转速条件实验：偏肿拟栓菌在固体培养基培养 7d 后，用无菌打孔器打直径为 10mm 的菌片接种于不同转速（80r/min、130r/min、180r/min）的液体培养基，接种量为 3 片，25℃下摇床培养，定时取样测定漆酶酶活。

2）不同温度条件实验：偏肿拟栓菌在固体培养基培养 7d 后，用无菌打孔器打直径为 10mm 菌片接种于不同温度（18℃、25℃、32℃）的液体培养基，接种量为 3 片，130r/min 下摇床培养，定时取样测定漆酶酶活。

（2）温度对偏肿拟栓菌分泌漆酶的影响

对于白腐真菌而言，可以在一定的温度范围内生长，但只有在适合它的温度下，白腐真菌才能分泌大量的漆酶。因此，本研究采用正交试验获得的优化液体培养基，在转速为 130r/min 的条件下，考察了不同温度对偏肿拟栓菌分泌漆酶的影响，结果如图 3.7 所示。

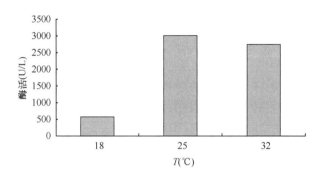

图 3.7　漆酶酶活的最适温度

从图 3.7 可以看出，25℃的培养条件下偏肿拟栓菌产漆酶酶活最高。在温度 18℃下培养，酶活最低，酶活只有 578.36U/L，可见该菌株不适应在低温下分泌漆酶，在较高的温度下分泌漆酶较多，但菌株还是适合在自然常温的条件下分泌大量的漆酶，温度过高或过低产酶活都不太高。

（3）转速对偏肿拟栓菌分泌漆酶的影响

白腐真菌是好氧微生物，培养方式对白腐真菌产漆酶的影响比较重要，摇床培养加大了氧气的传输和传质效率，从而有利于其生长和产酶。

采用正交试验获得的优化液体培养基在 25℃的条件下，考察了不同温度对偏肿拟栓菌分泌漆酶的影响，如图 3.8 所示。

从图 3.8 可以看出，转速为 130r/min 的条件下偏肿拟栓菌产酶活最高，转速过快或过慢产酶活相对较少，这与氧气的传输和营养物质的传质有关（Hublik and Schinner，2000）。对于白腐真菌来说氧是重要因子，为提高氧的运输和传质效果常采用摇床培养，但摇动产生的机械剪切力会破坏酶的结构及活性，加入表面活性剂有效保护了漆酶的活性。多数白腐真菌在摇床培养条件下有利于产酶，也有部分白腐真菌在静止培养条件下有利于产酶（黄乾明等，2006）。

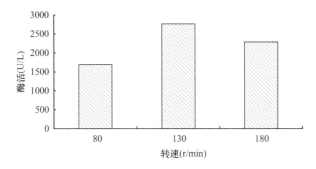

图 3.8 　漆酶酶活的最佳转速

3. 偏肿拟栓菌在最优培养基与 TK 培养基中分泌漆酶的对比

在 25℃、130r/min 的条件下摇床培养，对优化培养基和普通 TK 培养基培养偏肿拟栓菌的产酶状况进行对比。从图 3.9 可知，优化培养基产漆酶酶活明显高于 TK 培养基产漆酶的酶活，酶活达到 2841.32U/L，是传统白腐真菌研究中普遍采用的 TK 液体培养基产漆酶酶活的 5 倍多。

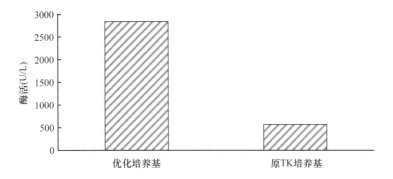

图 3.9 　最优培养基与 TK 培养基产酶活的比较

3.2.2　青顶拟多孔菌产漆酶条件的优化

1. 产漆酶培养基的优化

青顶拟多孔菌培养基优化采用正交试验，主要包括确定试验指标、选取试验因素、划分因素水平和选用正交表。

（1）确定试验指标

为优化青顶拟多孔菌产漆酶培养基，选定以漆酶酶活作为正交试验的考察指标。

（2）选取试验因素

碳源种类、碳源浓度、氮源种类、氮源浓度、金属离子浓度、表面活性剂浓度、pH、转速、温度等都是影响青顶拟多孔菌分泌漆酶的主要因素，在此阶段选取培养基基础组分中对产酶影响较大的 pH、碳源种类、碳源浓度、氮源种类和氮源浓度作为试验因素。

（3）划分因素水平

选择各个影响因素的各个水平遵循的主要原则是：把参数的水平区间拉开，尽可能使最佳区域能包含在设定的水平区间内。

该正交试验的因素水平划分为 4 个等级。选择 pH、碳源、氮源、碳源浓度和氮源浓度 5 种因素，设计正交试验，试验的因素水平值见表 3.5。

表 3.5　青顶拟多孔菌产漆酶培养基的因素水平表

水平	A	B	C	D	E
	pH	碳源	氮源	碳源浓度（g/L）	氮源浓度（g/L）
1	2.0	葡萄糖	酒石酸铵	20	1
2	4.0	蔗糖	硫酸铵	30	3
3	5.0	玉米粉	酵母粉	35	4
4	7.0	麸皮	蛋白胨	45	6

（4）选用正交表

该正交试验选用 5 个因素，每个因素分 4 个水平，根据因素数和水平数的要求，设计出 $L_{16}(4^5)$ 的正交表。正交表的表头设计见表 3.6。

表 3.6　正交表表头设计

因素	A	B	C	D	E
	pH	碳源	氮源	碳源浓度（g/L）	氮源浓度（g/L）
列号	1	2	3	4	5

本次正交试验的试验指标、因素、因素的水平和正交表确定后，可以确定整个试验方案，表 3.7 中每一横行代表一组试验的试验条件，共 16 个横行，因此要做 16 个不同条件的试验。例如，在表 3.7 中，第 1 组试验是 $A_2B_1C_1D_1E_1$，具体内容是：pH 为 4.0，碳源种类为葡萄糖，氮源种类为酒石酸铵，碳源浓度为 20g/L，氮源浓度为 1g/L。同理，依次确定其他试验号的具体内容。每个试验设置 3 个平行样，定时测定漆酶酶活。

2. 最优产漆酶培养基的优化调控

在 28℃、120r/min 条件下，采用 L_4^5 正交试验设计了 16 组试验样品，培养 31d，测定漆酶酶活，具体数值见表 3.8。从表 3.8 中比较各因素水平平均值 k_i，求出每个因素的最大平均值，可以得出产漆酶培养基的最优方案组合。其最优培养基组

表 3.7　正交试验的试验方案

编号	A pH	B 碳源	C 氮源	D 碳源浓度（g/L）	E 氮源浓度（g/L）
1	2	1	1	1	1
2	2	2	2	4	4
3	2	3	3	2	2
4	2	4	4	3	3
5	3	1	2	2	3
6	3	2	1	3	2
7	3	3	4	1	4
8	3	4	3	4	1
9	1	1	3	3	4
10	1	2	4	2	1
11	1	3	1	4	3
12	1	4	2	1	2
13	4	1	4	4	2
14	4	2	3	1	3
15	4	3	2	3	1
16	4	4	1	2	4

表 3.8　培养最优方案产漆酶直观分析表

编号	A pH	B 碳源	C 氮源	D 碳源浓度	E 氮源浓度	平行样之和 Lac（U/L）
1	2	1	1	1	1	11 467.62
2	2	2	2	4	4	2 804.37
3	2	3	3	2	2	57 240.69
4	2	4	4	3	3	244 476.7
5	3	1	2	2	3	0
6	3	2	1	3	2	4 279.83
7	3	3	4	1	4	37 638.88
8	3	4	3	4	1	144 272.8
9	1	1	3	3	4	66 126.3
10	1	2	4	2	1	5 185.59
11	1	3	1	4	3	29 875.17
12	1	4	2	1	2	64 266.11
13	4	1	4	4	2	0
14	4	2	3	1	3	0
15	4	3	2	3	1	45.66
16	4	4	1	2	4	0

编号	A pH	B 碳源	C 氮源	D 碳源浓度	E 氮源浓度	平行样之和 Lac（U/L）
K_1	55 151.09	77 593.92	45 622.62	103 372.7	168 507.72	
K_2	315 989.37	12 269.79	67 116.24	62 426.28	125 786.7	
K_3	58 730.49	114 800.4	267 639.75	314 928.5	274 351.9	
K_4	15.22	453 015.66	277 301.2	176 952.3	96 569.55	
k_1	13 787.77	19 398.48	11 405.66	25 843.18	42 126.93	
k_2	78 997.34	3 067.448	16 779.06	15 606.57	31 446.68	
k_3	14 682.62	28 700.1	66 909.94	78 732.12	68 587.97	
k_4	3.805	113 253.9	69 325.29	44 238.08	24 142.39	
R	78 993.54	110 186.5	57 919.64	63 125.55	44 445.58	

合为 $A_2B_4C_4D_3E_3$，即为 pH 4.0，最佳碳源为麸皮，浓度 35g/L，最佳氮源为蛋白
胨，浓度 4g/L。

从图 3.10 可以看出，试验选取 4 种 pH，水平为 2 时，即 pH 为 4.0 最有利于
菌种分泌漆酶，此时酶活最大，说明该菌较适合在弱酸性环境中分泌漆酶。当 pH
过大（pH 7.0）时不利于产酶，此结论与康从宝等（2002）对漆酶的分析结果相
似；青顶拟多孔菌作为微生物，在产酶特性方面也有一些特殊之处，当 pH 过小
（pH 2.0）时，即处于强酸性环境中，漆酶分泌量很小，可能是由于此条件下酶的
空间结构发生改变引起酶的活性丧失（李翠珍和文湘华，2005）。

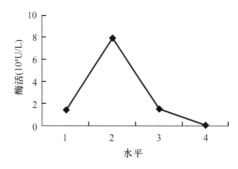

图 3.10　pH 水平指标图

从图 3.11 可以看出，试验选取 4 种碳源，水平为 4 时，即麸皮，最有利于菌
种产漆酶，较其余三种高出很多。麸皮浸出液作为有机碳源，是利用农作物收获
加工后的废弃物麸皮水煮后得到的液体，若能够对其进行有效利用，既有利于废
弃物质的回收利用又能减少资源浪费从而加大资源利用率。

从图 3.12 可以看出，试验选取 4 种氮源，水平为 4 时，即蛋白胨，最有利于
菌种产漆酶。菌种利用蛋白胨和酵母粉比酒石酸铵和硫酸铵产酶量高，说明有机
氮源比无机氮源更适合菌种利用产酶（康从宝等，2002）。

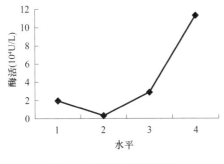

图 3.11　碳源水平指标图

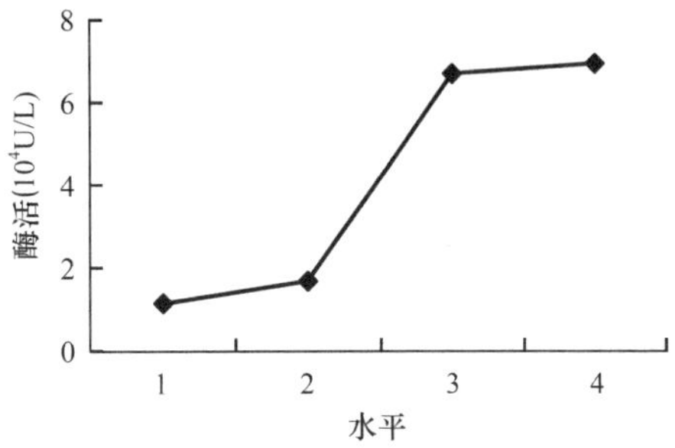

图 3.12　氮源水平指标图

从图 3.13 和图 3.14 可以看出，试验分别选取 4 种不同碳源浓度和氮源浓度，当水平为 3 时，即碳源浓度为 35g/L，最有利于菌种产漆酶；当水平为 3 时即氮源浓度为 4g/L，最有利于产漆酶。

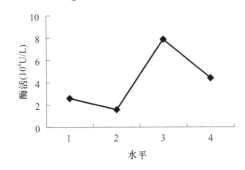

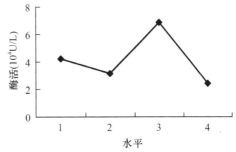

图 3.13　碳源浓度水平指标图

图 3.14　氮源浓度水平指标图

同时，通过极差分析，排列出各因素对指标影响的主次关系是：$R_B > R_A > R_D > R_C > R_E$，即说明碳源种类对青顶拟多孔菌产漆酶影响最大，其次是 pH、碳源浓度、氮源种类及浓度。

将优化培养基、基础培养基和马铃薯液体培养基进行酶活比较（图 3.15），结

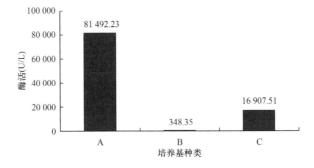

图 3.15　不同类型培养基青顶拟多孔菌 Lac 酶活比较

A. 优化培养基；B. 基础培养基；C. 马铃薯液体培养基

果十分明显，优化培养基的酶活较后两者高出很多，突出显示出优化培养基有利于青顶拟多孔菌分泌漆酶，可以作为该菌产漆酶的首选培养基。与基础培养基相比，优化培养基的基本组成相同，通过改变三种主要因素及其水平，得到的培养基的漆酶酶活却有如此之大的变化。此结果表明，选择培养基的主要影响因素进行优化研究是十分必要的，并且影响因素选择的准确性十分重要。

3. 产漆酶培养条件的优化

对于采用摇瓶优化菌株酶活实验而言，温度、接种量和摇床速度是十分重要的影响因素。

（1）最适培养温度

在120r/min条件下，将2片/φ10mm菌片接种于装有50ml最优培养基的150ml三角瓶中，分别设定培养温度25℃、28℃、31℃和35℃，培养31d，测定酶活如图3.16所示。

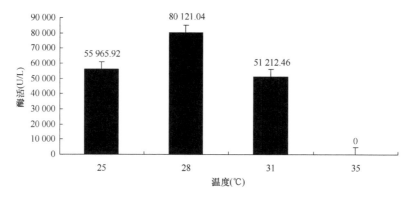

图3.16 不同温度漆酶酶活随时间变化

在25℃和35℃之间，随着温度升高，菌种漆酶酶活峰值呈现先增后减的趋势，28℃时酶活表达最好，峰值为80 121.04U/L。而其余温度下酶活峰值分别为25℃，55 965.92U/L；31℃，51 212.46U/L；35℃无酶活。表明青顶拟多孔菌的最适摇床产漆酶温度为28℃。此菌种最适温度与层孔菌（王宜磊和刘兴坦，2001）和彩绒革盖菌（Vasconcelos et al.，2000）等菌种的最适温度相同。从图3.16可以看出，温度过高或过低都会影响菌种产酶，高温对菌种的影响尤为严重，此结果与王宜磊和刘兴坦（2001）的研究结果相一致。不适合的温度导致菌种产酶量下降，更严重者将导致菌种死亡。菌种受温度影响如此严重，是因为菌体的生长代谢依靠各种酶类，而各种酶类都有适应的温度范围，超过此范围，酶的化学组成及结构将会改变，导致酶失去活性。

（2）最适接种量

在 28℃、120r/min 条件下，150ml 三角瓶中装有 50ml 最优培养基，设定接种量每瓶 2 片、3 片、4 片/φ10mm 菌片，培养 24d，测定酶活如图 3.17 所示。

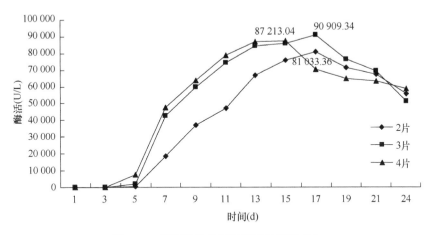

图 3.17　不同接种量漆酶酶活随时间变化

三种条件的酶活趋势相同，均从第 5 天开始酶活迅速上升，4 片/φ10mm 菌片的菌种酶活上升最快，酶活较大，但是在第 15 天时，酶活即达到最高，酶活峰值为 87 213.04U/L。而 3 片和 2 片的菌种酶活继续上升，均在第 17 天达到最大值，酶活峰值依次为 90 909.34U/L 和 81 033.36U/L。三种条件下，3 片/φ10mm 菌片酶活峰值最高，为最适接种量。4 片/φ10mm 菌片在培养初期酶活较高，且最快达到峰值。可能是因为初期培养基营养物质较丰富，相对于 2 片和 3 片的接种量而言，4 片接种量的菌体含量较多，生长较快，酶活分泌较快。但是随着营养物质的快速消耗，菌种可利用的营养物匮乏，导致其菌种生长缓慢，酶活分泌量率先下降，故酶活最快达到峰值。

（3）最适摇床转速

在 28℃条件下，将 2 片/φ10mm 菌片接种于装有 50ml 最优培养基的 150ml 三角瓶中，设定转速 80r/min、120r/min、160r/min、200r/min，测定 31d 酶活最高值如图 3.18 所示。

在 4 种条件下，随着转速的增大，菌种酶活先增后减，最适摇床转速为 160r/min，酶活最大值为 89 291.1U/L。其余条件下酶活峰值为 80r/min，81 052.19 U/L；120r/min，81 033.36U/L；200r/min，55 519.6U/L。转速是摇瓶实验中的重要因素，通过调整转速，改变菌液的溶氧情况和水剪切力的大小，进而影响到菌体的产酶。

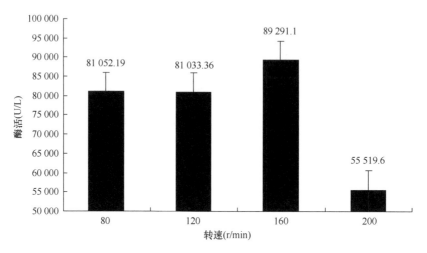

图 3.18　不同转速漆酶酶活峰值比较

3.3　诱导物 Cu^{2+} 对产漆酶的影响

3.3.1　Cu^{2+} 对产漆酶影响的机理

漆酶是一种含有 4 个铜离子的氧化还原酶，与哺乳动物中的血浆铜蓝蛋白、植物中的抗坏血酸氧化酶同属蓝色多铜氧化酶家族。漆酶催化氧化底物时伴随 4 个电子的转移，并将分子氧还原成水，是一种绿色环保型酶（杜丽娜，2010）。

漆酶最初是在树木的渗出物中被发现的，在自然界中广泛存在于昆虫、植物、细菌和真菌中，漆酶的催化循环从酶中间体开始，被降解的底物将具 Cu 部位进行还原，经过一系列电子传递之后酶中间体处于静止的氧化状态。因此，漆酶的催化作用主要是氧化反应，其对包括木质素在内的酚类化合物及多种芳香烃底物可以进行氧化性聚合和解聚，并且漆酶的催化反应机制也是建立在自由基的链式反应基础上的。通过单电子提取的方式，催化从单酚和多酚底物的羟基和芳胺中的氢原子，形成自由基并经过解聚、再聚的过程形成醌类。由于 Cu^{2+} 在白腐真菌所产漆酶的结构中有特殊位置，所以 Cu^{2+} 对菌种产酶酶活有一定的影响。

3.3.2　Cu^{2+} 对青顶拟多孔菌产酶的影响

（1）选取产漆酶量最高的青顶拟多孔菌，研究不同浓度金属 Cu^{2+} 对白腐真菌产酶的影响（Kersten and Cullen，2007）。

接种 2 片直径为 10mm 的菌片于灭菌后装有 50ml 含有不同浓度金属 Cu^{2+} 的优化培养基的 150ml 三角瓶中，28℃、120r/min 摇床培养。Cu^{2+} 浓度设置为 0μmol/L、

0.25μmol/L、0.5μmol/L、1μmol/L、2μmol/L、4μmol/L 6 组，每组样品设 3 个平行，定时取样测定酶活。设置不接菌空白样品测定蒸发量。

在 28℃、120r/min 条件下，接种 2 片/Φ10mm 菌片于含有不同浓度 Cu^{2+} 的优化培养基中，培养 31d，测得漆酶酶活峰值如图 3.19 所示，在 0.25～4μmol/L 的浓度范围内金属 Cu^{2+} 对该菌种漆酶分泌均起到促进作用。不含金属 Cu^{2+} 的条件下，酶活峰值为 72 400.57U/L；Cu^{2+} 浓度从 0 到 0.5μmol/L 时，酶活峰值迅速增大，在 0.5μmol/L 时达到最高，最大值为 111 120.2U/L。从 0.5～4μmol/L，随着 Cu^{2+} 浓度的增大，漆酶峰值逐渐下降，在 4μmol/L 时，酶活峰值为 87 301.03U/L。

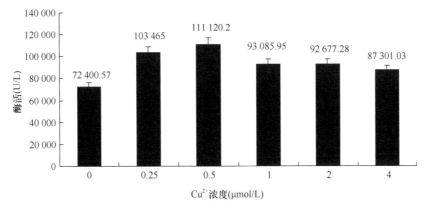

图 3.19　不同浓度 Cu^{2+} 的漆酶酶活峰值

（2）采用响应面试验获得最优培养基，在 25℃、120r/min 的培养条件下，将 2 片/φ10mm 青顶拟多孔菌菌片接种于灭菌后的含有 50ml 不同浓度 Cu^{2+} 的最优液体培养基的 150ml 三角瓶中，培养 31d，将 Cu^{2+} 浓度分别设置为 0μmol/L、0.25μmol/L、0.5μmol/L、1μmol/L、2μmol/L、4μmol/L 共 6 个处理组。如图 3.20 所示，有 Cu^{2+}

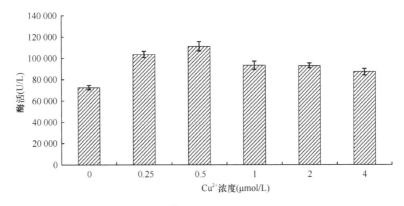

图 3.20　不同浓度 Cu^{2+} 条件下青顶拟多孔菌产漆酶酶活

培养条件下的菌种酶活均高于不含 Cu^{2+} 条件，由此说明 Cu^{2+} 对青顶拟多孔菌产漆酶过程有促进效应。无 Cu^{2+} 培养条件下，菌种酶活峰值为 72 502.06U/L；随着 Cu^{2+} 浓度的升高，酶活峰值开始增高，在 Cu^{2+} 浓度为 0.5μmol/L 的条件下，菌种的酶活峰值最高，达到 111 221.6U/L，达到无 Cu^{2+} 条件下菌种酶活峰值的 1.5 倍，在 Cu^{2+} 浓度为 1μmol/L 和 2μmol/L 的条件下，菌种的酶活峰值开始下降，分别为 93 187.36U/L 和 92 779.23U/L。在 Cu^{2+} 浓度为最高的 4μmol/L 的环境下，菌种酶活峰值为 87 402.45U/L，菌种酶活峰值提升的幅度最低。

综上两个实验，对于青顶拟多孔菌，在菌种产酶的过程中，适量地添加 Cu^{2+} 对其产酶有积极影响。金属 Cu^{2+} 对白腐真菌分泌漆酶的促进作用在许多研究中得到证实。对于许多漆酶诱导剂而言，Cu^{2+} 的促进作用较为突出，效果较为明显。分析其原因，可能是由漆酶的结构决定的，漆酶是一种含 Cu^{2+} 的多酚氧化酶，Cu^{2+} 作为漆酶的组成，在漆酶的构成及反应中起到特殊作用。加入适当浓度的金属 Cu^{2+}，提供青顶拟多孔菌产漆酶组成的必要元素，有助于漆酶的合成，可以大幅度增加菌种的漆酶分泌量。

3.4 不同菌种复配对产漆酶的影响

3.4.1 青顶拟多孔菌与偏肿拟栓菌复配对产漆酶的影响

在 25℃、125r/min 的条件下，培养三种复配方式的青顶拟多孔菌与偏肿拟栓菌，并定时取样测定酶活。三种复配方式的复合菌与单种菌分泌漆酶产量随时间改变而上升，到峰值最高时开始下降，5 种漆酶产量曲线趋势均相似，如图 3.21 所示。

青顶拟多孔菌与偏肿拟栓菌复配后产漆酶量从高到低的顺序依次为，①青顶拟多孔菌与偏肿拟栓菌接种比例为 2∶1，在第 19 天时达到酶活峰值 47.195U/ml；②青顶拟多孔菌与偏肿拟栓菌的接种比例为 1∶2，在 21d 时达到酶活峰值 42.195U/ml；③青顶拟多孔菌与偏肿拟栓菌接种比例为 1∶1，在第 15 天时达到酶活峰值 39.37U/ml；④青顶拟多孔菌单种菌在第 19 天时达到酶活峰值 33.393U/ml；⑤偏肿拟栓菌单种菌在第 19 天时达到酶活峰值 18.974U/ml。

综上，青顶拟多孔菌与偏肿拟栓菌三种复配方式产生的酶活量均比单种菌产酶活高。最高产酶复配组合是青顶拟多孔菌与偏肿拟栓菌接种比例为 2∶1，其酶活量是两单种菌酶活量和的 1.8 倍。接种比例为 1∶1 和 1∶2 的青顶拟多孔菌与偏肿拟栓菌两种复配方式分别是单种菌酶活量和的 1.5 倍和 1.62 倍。因此，青顶拟多孔菌与偏肿拟栓菌具有相互促进作用。

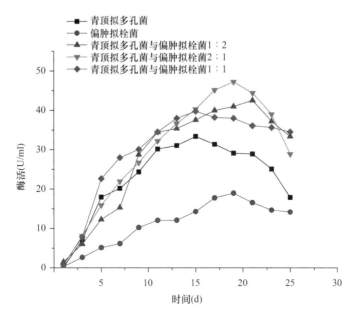

图 3.21　青顶拟多孔菌与偏肿拟栓菌不同复配方式酶活曲线

3.4.2　青顶拟多孔菌与糙皮侧耳菌复配对产漆酶的影响

在 25℃、125r/min 的条件下，培养三种复配方式的青顶拟多孔菌与糙皮侧耳菌，并定时取样测量酶活。三种复配方式的复合菌与单种菌分泌漆酶酶活曲线如图 3.22 所示。酶活随时间改变而上升，到峰值最高时开始下降，5 组漆酶酶活曲线趋势均相似。

青顶拟多孔菌与糙皮侧耳菌复配后产漆酶量由高到低依次为，①青顶拟多孔菌在第 15 天时，达到酶活峰值为 33.39U/ml；②青顶拟多孔菌与糙皮侧耳菌接种比例为 2∶1，在第 17 天时，达到酶活峰值为 32.53U/ml；③青顶拟多孔菌与糙皮侧耳菌接种比例为 1∶1，在第 15 天时，达到酶活峰值为 27.95U/ml；④青顶拟多孔菌与糙皮侧耳菌接种比例为 1∶2，在第 19 天时，达到酶活峰值为 19.32U/ml；⑤糙皮侧耳菌单种菌在第 3 天，达到酶活峰值为 3.32U/ml。

产酶量最高的是青顶拟多孔菌，三种形式的复合菌产酶活最高峰值时间均提前于青顶拟多孔菌单种菌最高酶活时间，说明青顶拟多孔菌与糙皮侧耳菌能够共生。青顶拟多孔菌与糙皮侧耳菌能达到最高酶活峰值的复配方式是接种比例为 2∶1，其酶活峰值要小于单种菌青顶拟多孔菌 0.86U/ml。青顶拟多孔菌与偏肿拟栓菌最优方案与青顶拟多孔菌与糙皮侧耳菌最优方案分泌漆酶量相比，青顶拟多孔菌与糙皮侧耳菌复配最高酶活峰值时间要比与偏肿拟栓菌复配的峰值时间提前 2d。所以青顶拟多孔菌与糙皮侧耳菌要比与偏肿拟栓菌组合在一起彼此适应地更

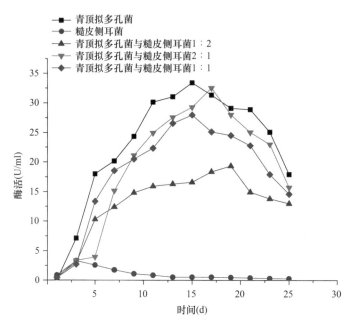

图 3.22　青顶拟多孔菌与糙皮侧耳菌不同复配方式酶活曲线

快，但是由于糙皮侧耳菌单种菌酶活产量要小于偏肿拟栓菌的酶活产量，所以青顶拟多孔菌与偏肿拟栓菌复配酶活要高于与糙皮侧耳菌复配。

3.4.3　偏肿拟栓菌与糙皮侧耳菌复配对产漆酶的影响

在 25℃、125r/min 的条件下，培养三种复配方式的偏肿拟栓菌与糙皮侧耳菌，并定时取样测定酶活。三种复配方式的复合菌和单种菌分泌漆酶活性随时间改变而上升，到峰值最高时趋势开始下降，5 种酶活曲线趋势相似，如图 3.23 所示。

偏肿拟栓菌与糙皮侧耳菌复配后产漆酶量由高到低依次为，①偏肿拟栓菌与糙皮侧耳菌接种比例为 1：1 时，在第 17 天达到酶活峰值 27.86U/ml；②偏肿拟栓菌与糙皮侧耳菌接种比例为 2：1 时，在第 17 天达到酶活峰值为 25.60U/ml；③偏肿拟栓菌单种菌在第 19 天时达到酶活峰值为 18.97U/ml；④偏肿拟栓菌与糙皮侧耳菌接种比例为 1：2 时，在第 19 天达到酶活峰值为 16.20U/ml；⑤糙皮侧耳菌单种菌在第 3 天达到酶活峰值为 3.32U/ml。

综上，偏肿拟栓菌与糙皮侧耳菌之间复配接种比例 1：1 时产生的酶活量是两个单种菌酶活之和的 2.4 倍；接种比例为 2：1 时产生的酶活量是两个单种菌酶活之和的 2.29 倍；接种比例为 1：2 的复合菌的酶活量却比单种菌偏肿拟栓菌酶活量要小 2.77U/ml。接种比例为 1：1 和 2：1 的偏肿拟栓菌与糙皮侧耳菌复合菌漆

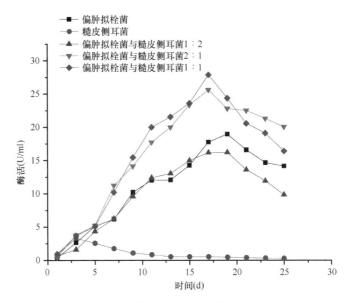

图 3.23　偏肿拟栓菌与糙皮侧耳菌复配酶活曲线

酶峰值出现时间均提前于单种偏肿拟栓菌 2 天,接种比例为 1∶2 的偏肿拟栓菌与糙皮侧耳菌酶活峰值时间与单种菌偏肿拟栓菌相同。

3.5　白腐真菌漆酶降解 PAHs 的应用研究

3.5.1　白腐真菌粗酶对苯并芘的降解研究

白腐真菌分泌的漆酶及其他过氧化物酶在污染物的降解中发挥了关键作用 (Bumpus et al.,1985)。存在于白腐真菌胞外酶中的漆酶对底物的作用范围广泛,对多环芳烃具有一定的氧化能力 (Anastasi et al.,2009;Saravanan et al.,2021)。与白腐真菌对多环芳烃的降解相比,其分泌的胞外酶可以在恶劣的土壤环境中发挥作用,土壤的理化性质和土著微生物对其影响较小 (Li et al.,2010)。然而,当前研究大多集中于对白腐真菌粗酶中的漆酶进行分离纯化,将经分级沉淀、层析纯化后的纯漆酶应用于多环芳烃降解。而纯化后的漆酶成本普遍偏高,在土壤生物修复中的大规模应用仍然受到诸如资金、工程化等限制 (徐圣东,2021)。因此,低成本、高效性酶产品的工业规模化生产在有机污染场地修复的实际应用中至关重要。

生物酶作为一种生物催化剂,其活力、稳定性易受温度、pH、金属离子等环境因素的影响,如 Cu^{2+} 在内的多种金属离子都会影响漆酶活力和底物降解 (Zhang et al.,2018)。同一来源的生物酶对不同底物的最佳反应条件也存在差异，如从 *Cerrena unicolor* 中分离的漆酶对 ABTS 的最佳作用温度为 60℃，而对 2,6-二甲氧基苯酚的最佳作用温度为 80℃（Huang et al.，2020）。从 *Trametes hirsuta* 中分离的两种漆酶的最佳温度也相差 10℃（代小丽等，2020）。

白腐真菌胞外粗酶包含漆酶在内的多种成分中可能存在多种天然介体成分，对底物的作用范围更广，对一些难以被漆酶直接作用的高氧化还原电势的多环芳烃的降解效率较纯漆酶更高（赵欢，2022）。以三种典型多环芳烃（菲、芘、苯并芘）为研究对象，通过粗酶对典型多环芳烃的生物降解及动力学研究，得出 *Trametes versicolor* 粗酶对三种不同环数的 PAHs（菲、芘和苯并芘）的降解差异。同时，以高环多环芳烃（苯并芘）为研究对象，基于粗酶降解苯并芘过程中的温度、pH、污染物浓度、Cu^{2+} 及不同介体进行了条件优化，探究白腐真菌 *Trametes versicolor* 粗酶对高环多环芳烃（苯并芘）的最佳降解条件。Ike 等（2019）研究了一种低成本的白腐真菌粗酶修复多环芳烃的方法，并为粗酶在多环芳烃污染土壤中的应用提供理论支持。

1. 粗酶对典型多环芳烃的生物降解及动力学研究

（1）粗酶对典型多环芳烃的生物降解研究

Trametes versicolor 产酶量最高时，经高速离心获得 *Trametes versicolor* 粗酶，对制得的 *Trametes versicolor* 粗酶进行多环芳烃的降解研究。如图 3.24 所示，3 种污染物的降解率随时间变化的降解曲线趋势一致，前 0.5h 降解速率最大，即污染物加入之后出现一个快速的降解过程，随后降解速率开始变得缓慢，直到 12h 左右到达平台期。同时，芘和苯并芘的降解率较菲的略低，菲的最大降解率为 89.98%，而芘和苯并芘的最大降解率分别为 70.02% 和 51.35%。与 *Trametes versicolor* 菌株降解相比，*Trametes versicolor* 粗酶对单一多环芳烃的降解效率略低，但其降解速度快，在短时间内可以降解大量污染物，在后续实际应用中，具有明显优势。与利用来源于 *Leucoagaricus gongylophorus* 分泌的漆酶降解蒽（72%±1%）、芴（40%±3%）和菲（25%±3%）相比，本研究筛选的高产漆酶菌种 *Trametes versicolor* 对多环芳烃菲的降解效率更高，是同领域菌种降解相同多环芳烃效率的 3 倍以上（Erhan et al.，2002）。

（2）粗酶对多环芳烃的降解动力学研究

如图 3.25 所示，拟合出粗酶降解菲、芘和苯并芘的 Linewear-Burk 曲线方程分别为 $y=51.6571x+15.5079$、$y=71.1588x+5.534\,78$ 和 $y=71.827\,64x+0.820\,72$。因此，菲、芘和苯并芘对应的 V_{max} 分别为 0.064mmol/（L·min）、0.181 mmol/（L·min）和 1.218mmol/（L·min）。基于底物浓度、最大反应速率及 t 时刻的反应速率，可求得，*Trametes versicolor* 粗酶降解菲、芘和苯并芘的 Km 分别为 3.331mmol/L、12.857mmol/L 和 87.520mmol/L。粗酶降解苯并芘的 Km 值最大，表明粗酶对苯并

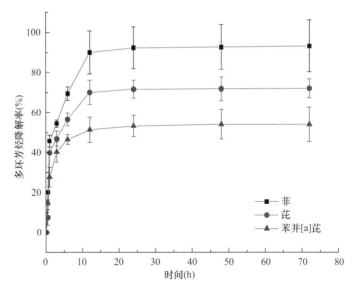

图 3.24　粗酶对多环芳烃的降解随时间变化

苊的亲和能力小于菲和芘，所以 *Trametes versicolor* 粗酶更不易与苯并芘反应，对苯并芘的降解效果最差。因此 *Trametes versicolor* 和粗酶在相同条件下，对苯并芘的降解效果远低于菲和芘。

　　对 *Trametes versicolor* 粗酶降解菲、芘和苯并芘进行零级、一级和二级动力学拟合，结果如图 3.26 和表 3.9 所示。研究发现，*Trametes versicolor* 粗酶降解三种多环芳烃的反应基本不遵循零级动力学反应方程，*Trametes versicolor* 粗酶对菲和苯并芘的降解反应最符合一级动力学方程，拟合相关关系最优，该相关系数分别为 0.977 95 和 0.906 14。而对芘的降解反应最符合二级动力学方程，相关系数为 0.954 45。推测由于粗酶成分复杂，其降解多环芳烃的反应体系更为复杂，所以其反应过程很难完全遵循某一单一动力学方程。

2. 粗酶降解苯并芘条件优化

（1）温度对粗酶降解苯并芘的影响

　　温度是影响酶活力的一个重要参数（Díaz et al.，2013）。温度在 20～35℃对粗酶降解苯并芘的影响如图 3.27 所示。研究发现粗酶降解苯并芘的最佳温度为 28℃，降解率为 69.32%。当降解体系温度（20℃）低于室温条件时，*Trametes versicolor* 粗酶对苯并芘仍有很好的降解效果，降解率为 56.60%。一定范围内，随着温度的上升，*Trametes versicolor* 粗酶对苯并芘的降解率逐渐增大。而当温度超过 28℃时，由于酶变性及反应体系中溶解氧的减少等原因，酶的催化效果变差，

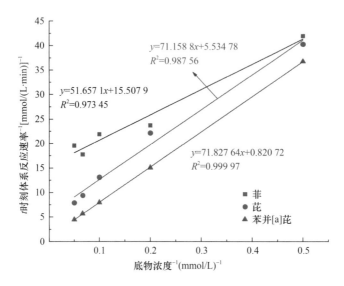

图 3.25　粗酶的 Linewear-Burk 曲线

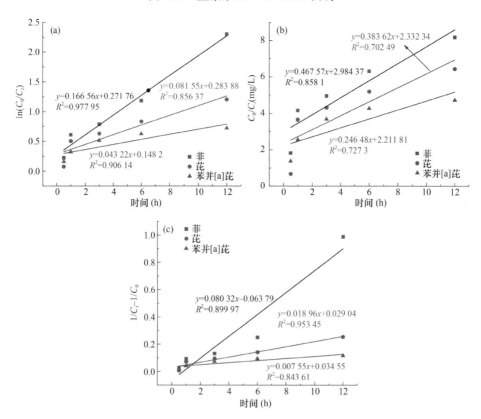

图 3.26　粗酶降解多环芳烃的拟合曲线

（a）一级动力学；（b）零级动力学；（c）二级动力学

表3.9　动力学方程及参数

底物	拟合级数	拟合动力学方程	速率常数	R^2
	零级	$y=0.467\,57x+2.984\,37$	0.467 57	0.858 10
菲	一级	$y=0.166\,56x+0.271\,76$	0.166 56	0.977 95
	二级	$y=0.080\,32x-0.063\,79$	0.080 32	0.899 97
	零级	$y=0.383\,62x+2.332\,34$	0.383 62	0.702 49
芘	一级	$y=0.081\,55x+0.283\,88$	0.815 50	0.856 37
	二级	$y=0.018\,96x+0.029\,04$	0.018 96	0.953 45
	零级	$y=0.246\,48x+2.211\,81$	0.246 48	0.727 30
苯并芘	一级	$y=0.043\,22x+0.148\,20$	0.043 22	0.906 14
	二级	$y=0.007\,55x+0.034\,55$	0.007 55	0.843 61

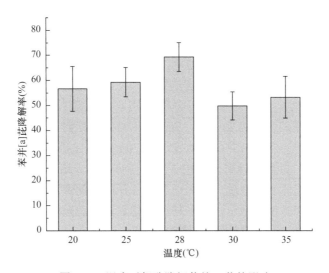

图3.27　温度对粗酶降解苯并[a]芘的影响

苯并芘的降解率略有降低（Kauppi et al.，1998；Kaur et al.，2020）。但当温度控制在一定范围时，其通常不是酶降解的限制因素（Batie et al.，1987）。

（2）pH 对粗酶降解苯并芘的影响

酶反应体系中 pH 的变化一般会对酶的构象和催化活力产生很大的影响。pH 可以通过改变蛋白质表面和反应中心的静电性质，或者通过影响酶的稳定性影响粗酶中酶的活力，进而影响酶与底物的作用速率（Wang et al.，2021）。控制反应体系的pH 为4.0~8.0，分析不同 pH 对粗酶降解苯并芘的影响，如图3.28 所示。结果表明苯并芘的降解率在 pH 为6.0 时最高，为74.50%。在pH=4.0 和 pH=8.0 环境中，苯并芘的降解率均相对较低，为43%左右，这表明，粗酶对体系 pH 较为敏感。因此，在 pH 不理想的环境中，难以应用游离粗酶进行多环芳烃的生物修复。

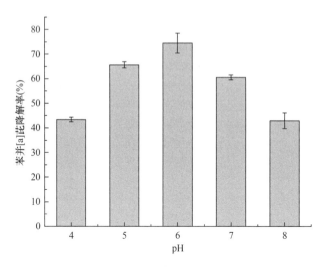

图 3.28   pH 对粗酶降解苯并[a]芘的影响

（3）不同污染物对苯并芘降解效率的影响

不同污染场地中多环芳烃的浓度差异较大，而无论酶降解还是菌降解，对多环芳烃的浓度都有一定的耐受及可降解范围。选取苯并芘的浓度范围为 2～20mg/L。当苯并芘的浓度为 2mg/L、5mg/L 和 10mg/L 时，体系中几乎半数的苯并芘可被生物降解，而当苯并芘的浓度达到 20mg/L 时的降解率仅为 29.27%，如图 3.29 所示。这一降解差异可能是由于苯并芘毒性大，造成了部分酶活的丧失，浓度越高的苯并芘体系毒性越大，因而对苯并芘的降解率越低。另外，苯并芘的水溶性较低，且游离粗酶稳定性差，与污染物结合率有限。因此，对于浓度较高的苯并芘污染场地，游离粗酶的降解能力有限。

（4）Cu^{2+} 对粗酶降解苯并芘的影响

实际场地中的污染物除了包含芳香族污染物的有机污染物外，还存在很多重金属离子，如 Cu^{2+}。漆酶是一类含有多个 Cu^{2+} 的多酚氧化酶，Cu^{2+} 在漆酶中具有独特的地位。Cu^{2+} 浓度对胞外酶降解苯并芘的影响如图 3.30 所示。从图中可以看出，当 Cu^{2+} 浓度低于 4.0mmol/L（除 1.5mmol/L）时，其对粗酶降解苯并芘的影响不明显。当 Cu^{2+} 浓度为 1.5mmol/L 时，对苯并芘的降解有较为明显的促进作用，粗酶对 10mg/L 的苯并芘的降解率为 84.53%，与对照组（未加 Cu^{2+}）相比增加了 36.24%。而 Cu^{2+} 浓度超过 4mmol/L 时对苯并芘降解有明显的抑制作用，且随着 Cu^{2+} 浓度的增加，苯并芘的降解率逐渐降低。这一结果与从白腐真菌灵芝中分离纯化的漆酶对两种烷基酚污染物（4-正辛酚和 2-苯基酚），低浓度的 Cu^{2+} 对污染物的降解无明显作用，高浓度表现为抑制作用相似（Kim et al.，2006）。

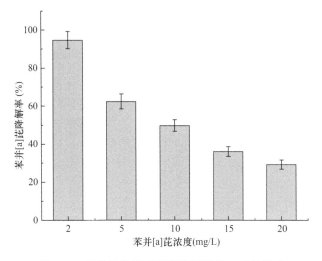

图 3.29　污染物浓度对粗酶降解苯并[a]芘的影响

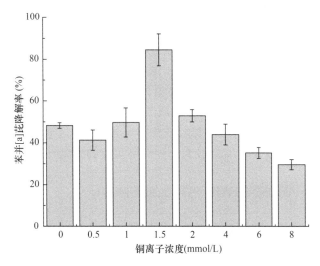

图 3.30　铜离子浓度对粗酶降解苯并[a]芘的影响

（5）介体对粗酶降解苯并芘的影响

介体可以充当酶分子和目标底物间的电子穿梭介质，扩大酶分子和底物的作用范围（林先贵等，2017）。一般真菌漆酶的氧化还原电位较低，限制了其对较高氧化还原电位底物的直接作用（Fabbrini et al.，2002）。在漆酶作用下形成的氧化还原态的介体，从漆酶的活性中心逸出后，通过自由基反应或离子化途径对底物进行转化（高千千和朱启忠，2009）。在 pH=5 的乙酸-乙酸钠缓冲溶液中，添加 HBT 和紫脲酸两种人工合成介体，探究其对 *Trametes versicolor* 粗酶降解苯并芘的影响，结果如图 3.31 所示，两种人工合成介体在合适浓度下均对该粗酶降解苯

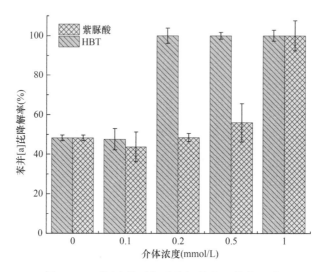

图 3.31 不同介体对粗酶降解苯并[a]芘的影响

并芘有一定的促进作用。与粗酶单独降解相比，添加 0.2mmol/L HBT 介体可实现对苯并芘的完全降解。紫脲酸介体促进粗酶降解苯并芘的效果与 HBT 相比较弱，但将紫脲酸的浓度提高到 1mmol/L 时，也可实现对 10mg/L 苯并芘的完全降解。虽然添加合适的介体在一定程度上提高粗酶对苯并芘的降解效果，但人工合成介体存在稳定性差、价格昂贵及介体本身或其衍生物毒性不确定等因素（朱姝冉等，2018）。许多粗酶中存在促进多环芳烃降解的天然介体，这意味着直接将粗酶应用于多环芳烃的生物修复中可能会成为一种经济可行的方案。

3.5.2 白腐真菌固载酶对 PAHs 污染土壤的降解研究

漆酶对多环芳烃的降解具有高效快速等特点，但是游离酶在土壤中具有稳定性差、酶活低等特点，影响酶对多环芳烃污染土壤的修复。目前，大多数研究采用酶固定化技术提高酶在土壤中的稳定性及其降解多环芳烃的效率。赵欢（2022）采用酸和碱改性的板栗壳固定白腐真菌 *Trametes versicolor* 粗酶修复多环芳烃污染土壤。通过对载体的表征，发现酸改性板栗内壳 Zeta 电位值最高（−13mV±1.56mV），且酸改性内壳孔道清晰，孔道内部残存碎屑较少，比表面积大，更有利于酶的固定。因此，选择酸改性板栗内壳固载白腐真菌 *Trametes versicolor* 粗酶。板栗基生物炭固载白腐真菌 *Trametes versicolor* 粗酶在 10 天内对多环芳烃污染土壤的降解效率为 36.87%，与同条件下玉米秸秆固载粗酶（29.29%）、稻壳生物炭固载粗酶（31.81%）、游离粗酶（17.92%）对土壤中多环芳烃的降解相比，具有较好的修复效果。

1. 板栗基生物炭固载粗酶效能研究

（1）生物炭添加量对粗酶固定效能影响

在粗酶酶活为 10U/ml、酸改性内壳生物炭量小于 1g 时，随着生物炭量的增加，漆酶的固载率也逐渐增大（图 3.32）。当生物炭量超过 1g 时，粗酶的固载率接近 100%。当固载生物炭量为 1g 时，粗酶的固载率高达 97.25%±6.2%。从固定化效果及经济角度考虑，选择 1g 酸改性内壳生物炭固定 10U/ml 粗酶用于后续研究。

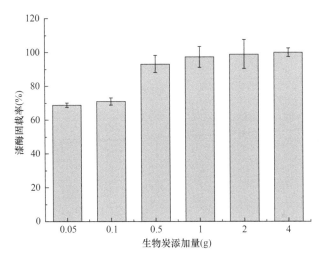

图 3.32 生物炭添加量对粗酶固定效能影响

（2）固定化时间对粗酶固定效能影响

随着固定化时间的增加，漆酶的固载率也逐渐增大（图 3.33）。当固定化时间达到 24h 后，粗酶基本被全部固载到生物炭上，固载率可高达 97.54%，与前期不同生物炭添加量研究中 1g 生物炭的固载率基本持平。

（3）pH 对粗酶固定效能研究

如图 3.34 所示，随着 pH 的增加，漆酶固载率先增加后降低。当 pH 小于 5 时，粗酶的固载率随 pH 的增加而增大，反之，当 pH 大于 5 时，固载率逐渐降低。研究发现，酸性环境更有利于粗酶的固载，中性或碱性环境对粗酶的固载具有显著的抑制作用，体系 pH 为 5 时固载率最高，该结果与游离粗酶在高酸性和碱性条件下不稳定对应。

2. 固定化酶稳定性研究

（1）pH 对游离和固载粗酶对比研究

pH 可以通过改变蛋白质表面和反应中心的静电性质，影响电离状态的变化（Fabbrini et al., 2002），进而影响酶的活力。游离粗酶和板栗基生物炭固载粗酶在

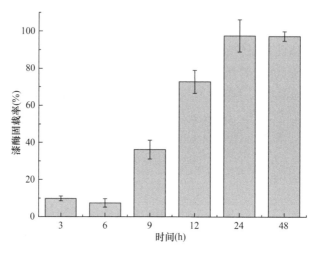

图 3.33 固定化时间对粗酶固定效能的影响

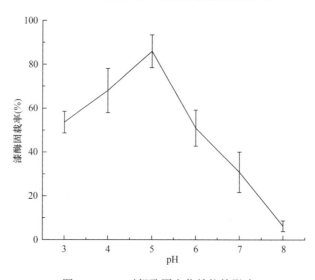

图 3.34 pH 对粗酶固定化效能的影响

不同 pH 和温度条件下静置 2h 的稳定性如图 3.35 所示。游离粗酶中漆酶活力在高酸性和碱性条件下变化显著,不稳定。而板栗基生物炭对粗酶的固定显著提高了粗酶中漆酶的稳定性。这增强了粗酶在更宽的 pH 范围内的使用性,即可将粗酶的适用性扩展到高酸性和碱性环境中。在 pH 为 2.5 的高酸性环境中,通过板栗基生物炭对粗酶的固定,可使其相对活力提高 33.83%,同样在 pH 为 10 的碱性环境中,粗酶中漆酶的活力由固定前的 0.14%提高至 9.63%。不仅在强酸性和碱性环境中,漆酶的活力得到了大幅的提高,在弱酸性和中性环境中,通过板栗基生物炭固定的粗酶中漆酶的活力均较游离粗酶中漆酶的活力有所提升。

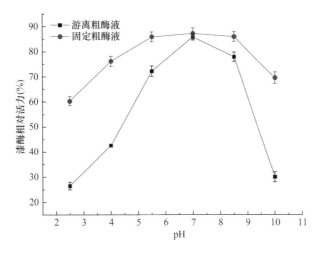

图 3.35　pH 对游离和固定化粗酶对比

（2）温度对游离和固载粗酶对比研究

一定的温度有利于加快分子运动，增加漆酶与底物碰撞结合的速率，但温度过高会破坏蛋白质的结构，使蛋白质分子结构变得不稳定，进而影响漆酶的稳定性（Batie et al.，1987）。如图 3.36 所示，在 4℃和 25℃的条件下，游离粗酶的相对活力达到最高。接着，随着温度的升高，游离粗酶的相对活力逐渐降低，在 70℃时，游离粗酶的相对活力为 0。而板栗基生物炭固载粗酶在 40℃和 55℃的条件下，其相对活力均超过了 50%，且在 70℃的条件下，仍有 40.96%的相对活力。

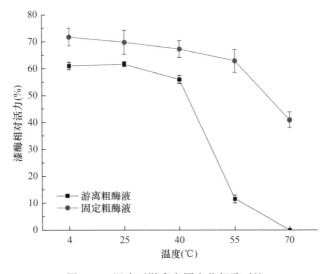

图 3.36　温度对游离和固定化粗酶对比

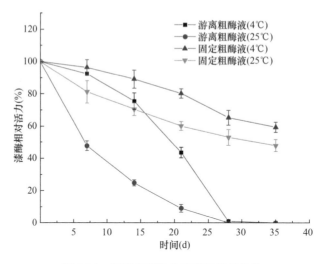

图 3.37 游离和固定化粗酶储存稳定性

（3）游离和固载粗酶存储稳定性对比研究

游离酶的储存一般不稳定（Kauppi et al., 1998），均会随着时间的推移活力相对降低直至完全失活。这是由于蛋白质结构和构象的变化致使其发生蛋白质变性，而将酶固定在载体上可以减缓这种现象的发生（Lonappan et al., 2018）。如图 3.37 所示为在 4℃ 和 25℃ 下，游离粗酶和板栗基生物炭固载粗酶在 5 周内的残余漆酶活力变化。储存第一周内，25℃ 条件下游离酶的相对活力显著下降，4℃ 条件下两种酶相对活力均较高，游离酶和固定酶分别为 92.41% 和 96.39%，均无明显下降趋势。通过板栗基生物炭对粗酶的固载，可以增强漆酶对抗结构和构象的变化，能够对粗酶起到一定的保护作用，防止粗酶过快失活。分别经过低温 4℃ 和常温 25℃ 储存 5 周后，固载粗酶中漆酶的相对活力分别保持了 59.32% 和 49.73%，与游离酶相比有了显著的提高。

（4）固载粗酶对多环芳烃污染土壤修复的应用研究

选用玉米秸秆、板栗基生物炭、稻壳生物炭固载粗酶及游离粗酶液 4 种修复材料对多环芳烃污染土壤进行修复。如图 3.38 所示，三种固定化粗酶对多环芳烃的降解率均高于游离漆酶对多环芳烃的降解率。在相同条件下，固定化粗酶对土壤中多环芳烃的降解量大，降解效果好。且板栗基生物炭固载粗酶在 10 天内对多环芳烃的降解率为 36.87%，高于其他两种生物炭固载粗酶对多环芳烃的降解率。综上，固定化粗酶和游离粗酶对多环芳烃均有一定的降解效果，但板栗基生物炭固载粗酶对多环芳烃具有更高活力、更高稳定性和更好的降解效果。游离粗酶由于土壤复杂的环境因素而迅速失活，而固定化粗酶附着在生物炭的孔隙中，在很大程度上避免了复杂土壤环境的影响。即使是在复杂污染土壤中，酸改性板栗基

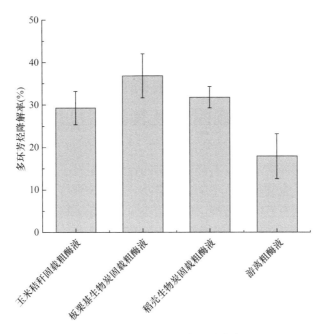

图 3.38　多环芳烃污染土壤修复

内壳生物炭固载粗酶也对土壤的修复有一定的效果。这表明酸改性板栗基内壳生物炭固载粗酶在未来多环芳烃污染土壤的生物修复中具有广阔的应用前景。与市售稻壳和玉米秸秆生物炭相比，酸改性板栗基内壳生物炭对多环芳烃的降解更具有优势。

第4章 白腐真菌降解有机污染物的影响因素及其代谢机理

白腐真菌生物降解规律及其降解机制的特殊性引发了研究人员的广泛关注，研究涉及生物学、生物化学、生物物理学及分子生物学。虽然白腐真菌在有机污染生物降解方面具有巨大的潜能，但将其应用于实际工程依然存在调控困难及操作复杂等众多问题。白腐真菌生物学的发展和白腐真菌生物技术体系的形成，直至白腐真菌工业化应用模式的建立，这一切的基础是其生物降解特性（李慧蓉，2005）。

4.1 环境中有机污染物生物降解的影响因素

有机污染物的生物降解受各种因素的影响，当条件有利于微生物生存时，微生物活性达到最大，污染物的降解也能够达到最大水平，因此了解清楚各因素对有机物降解产生的影响至关重要。

4.1.1 有机污染物的特性

有机污染物的理化性质如溶解性、可降解性等影响着微生物对其的降解程度。低溶解性的污染物在水相中与微生物的接触面积较小，在土壤中易吸附到土壤固体表面，都会影响微生物对其的降解。另外，在土壤中，低分子量的物质易挥发，只有高沸点、高分子量组成的物质才能积累在土壤中。

污染物的高水溶性可能对石油烃降解微生物有害（Sihag et al.，2014），在每一类石油化合物中，低分子量碳氢化合物比高分子量碳氢化合物更易溶于水（Amodu et al.，2013），各种石油馏分中，中等长度的正构烷烃即 $C_{10} \sim C_{25}$ 更易被微生物降解（El-Tarabily，2002），具有高水溶性的短链烷烃对石油烃污染物降解物的毒性更大（Sihag et al.，2014），长链烷烃即 $C_{25} \sim C_{40}$ 具有疏水性，由于其水溶性差，难以生物降解，这也影响了其生物利用度（Del'Arco and De Franca，2001）。

在石油烃的不同组分中，小于 C_{10} 的直链烷烃最易降解，直链烷烃比支链烷烃易降解，芳香烃相较于直链烷烃难降解，杂环芳烃最难降解。芳香类化合物难溶于水及其毒性也影响了微生物的降解性能。对于石油污染来说，石油的组分差异影响微生物的可降解性能，低硫、高饱和烃的石油污染物容易降解，高硫、高芳香烃的石油污染物难以降解。

多环芳烃的一般特征是高熔点和沸点、低蒸汽压和极低的水溶性，除了低分子量多环芳烃萘、蒽、菲有一定的溶解性以外，相对分子量高于 228 的多环芳烃都很难溶于水，并且每增加一个环，多环芳烃的水溶性就会降低。烷烃相较于芳香烃溶解性更差，C_8 以下的烷烃微溶于水，C_8 以上的烷烃几乎不溶于水。

4.1.2　底物浓度

环境中的污染物浓度对生物降解有重要影响。高浓度有机污染物对微生物具有毒害作用，对微生物的活性和代谢能力产生限制；极低浓度的有机污染物碳供应较低，不利于微生物的繁殖，也会影响其对污染物的降解性能。当污染物的生物有效性或生物可利用性很低时，可能会限制生物降解的进行。

4.1.3　温度和 pH

有机物的降解量与温度有直接关系。同样，酶的化学反应也需要一个最佳温度。温度每升高 10℃，酶的催化活性就会加快。温度影响有机污染物的理化性质、微生物代谢速率及微生物群落组成，从而影响生物降解效果。以石油为例，低温可能会延迟油的黏度，以及油烃的升华和蒸发，降解速率通常会随着温度的降低而降低。另外，有研究表明，温度影响生物降解和微生物代谢碳氢化合物的速度、石油的物理和化学特性及微生物群落的组成/结构（Atlas，1995）。随着温度升高，碳氢化合物代谢速率增大，通常在 30～40℃ 的温度范围内达到最大值。气候条件和季节变化也会影响微生物的数量。高温条件会促进碳氢化合物的降解，因此可以通过加热土壤强化有机污染物的生物降解。同时，土壤温度升高还会加快土壤的生物降解速度，并引起碳氢化合物挥发。

温度升高会增强疏水污染物的溶解度和扩散能力，使其黏度降低，其中长链正构烷烃更容易从固相转移到水相。在低温下，油的黏度增加，有毒短链烷烃的挥发减少，水溶性降低，从而延迟生物降解的开始。在低温下，通常降解率较低，主要是因为酶活性较低。碳氢化合物的生物降解温度范围很宽，但降解速率会随着温度的降低而降低，在 30～40℃ 的高温下达到最高水平。土壤中最适温度在 30～40℃，海洋中最适温度在 20～30℃，淡水中最适温度在 15～20℃。

pH 是影响微生物生长的环境因素之一。土壤中碳氢化合物生物降解的最佳 pH 为 5～7.8。每一种生物都有一个适合在其栖息地生存的最佳 pH。微生物可以在适当的 pH 下生长并降解碳氢化合物。真菌和藻类更喜欢酸性 pH，而大多数细菌更喜欢碱性 pH，而不是酸性 pH。这些细菌具有维持 H⁺离子进入细胞的正常生理浓度的机制。酸性溶液会抑制细菌生长。大多数细菌在 pH 6～8 生长，但细菌在 pH 7 左右生长最旺盛。pH 影响细菌和微生物的生长，当 pH 低于微生物种类生长的最佳水平时，细胞的生长停止，其降解能力降低。pH 还影响碳和营养素的可用性及重金属的溶解性等。因此，它是影响微生物生长的重要因素之一。石油化合物的生物降解率通常随 pH 的增加而增加，随 pH 的降低而降低。当 pH 小于 5.5 时，碳氢化合物的矿化率显著降低。石油化合物的生物降解取决于某些酶的存在，这些酶在很大程度上取决于 pH。Hambrick 等（1980）发现，萘和十八烷的微生物在 pH 从 6.5 增加到 8.0 时，十八烷的矿化率显著增加，而萘的矿化率保持不变。Thavasi 等（2007）发现，水中铜绿假单胞菌对原油的降解及其生长从 pH 为 5 时开始出现增长趋势，在 pH 为 8.0 时达到最大值，肥料存在的条件下降解率达到 85%，肥料不存在时降解率达到 73%。Dibble 和 Bartha（1979）通过对比 CO_2 排放量来确定 pH 对油泥生物降解的净影响，结果显示，pH 为 7.8 时，相较于对照组 CO_2 释放速率最高，即生物降解率达到最高。Pawar（2015）观察到，土壤 pH 为 7.5 最有利于所有石油烃的降解。

4.1.4 营养物质

营养物质是微生物正常生长的关键，直接影响微生物的生物量和降解酶的活性。根据微生物对各类底物进行降解所要求的生理状态和关键酶分子合成的不同，通过调控营养物质来创造特定的生长环境。因为微生物种类繁多，生长特性不尽相同，我们主要以白腐真菌中的典型菌种为例，对其生长所需营养物质的特征进行介绍。

1. 碳源

许多含碳有机物都可以作为碳源提供白腐真菌生长所需的营养物质，如葡萄糖、蔗糖、麦芽糖、淀粉、纤维素、半纤维素等（吴坤，2002）。白腐真菌通过利用这些含碳有机物，一方面促进自身菌体生长，提高非生长基质的降解效率，另一方面作为菌体的共代谢底物诱导降解酶的分泌。

温继伟（2011）选取东北土著白腐真菌偏肿拟栓菌（*Pseudotrametes gibbosa*）为降解菌株，在共基质条件下对 6 种共代谢基质（葡萄糖、玉米粉、麸皮、锯末、邻苯二甲酸、水杨酸）进行筛选，结果表明多数共代谢基质促进了芘的降解，其中麸皮作为共代谢基质时降解效果最好，降解率达到了 50.6%，较单基质条件下的代谢（28.3%）提高了 22.3%。锯末（43.9%）、葡萄糖（41.6%）、玉米粉（34.2%）作为共基质时，同样提高了芘的降解率，较未添加共基质分别增加了 15.6%、

13.3%、5.0%。但是邻苯二甲酸（21.6%）和水杨酸（25.9%）作为共基质时，在一定程度上抑制了芘的降解。一般而言，白腐真菌所分泌的降解酶越多，对难降解有机物的降解效率越高。通过对添加不同外加碳源后 *Pseudotrametes gibbosa* 的漆酶产量及生物量进行检测同样发现酶活最高的体系为添加麸皮的体系，酶活最大值为 24.13U/ml，是空白酶活的 8.2 倍。当添加麸皮时，菌体的生长速度也最快，最大生物量为 0.048 95g，为 6 种外加碳源中最高（温继伟，2011）。

不同的白腐真菌对外加碳源的利用程度不同。孟瑶（2012）以麸皮作为外加碳源分别对血红密孔菌、偏肿拟栓菌、灵芝菌、青顶拟多孔菌、彩绒革盖菌、糙皮侧耳菌进行液体发酵培养，并定时取样测定漆酶酶活，发现青顶拟多孔菌酶活最高达 24.49U/ml，灵芝菌（10.72U/ml）、糙皮侧耳菌（8.01U/ml）、彩绒革盖菌（14.71U/ml）、血红密孔菌（10.32U/ml）、偏肿拟栓菌（20.99 U/ml）的最高酶活也存在较大差异。对于模式菌种黄孢原毛平革菌（*Phanerochaete chrysosporium*），傅恺（2013）发现淀粉是其生长和产酶的有效碳源，并且还发现在液体培养基中添加 5%豆粕，可使漆酶产量提高 19.4 倍，产酶周期提前 4 天。因此，进行高效有机污染物白腐真菌筛选时，外加碳源的选择应作为关键因素。

2. 氮源

无机氮源和有机氮源均可支持白腐真菌的正常生长代谢，无机氮源中的氯化铵，有机氮源蛋白胨、酒石酸铵、尿素等是白腐真菌培养过程中的常用氮源。不同的菌种对氮源的需求也存在一定差异。

杜丽娜（2010）在对高产漆酶白腐真菌青顶拟多孔菌（*Polyporellus picipes*）的产酶条件进行优化时，分别选取酒石酸铵、硫酸铵、酵母粉、蛋白胨作为氮源，经过正交实验优化发现最佳氮源及浓度为蛋白胨 4g/L。此外，蛋白胨、氯化铵（吴坤，2002）、豆饼粉（卢蓉等，2005）是杂色云芝菌（*Trametes versicolor*）产漆酶的最佳氮源，氯化铵是偏肿拟栓菌（*Pseudotrametes gibbosa*）产漆酶的最佳氮源（陈军等，2008）。

3. 碳氮比

碳源和氮源在白腐真菌的生长及降解过程中发挥重要作用，各种营养物质在白腐真菌的生长和反应体系中相互作用，因此对碳氮比的要求则更加严格，以确保白腐真菌的正常生长和降解系统的顺利启动。

白腐真菌不同菌种或不同菌株之间也存在着酶活差异性，同一菌株产酶也受培养基组成及生长环境等诸多因素影响。陈军等（2008）通过选取不同种类和浓度的碳源及氮源，以偏肿拟栓菌所产漆酶酶活为指标进行正交实验，得出最优的培养方案为外加碳源为玉米粉,浓度为 10g/L,外加氮源为氯化铵,浓度为 0.44g/L。

而温继伟（2011）在进行偏肿拟栓菌共代谢降解芘的基质筛选时，外加麸皮 20g/L、氯化铵 0.44g/L 时，降解效果最好。在改良的低氮天冬酰胺-琥珀酸培养基上，培养液中加入果糖 5g/L、酒石酸铵 15mmol/L，MnP 的产酶量达到最高 314.52U/L（张玉龙等，2011）。

但是一些菌种对碳氮比的要求并不严格。以杂色云芝菌（*Trametes versicolor*）产漆酶培养基优化为例，以麸皮和葡萄糖为混合碳源，酒石酸铵为氮源时，漆酶酶活最优（王平，2009）。而吴坤（2002）所获得的杂色云芝菌产漆酶优化培养基中可溶性淀粉为最适碳源，氯化铵为最适氮源；朱友双（2011）的最优产漆酶培养基以葡萄糖为碳源，酵母粉为氮源。

4. 无机元素

除碳源和氮源外，在培养基中适当地加入无机元素也可以显著提高反应体系的降解效率。关于无机元素的添加，研究者们大多是在 1978 年 Kirk 提出的经典白腐真菌培养基上进行改良。Kirk 培养基无机元素基础组成成分如下。

基本培养基：KH_2PO_4 0.2g/L、$MgSO_4 \cdot 7H_2O$ 0.05g/L、$CaCl_2$ 0.01g/L、无机溶液 1ml，0.5ml 维生素溶液。

无机溶液：氨基三乙酸酯 1.5g/L、$MgSO_4 \cdot 7H_2O$ 3.0g/L、$MnSO_4$ 0.5g/L、NaCl 1.0g/L、$FeSO_4 \cdot 7H_2O$ 100mg/L、$CoSO_4$ 100mg/L、$CaCl_2$ 82mg/L、$ZnSO_4$ 100mg/L、$CuSO_4 \cdot 5H_2O$ 10mg/L、$AlK(SO_4)_2$ 10mg/L、H_3BO_3 10 mg/L、$NaMoO_4$ 10mg/L。

维生素溶液：2mg 生物素、2mg 叶酸、5mg 维生素 B_1、5mg 维生素 B_2、10mg 维生素 B_6 盐酸盐、0.1mg 微生物 B_{12}、5mg 烟酸、5mg DL-泛酸钙、5mg 对氨基苯甲酸、5mg 硫辛酸。

虽然 Kirk 培养基普遍适用于白腐真菌的培养，但是对特定的菌株的生长和产酶条件等进行优化是实际应用的前提。Cu^{2+} 是漆酶合成的必需元素，在培养基中适当地提高 Cu^{2+} 含量可有效促进漆酶的分泌。例如，王平（2009）在 Kirk 基础培养基的基础上，在杂色云芝菌培养初期加入不同浓度的 Cu^{2+} 以得到更高的漆酶活性，研究表明加入 300μmol/L Cu^{2+} 可显著提高漆酶活性，比普通培养基提高了57%。此外，由于漆酶的分泌指数期并不在接种初期，在漆酶分泌指数期加入 Cu^{2+} 更能有效提高漆酶产量。王平（2009）通过实验发现在培养 1d 后加入 Cu^{2+} 漆酶的产量最高，傅恺（2013）在进行硫酸铜对黄孢原毛平革菌产漆酶影响研究时，同样发现在培养初期漆酶活力增长缓慢，在第 10 天时，漆酶活力迅速升高。

Mn^{2+} 对 MnP 的产生具有调节作用。在改良的低氮天冬酰胺-琥珀酸培养基上，偏肿革裥菌（*Lenzites gibbosa*）产 MnP 的最适培养条件：果糖 5g/L、酒石酸铵 15mmol/L、Mn^{2+} 200μmol/L、Tween 80 0.25ml/L、$MgSO_4 \cdot 7H_2O$ 0.35g/L、矿质元素溶液加入量 10ml/L、维生素溶液加入量 1ml/L、培养液 pH 4.5、培养温度 27℃、

150r/min 摇瓶培养条件下装液量 110ml。在该条件下，偏肿革裥菌在 15d 产酶达到 314.52U/L，比优化前初始培养条件的最高酶活 37.5U/L 提高 7.4 倍（池玉杰和谷新治，2021）。

4.1.5 电子受体

电子受体是一个化学实体，是能接受电子并允许有机底物完全氧化的无机化合物。电子受体在微生物的发育过程中扮演着至关重要的角色，它们不仅影响微生物生长发育，也会影响微生物的代谢活动。在自然界中，电子受体的种类繁多，常见的包括氧气、硝酸盐、铁、硫酸盐以及二氧化碳等。

根据是否需要氧气，微生物的氧化反应可以简单划分为三类：发酵、好氧和无氧氧化（侯晓鹏等，2016）。发酵过程是指没有外部电子受体的生物氧化，微生物将底物脱氢生成还原氢，再直接转化至特定的内源性中间产物，这一反应过程能效较低（Sihag et al.，2014）。当存在外部的电子受体时，微生物就会运用其自身的好氧或厌氧氧化对环境中有毒有害污染物进行转化或利用。

1. 以氧气为电子受体

以氧气为电子受体，即好氧条件下的生物降解主要聚焦于好氧型降解菌种的筛选、对污染物的降解条件进行优化、对污染物的降解途径进行解析及酶促反应的分析。已知大量能够降解污染物的细菌和真菌从土壤、水体及水体底泥等环境中被筛选出来。常见的好氧型细菌有：丛毛单胞菌属（*Comamonas* sp.）（Goyal and Zylstra，1996）、巴氏杆菌属（*Pasteurella* sp.）（Sepic et al.，2010）、伯克氏菌属（*Burkholderia* sp.）（Wong et al.，2002）、分枝杆菌属（*Mycobacterium* sp.）（Dandie et al.，2004）、氧化节杆菌属（*Arthrobacter* sp.）（Peng et al.，2012）、克雷伯氏菌属（*Klebsiella* sp.）（Ping et al.，2014）、不动杆菌属（*Acinetobacter* sp.）（Yuan et al.，2014）和假单胞菌属（*Psuedomonas* sp.）（Masakorala et al.，2013）等。常见的好氧型真菌有：黄孢原毛平革菌（*Phanerochaete chrysosporium*）、糙皮侧耳菌（*P. ostreatus*）及变色炭疽病菌（*Anthracophyllum discolor*）等。

微生物对不同的污染物有着不同的降解途径，即使对同一污染物降解途径和降解效果也表现出不同。多环芳烃菲的降解可能由多种酶共同参与，其中，1-2-和 3-的加氧酶可能分别促进芳香环的羟基化和开环，从而产生出相应的产物——邻苯二酚，并可能被取代，从而完成整个降解反应（Pinyakong et al.，2000）。石油烃在加氧酶的存在下可以进行末端氧化、亚末端氧化、ω 氧化和 β 氧化（Varjani，2017）。在 Khajavi-Shojaei 等（2020）的研究中，*Bacillus pumilus* 1529 降解菲的过程中，共检测到中间产物 1-羟基-2-萘酸、苯甲醛、邻苯二甲酸和苯乙酸。白腐真菌是一种典型的好氧型真菌，它们通过使用多种酶，如染料脱色酶、木素酶、锰酶、多功能酶和漆酶，来实现对环境中多种污染物的有效降解（Zhuo and Fan，2021）。这些酶的作用是促进物质的分解，从而改善环境质量。*Pycnoporus sanguineus*降解菲的途径包括细胞内酶 P_{450} 将菲转化为 2-二苯并呋喃醇，或通过细胞外漆酶将菲转化为 2-二苯并呋喃，并可通过细胞外漆酶将苯并蒽转化为苯并蒽-7,12-二酮（Li et al.，2018）。

2. 以硝酸盐为电子受体

1988 年，Mihelcic 和 Luthy 首次发明了反硝化还原反应体系，在降低硝酸盐和硫酸盐含量的同时开启了一系列有关厌氧降解污染物的新技术，并且不断有新的反硝化菌种被发掘和应用。Mcnally 等（1998）发现，在使用硝酸盐作为电子受体的情况下，低环多环芳烃的降解效果优于高环多环芳烃，而且如果采用更加严格的厌氧技术，这种效果将会得到进一步加强。在厌氧条件下，Zhang 等（2020）以硝酸盐作为电子受体，进行菲的生物降解，最终得到的代谢产物包括二氢、四氢、六氢和八氢-2-菲酸。

3. 以硫酸盐为电子受体

因为硫酸盐广泛存在于自然环境中，硫酸盐还原菌生长速率快，容易驯化，以硫酸盐为电子受体的还原反应体系对污染物的降解研究更为普遍（叶权辉，2018）。研究证明硫酸盐还原剂可以强化三氯乙烯（TCE）的生物降解，并且 TCE 的降解性能随着硫酸根和 TCE 质量浓度比的增大而增强（郭莹和崔康平，2014）。对于多环芳烃，硫酸盐的添加可以增强微生物的生物降解，同时对比其他电子受体，以硫酸盐为电子受体时微生物对多环芳烃的降解率最高（Johnson and Ghosh，1998）。除降解速率高外，以硫酸盐为电子受体的污染物生物降解，在中间产物的复杂性与环境毒性上较需氧生物降解有明显的优势（Zhang et al.，2000）。Zhang 等（1997）利用 ^{14}C 证明，厌氧条件下，产硫菌群可以将萘和菲矿化为 CO_2。

4. 以金属离子为电子受体

近年来，金属离子作为电子受体的微生物降解污染物的研究已经取得了重大进展，其中 Fe^{3+} 和 Mn^{4+} 被广泛应用于污染物的降解，而 Cr^{4+} 和 Cu^{2+} 为电子受体的研究较少。添加 Fe^{3+} 可以促进微生物对多环芳烃的生物降解，尤其是对于难生物降解的高环多环芳烃（Ramsay et al.，2003）。Anderson 和 Lovley（1999）首次发现，在 Fe^{3+} 还原条件下微生物对萘具有较强的降解能力，甚至可以将其转化为 CO_2。Nieman 等（2001）的研究证明 Mn^{4+} 对厌氧生物降解萘起到了促进作用。由于硫酸盐、硝酸盐的还原能力较弱，它们的还原菌的数量远远低于其他的还原菌

（Li et al.，2009，2010，2011）。

5. 以碳酸盐或二氧化碳为电子受体

除了以硝酸盐、硫酸盐和高价金属离子作为电子受体外，微生物也能以碳酸盐或者二氧化碳作为电子受体完成污染物降解，一般称其为产甲烷条件下的厌氧降解。自然界存在大量的缺乏电子受体的厌氧产甲烷环境，越来越多研究报道污染物能在产甲烷条件下厌氧降解。Chang 等（2006）研究发现，产甲烷抑制剂的添加可以抑制多环芳烃的生物降解，从而证明多环芳烃在厌氧条件下能被产甲烷菌生物降解。在产甲烷条件下，厌氧微生物降解氯化芳香族化合物的种类最多，除 4-氯苯甲酸酯之外的所有化合物都被降解（Häggblom et al.，1993）。

4.1.6　湿度及盐度

污染物的生物降解除了受降解微生物的种类和污染物的物理化学特性影响外，还受土壤中环境因子的影响，环境条件的改变会影响微生物的新陈代谢，从而导致微生物呈现不同的降解效能。为更好地降解环境中的污染物和在复杂的实际环境中应用，人们对环境因子对微生物降解的影响进行了大量的研究，主要集中在温度、pH 及无机盐，而对湿度和盐度的研究鲜有报道。

盐度对微生物降解影响的研究，主要是为应对海洋及盐碱土壤中污染物修复（Khalil et al.，2021）。盐度对土壤中石油降解的影响试验表明，高盐环境抑制土著微生物降解石油（吴涛，2013），这是由于高盐对生物体的高渗透潜能的压力导致污染物降解受到抑制（Amatya et al.，2002）。研究人员尝试从表面高盐生态系统所包含的嗜盐和耐盐微生物群中筛选出高效降解污染的菌种或菌群。Díaz 等（2002）从哥伦比亚红树林根系相关沉积物中分离出的细菌 MPD-M 经固定化可有效处理盐度为 0～180g/L 的水中的碳氢化合物。Mukherji 等（2004）从油田附近的阿拉伯海沉积物中分离出 ES1，在其对石油烃的降解实验中发现它可以耐受高达 3.5%的盐度。

为了使微生物能够更好地进行污染物的降解，土壤需要保持适宜的湿度。在生物降解有机物的过程中，各种反应如有机物由高分子向低分子的转化等都需要水分子的参与，因此土壤湿度会直接影响微生物对有机物的去除效果。研究发现利用黄孢原毛平革菌对石油污染土壤进行生物修复，土壤含水率的适当提高可以促进石油烃的去除，当土壤含水率为 15%时，石油烃去除率达到 48%，而土壤含水率为 5%时，石油烃去除率为 12%（白云等，2011）。Oualha 等（2019）从被石油污染 3 年的土壤中筛选出芽孢杆菌，在利用其进行生物修复时，得出湿度为 10%条件下降解 160d，石油烃的最大去除率为 39.2%，同期对照组石油烃去除率仅为 2.9%。

4.1.7 吸附作用

生物吸附是环境介质中的金属或非金属元素、化合物和颗粒物通过共价、静电或分子力的作用吸附在微生物表面的现象。但在生物吸附这一过程中还需区分生物吸附、生物累积、生物降解和矿化等几个概念。关于生物吸附和生物积累有两种认识。第一种认识，生物积累是微生物活体的代谢活动，而生物吸附只发生在死的或失活的生物质材料中。第二种认识，生物吸附既发生在死体生物质，也发生在活体生物质。但生物吸附不包括能量消耗或主动运输过程，而生物积累是活体细胞通过代谢累积污染物的主动过程。所以，生物吸附包括吸附在细胞表面的污染物及进入细胞内部的污染物。在用草酸青霉菌吸附活性染料时，草酸青霉菌体在吸附过程中，菌丝体肿大，细胞壁结构重组，厚度增加，通透性增强，染料分子得以进入到草酸青霉菌细胞内部（刘桂萍等，2012）。三种真菌（*Mucor racemosus*、*Rhizopus arrhizus*、*Sporothrix cyanescens*）对五氯硝基苯吸附时，细胞壁的吸附量低于整个细胞的吸附量，推测生物吸附同时包含了细胞壁和细胞内部的吸收（Lièvremont et al.，1998），活菌细胞在生物吸附过程中污染物会通过生物膜进入细胞内部，这一跨膜过程可能会对活菌细胞产生影响。因此，生物吸附的概念可以概括为死的或活的微生物被动或主动地去除环境中污染物的过程，这一过程既发生在细胞表面，也发生在细胞内部。污染物通过微生物吸附进入细胞体内，又无法被代谢或排出，称为生物累积（丁洁，2012）。生物降解则是微生物利用胞内及胞外酶将有机污染物转化为无毒或低毒性物质的过程。而生物矿化则是指在生物代谢作用下将有机污染物转变成为 CO_2、NO_3^- 等无机物质和水的过程，因此生物矿化是有机污染物降解最彻底的过程，也是有机污染物完全无毒化的过程。

以多环芳烃为例，微生物对 PAHs 的生物吸附作用，不但与 PAHs 的性质、分子量大小有关，还与微生物及吸附材料表面的孔穴作用、物质空间结构及 PAHs 亲和性等性质有关，这一作用机制非常复杂。因为 PAHs 具有很强的疏水性，且其辛醇-水分配系数（KOW）随分子质量的增加而增大，所以，分配作用是其生物吸附的主要机制（Liao et al.，2015）。有研究报道，白腐真菌对 PAHs 的吸附和脱附过程存在可逆现象，且分配系数与菲、芘的 KOW 值正相关，与白腐真菌的极性指数负相关（丁洁等，2010）。微生物菌丝对 PAHs 的等温吸附由其分配作用控制（Ding et al.，2011）。有研究就白腐真菌对 PAHs 的生物吸附、生物降解及相对贡献进行了定量分析，生物吸附能减缓生物降解的发生，但是限氮和共存 PAHs 的环境可促进生物降解（Chen et al.，2011）。微生物通过生物吸附和生物降解共同完成了对环境中污染物的去除，且生物吸附有利于生物降解的发生（Gu et al.，2016b；Xu et al.，2016），生物吸附作用通过改变污染物的生物可利用度来影响微生物的降解效率，但其在土壤修复中具体的耦合机制尚未深入考察，有待进一步研究。

4.2　白腐真菌生物降解机制

4.2.1　白腐真菌降解污染物的机理

白腐真菌对各种环境污染物的降解原理，既包含生物学机制，又包含化学过程，是两者的有机结合（李慧蓉，1996a）。

（1）降解启动条件

白腐真菌的降解活动只发生在次生代谢阶段，与降解过程有关的酶只有当一些主要营养物，如氮、碳、硫限制时才形成。产生酶的这种营养限制被称为木质素降解条件（ligniolytic condition）（David and Steven，1994）。

（2）降解的主要酶系统

白腐真菌在对营养限制作出应答反应时形成一套酶系统，包括以下两个方面（David and Steven，1994）。

产生 H_2O_2 的氧化酶：细胞内葡萄糖氧化酶和细胞外乙二醛氧化酶。

需 H_2O_2 的过氧化物酶：木质素过氧化物酶——催化非酚类、芳香族底物，锰过氧化物酶——催化酚类、胺类及染料等，依赖 Mn^{3+} 的氧化，均在细胞内合成，分泌到细胞外，以 H_2O_2 为最初氧化底物。

（3）降解机制

当白腐真菌被引入受污染环境后，由于生物具有的应激性将对营养限制（如氮、碳、硫限制）作出应答反应，形成一套酶系统。首先产生细胞内的葡萄糖氧化酶和细胞外的乙二醛氧化酶，在分子氧（外界曝气供给）参与下氧化相应底物而形成 H_2O_2，激活过氧化物酶而启动一系列自由基链反应，实现对底物无特异性的氧化降解。

因此，从总体上看白腐真菌的降解机制是：依赖于一个主要由细胞分泌的酶系统组成细胞外降解体系，需氧并靠自身形成的 H_2O_2 激活，由酶触发启动一系列自由基链反应，实现对底物无特异性的氧化降解（David and Steven，1994）。

胞外降解过程主要包括 3 种酶系：木质素过氧化物酶、锰过氧化物酶、漆酶。木质素过氧化物酶和锰过氧化物酶均为利用 H_2O_2 的过氧化物酶系，其结构中含有血红素辅基，氧化反应过程如下（赵春芳和胡倒伟，2001；郑金来等，2000）：

$$过氧化物酶 + H_2O_2 \longrightarrow 酶复合物\ I + H_2O$$

$$\text{酶复合物 I} + \text{SH}_2 \longrightarrow \text{SH} \cdot + \text{酶复合物 II}$$

$$\text{酶复合物 II} + \text{SH}_2 \longrightarrow \text{过氧化物酶}$$

$$2\text{SH} \cdot + 2\text{R} \longrightarrow 2\text{R} \cdot + 2\text{SH}_2$$

其中酶复合物 I 含有有机阳离子自由基结构，R·是氢自由基或芳香自由基，可以通过单电子传递发生自由基链反应，进而脱去苯环上的取代基→形成醌→羟基化→苯环开环……在降解芳香化合物中发挥着重要作用。

漆酶是含铜的多酚氧化蛋白酶，以 O_2 作为电子受体催化多酚化合物形成醌及自由基，然后同样以链反应形式传递自由基进行底物氧化，这种自由基反应是高度非特异性的和无立体选择性的，因此，使得白腐真菌在降解有机污染物时能够呈现广谱性（管筱武等，1999）。

4.2.2 白腐真菌生物降解特性

白腐真菌的生物降解特性包括非专一性、非水解性和细胞外降解性（朱晓红，2013）。

1. 非专一性

非专一性（nonspecific），是指白腐真菌能够降解各种不同的化学物质，底物范围具有广谱性，或者说白腐真菌对作用底物的结构和类型要求是高度非特异性的。生物的降解能力，从本质上讲是酶（生物催化剂）作用于底物的结果，一般具有一定的对应关系（汪少洁，2008）。但是白腐真菌与作用底物或降解对象之间的对应关系却不是这样。

木质素是一种非常复杂的三维杂聚物，在组分种类和连接键等方面是多种多样的，这就意味着木质素结构的异质性与不规则性，决定了生物降解木质素的复杂性。在生物进化过程中，白腐真菌形成的独特酶降解系统，其降解机制也不可能是专一性的（江凌等，2007）。

2. 非水解性

非水解性（nonhydrolytic），是相对于其他生物大分子的分解机制而言的。一些天然有机物的生物降解，其关键步骤是水解酶催化的水解性反应（朱洪龙，2008）。从生物化学观点出发，不同水解酶对特定底物的生物降解具有很强的专属性，而且更多地作用于生物大分子中连接各基本亚单位之间的化学键，如蛋白酶主要作用于连接氨基酸的肽键（李振华，2009）。

3. 细胞外降解性

木质素是不溶于水的惰性物质，分子质量为 $600 \sim 1000\text{ku}$。其巨大的分子结构无法进入真菌细胞内。因此，从逻辑上分析，对木质素的生物降解过程主要发生在真菌细胞外。研究表明，白腐真菌正是通过这些细胞外酶的催化作用，在离体或活体条件下，完成对合成木质素和天然木质素的催化氧化和最终矿化（朱洪龙，2008）。同时，这种细胞外降解的工作原理还使得白腐真菌具有忍耐有毒化学物质和降解不溶性化学物质的能力，这为利用白腐真菌的生物修复技术和工程应用提供了更为广阔的应用前景。

4.2.3　白腐真菌降解 PAHs

白腐真菌被认为是对多环芳烃降解的有力选择，它可自然生活在土壤环境中，可以通过土壤固体基质去除多环芳烃。这些优势使木质素降解菌在生物修复中发挥重要作用。

不同培养条件下白腐真菌的降解效果是不同的，其降解速率取决于温度、氧气、营养物质和搅动或浅层培养等条件（李佳谣，2018）。陈军（2008）利用正交试验对偏肿拟栓菌产漆酶培养基进行优化，最佳培养基下产漆酶为 2841.3U/L，对蒽和芘的降解率分别为 43.43% 和 24.26%。另外，添加生物表面活性剂可改变酶的活性。陈静等（2005，2006）研究表面活性剂对白腐真菌降解多环芳烃的影响发现，适当浓度的吐温 80 和十二烷基苯磺酸钠会促进多环芳烃的降解，同时研究氧气浓度、培养基、水土比及温度 4 种因素下白腐真菌对多环芳烃的降解，得出通气量为 60L/d、查氏培养基、水土比为 5∶1、温度 25℃为最优水平组合。Jove 等（2016）进行了三种白腐真菌（*P. chrysosporium*，*Irpex lacteus* 和 *P. ostreatus*）对蒽的降解研究，发现 *P. chrysosporium* 表现出较高的降解效率（40%），*Irpex lacteus* 对蒽的降解率为 38%，而 *P. ostreatus* 对蒽的降解率少于 30%。李慧蓉和陈建海（2000）研究黄孢原毛平革菌对菲的降解效果，得出在摇床培养中降解菲的效果比静置培养方式降解效果好，去除率在 93%～100%。丁洁（2012）利用黄孢原毛平革菌对水中的 PAHs 进行生物降解，发现限氮富碳强化后的活体菌球对菲的降解率在 90%以上。陈建海和李慧荣（2000）研究了黄孢原毛平革菌接入含有菲的浓度为10mg/L、50mg/L、100mg/L 的液体培养液中，静置培养体系中白腐真菌对菲的降解率为 85%，摇床培养体系中对菲的降解率相对较高，在 93%～100%。

赵欢（2022）对 *Trametes versicolor* 降解不同环数多环芳烃进行研究，随着时间的延长，三种多环芳烃的降解率逐渐增加，但菲和芘的最大降解过程发生在14～21d，与该菌的产酶趋势一致。而对于苯并芘而言，降解速率最快的时间较菲有所延迟，降解率最大出现在 21～28d，这可能与苯并芘的毒性有一定关系，毒性较大的苯并芘加入体系之后，*Trametes versicolor* 菌株需要一定的适应时间。28d菲的降解效果最佳，降解率达到 96.68%。而对于四环的芘（67.66%）和五环的苯并芘（44.14%）而言，相同条件下降解效果与菲差距较大，这不仅与芘、苯并芘的环数有关，还与两者毒性、水溶性等有关，结果如图 4.1 所示。因此，在相同降解条件下，高环多环芳烃苯并芘降解难度较大，同理可得，高环多环芳烃（如苯并芘）污染实际场地中的修复效果相对欠佳，修复难度更大。

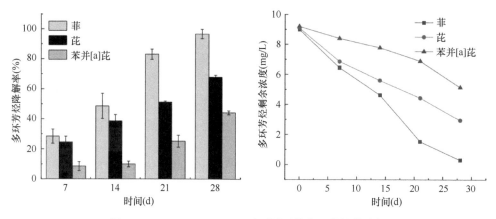

图 4.1 *Trametes versicolor* 对不同环数多环芳烃的降解

基于 *Trametes versicolor* 对高环多环芳烃（苯并芘）的不同降解阶段，进行了基因组学、转录组学的相关研究。*Trametes versicolor* 基因组测序发现，该菌株基因组中含有 8423 个重叠群，基因组大小为 45Mb，共含有 17 234 个基因，其中分泌蛋白基因有 762 个，如图 4.2 所示。共发现 6 个编码漆酶的基因（g2798、g6397、g6399、g9297、g16383 和 g16954），其中，g16383 和 g16954 为末端基因，无法进行扩增或基因转导的片段基因，如图 4.3 所示。

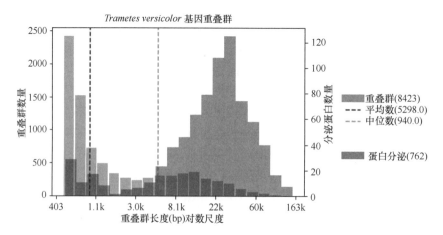

图 4.2 *Trametes versicolor* 菌株基因组学研究（彩图请扫封底二维码）

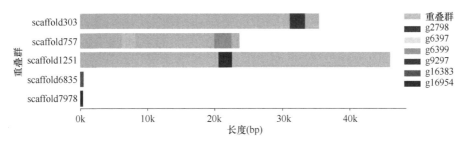

图 4.3　*Trametes versicolor* 漆酶图谱（彩图请扫封底二维码）

4.2.4　白腐真菌降解木质素

白腐真菌降解木质素的过程可以概括如下。

首先，白腐真菌进攻木质素的外部暴露部分，与菌丝关联的酶促反应致使这些区域发生局部降解（余建军，2010），而位于内部的木质素仍未发生改变，直至其被显露并与菌发生接触。愈创木基和丁香基亚单位上的甲氧基的脱甲基化，是木质素结构遭受早期进攻时发生的主要降解反应。随着时间的变化木质素中的甲氧基含量显著减少，形成邻苯二酚。它们再被酶攻击，芳环打开，生产脂族羧酸。脂族残基的进一步降解可能是水解性的。总之，在细胞外酶的作用下，木质素发生脱甲基化、羟基化和芳环开裂，同时伴随着低分子量木质素片段的释放。

秸秆中的主要化学成分是纤维素、半纤维素和木质素，它们都是潜在的可再生资源。其中纤维素、半纤维素较易被降解，但当木质素存在时，三者复杂地键合在一起，极难被水解酶分解。研究表明，木质素可以通过各种化学键与纤维素、半纤维素相连，形成更加复杂的物质——木质纤维素。木质素是由苯丙烷单位以非线性的、随机方式连接组成的复合体，它们通过醚键和 C—C 键连接。而白腐真菌以其独特的生理生化特性和强大的降解代谢能力成为木质素降解研究的模式菌，是已知的唯一能在纯培养中有效地将木质素降解为 CO_2 和 H_2O 的一类微生物（李佳谣，2018）。

针对玉米秸秆中木质素难于生物降解的问题，石娇蕊（2008）采用了液态深层发酵与固态发酵两种方式，利用微生物转化技术对玉米秸秆发酵降解。从秸秆表面筛选出了可以降解秸秆木质素的细菌和真菌，结合木质素高效降解的白腐真菌共同对秸秆发酵。研究了液态发酵中 pH、温度、装液量、接种量、摇床转速、发酵时间等工艺参数对菌株产漆酶条件及秸秆降解的影响，使玉米秸秆中的木质素成分显著降低。范寰等（2010）研究了不同的碳源、氮源对 Tf1（*P. pulmonarius*）和 JG1（*P. cornucopiae*）两株侧耳属真菌产酶及降解木质素的影响，得出碳源为葡萄糖、氮源为酒石酸铵能提高木质素降解效果，9d 后木质素降解率为 22.95%。

4.2.5 白腐真菌固定化培养及降解技术

固定化技术主要包括以下两种：固定化酶技术、固定化细胞技术。固定化细胞技术的目标是使分散、游离的微生物细胞被固定在某一限定空间区域内，通过增加微生物细胞的单位数量来使生物活性始终保持在一个比较高的水平，该方法可以重复操作。固定化细胞技术在处理各类污染物方面具有如下优势：①游离细胞稳定性高（Kacar et al.，2002）；②抗逆性强（Urekro and Pazarlioglu，2005）；③抗毒能力强（Saglam et al.，2002）；④对温度的适应性强（Govender et al.，2004）；⑤微生物细胞或酶的浓度和纯度高（Arica et al.，2003）；⑥反应快；⑦固、液分离容易（Pazarlioglu et al.，2005）。

固定化白腐真菌技术的优势，第一，促进菌体生长和产酶，提前产酶期。固定化白腐真菌技术在促进菌体生长和产酶方面比悬浮培养有明显的优势，这主要是由于载体有利于营养物质的传递及菌丝体的充分伸展，进而促进菌体的次生代谢，提高产酶量。固定化技术不仅能提高系统的产酶量，还能提前产酶高峰期，从而极大地降低了白腐真菌的培养成本。聚氨酯泡沫固定化培养的白腐真菌 *Phanerochaete chrysosporium* 比在悬浮条件下培养产 MnP 高出 4 倍，且产酶高峰期提前了 2 天（Kwon et al.，2008）。第二，反应启动快，降解效果好。Zouarih 等（2002）研究悬浮与固定化白腐真菌对四氯苯酚的降解效果，固定化白腐真菌的降解效果要好于悬浮状态下白腐真菌对四氯苯酚的降解效果。第三，具有抑制杂菌功能。白腐真菌对各种异生难降解有机污染物降解研究仍停留在实验室研究阶段，应用到实际工程中的案例基本没有，制约该技术应用到实际工程中的瓶颈因素是染菌问题，体系一旦染菌，白腐真菌的产酶和降解能力均急剧下降（Gao et al.，2004），从而使其无法在非灭菌条件下正常运行。目前，国内外专家从改良培养基 C/N 和 pH 的角度考虑抑菌的相关报道较多（Libra et al.，2003），而从载体角度出发的研究则相对较少。第四，耐毒性、耐高负荷能力强，系统稳定程度高（李佳谣，2018）。Godjevargova 等（2003）对固定化的白腐真菌降解有机有毒污染物进行研究，得出固定化体系在抗毒性方面远优于游离菌。

4.2.6 非灭菌环境下白腐真菌降解染料

染料稳定性高，不易被生物降解。传统的染料废水处理成本高，难以达到理想的效果。近年来，白腐真菌降解技术，成为染料和染色工业废水污染控制的创新方法（Sanghi et al.，2009）。白腐真菌在次级代谢阶段产生的木质素过氧化物酶具有非特异性，可降解染料、多环芳烃、氯芳烃等难降解有机物。但是，细菌污染是白腐真菌降解技术在实际应用中面临的瓶颈问题（高大文等，2005a）。白腐真菌与细菌相比生长缓慢，一旦细菌侵入白腐真菌降解体系，它们就与白腐真菌竞争营养，并在反应体系中迅速占优势，从而导致白腐真菌在整个体系中停止生长并丧失对污染物的降解能力，侵入细菌对白腐真菌细胞外降解酶的分泌产生很大影响。为防止反应器系统免受细菌污染，在实际工程中对所有使用装置进行灭菌显然不切实际（Gao et al.，2008）。

　　许多研究人员试图研究白腐真菌在实际应用中的细菌污染问题。目前有两种方法可以解决这个问题。一种是研究抑菌培养基并优化培养条件。Libra 等（2003）和高大文等（2005b）研究表明，氮限制性培养基可以有效抑制细菌在染料降解过程中生长。另外，通过染料投加时间（Gao et al.，2005）、培养方法（高大文等，2005c）和 pH（高大文等，2005b）调控等也可以有效抑制细菌在染料降解过程中生长。

　　另一种是研究抑菌载体和固定化培养技术。选择合适的载体可以抑制其他细菌对白腐真菌的干扰，提高酶的产量并提高染料的降解效率。曾永刚（2007）在非灭菌环境下研究黄孢原毛平革菌对染料的降解，通过最佳抑菌固定化培养方案的筛选，得出载体材料为聚氨酯泡沫、载体形状为三棱柱、载体大小为 $(1.0×1.0×1.0)$ cm^3、载体质量为 1.2g/100ml 的培养基，可以有效抑制细菌的生长。曾永刚（2007）在最佳抑菌固定培养方案的基础上，研究了非灭菌环境下不同染料投加时间对黄孢原毛平革菌降解染料情况，在第 2 天、第 3 天、第 4 天投加染料的 24h 脱色率分别为 68.21%、57.47%、55.60%，最高脱色率分别为 94.69%、93.65%、88.64%。综上所述，在非灭菌环境下，通过抑菌培养基并优化培养条件，控制 pH、培养方法、染料投加时间可有效抑制细菌生长。

4.3　白腐真菌共代谢降解途径研究

4.3.1　共代谢降解芘的基质筛选

　　共代谢的概念来源于共氧化，最早是由 Leadbrtter 和 Fos-ter 于 1959 年提出，他们在研究中发现，甲烷产生菌 Pseudomonas methanica 能够将乙烷氧化成乙醇、乙醛而不能利用乙烷作为生长基质的现象，并将这一现象称为共氧化（Libra et al.，2003），其定义为微生物在生长基质存在下对非生长基质的氧化。共基质条件下，温继伟（2011）对 6 种共代谢基质（葡萄糖、玉米粉、麸皮、锯末、邻苯二甲酸和水杨酸）进行筛选，选出降解芘的最佳共代谢基质。6 种共基质的加入使得芘的降解率发生了较大的变化，且大多数的共代谢基质的加入促进了芘的降解（图 4.4）。其中，麸皮作为共基质时，芘的降解效果最好，降解率达到 50.6%，

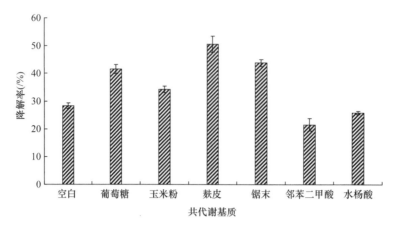

图 4.4　共基质条件下白腐真菌 *Pseudotrametes gibbosa* 对芘的降解

较空白降解率增加了 22.3%。葡萄糖、玉米粉、锯末这三种物质作为共基质时，均提高了芘的降解率。而当邻苯二甲酸、水杨酸作为共基质时发现，芘的降解率却低于空白实验，在一定程度上抑制了芘的降解。

白腐真菌对难降解有机物的降解主要依赖木质素降解酶系的作用，一般而言，白腐真菌所分泌的降解酶越多，对难降解有机物的降解效率就越高。从图 4.5 可以看出，大多数共代谢基质可以刺激漆酶的分泌，使其产量高于空白的产量，其中酶活最高为添加麸皮的体系，酶活最大值为 24.13U/ml，是空白酶活（2.94U/ml）的 8.2 倍，相应地，添加麸皮时白腐真菌 *Pseudotrametes gibbosa* 对芘的降解效果最好；其次分别是锯末、玉米粉、葡萄糖，酶活分别是空白酶活的 3.7 倍、2.6 倍、2 倍，它们对芘的降解也都起到促进作用；而邻苯二甲酸和水杨酸抑制了漆酶的

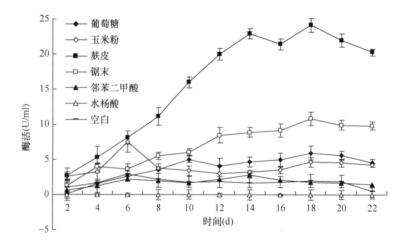

图 4.5　共基质条件下白腐真菌 *Pseudotrametes gibbosa* 产酶情况

分泌，酶活仅为 0.02U/ml 和 2.77U/ml，低于空白酶活（2.94U/ml），相应地对芘的降解也起到了抑制作用。这个结果说明，共代谢基质在某种程度上通过影响菌种漆酶的产量进而影响其对芘的降解效果，同时也证明了酶活与多环芳烃降解效果之间的密切关系，即降解率随酶活的增加而升高。

共代谢基质可以影响微生物的生长，温继伟（2011）利用菌体干重来衡量白腐真菌对芘降解过程中的生长情况，结果见图 4.6。除了水杨酸，其他 5 种共代谢基质都对菌体的生长起到促进作用。当添加玉米粉、锯末、邻苯二甲酸时，18d真菌的生物量分别为 0.07g/50ml、0.04g/50ml 和 0.04g/50ml，均高于空白实验的生物量（0.03g/50ml）。当添加麸皮时，菌体生长速度最快，第 6 天即达到最大生物量（0.05g/50ml）。水杨酸的添加抑制了菌体的生长，最大生物量仅为 0.02g/50ml，数据显示说明水杨酸不适合作为白腐真菌 *Pseudotrametes gibbosa* 的共代谢底物。

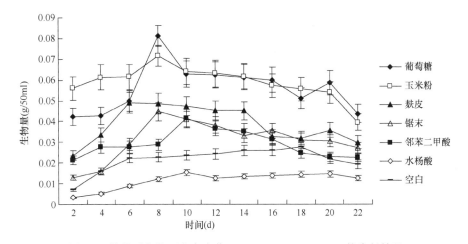

图 4.6　共基质条件下白腐真菌 *Pseudotrametes gibbosa* 的生长情况

4.3.2　共代谢降解芘的条件优化

（1）白腐真菌 *Pseudotrametes gibbosa* 共代谢降解芘条件正交试验设计

采用三因素四水平和一因素二水平的混合正交试验对白腐真菌 *Pseudotrametes gibbosa* 降解芘的共代谢条件进行优化，以漆酶酶活为指标，筛选出最优培养基（温继伟，2011）。

正交试验的设计主要包括确定以下 4 个内容：试验指标、试验因素、因素的水平和正交表（Godjevargova et al.，2003）。本试验以液体培养基为基础，采用正交试验的方法对白腐真菌共代谢降解芘培养条件进行优化，下面分别介绍本次正交试验的 4 个主要内容。

1）确定试验指标：本试验选用的白腐真菌 *Pseudotrametes gibbosa* 主要产漆

酶，检测不出木质素过氧化物酶和锰过氧化物酶，所以选定以漆酶酶活作为正交试验的考察指标。

2）选取试验因素：试验因素是指对试验指标特性值可能有影响的原因或要素。碳源种类、氮源种类、诱导剂浓度、金属离子浓度、接种量、装液量等都是白腐真菌共代谢降解芘过程中漆酶分泌的影响因素。考虑到影响因素的主次，不可能将上述所有因素都作为试验因素进行一一考察，综合考虑，本研究将麸皮（共代谢碳源）浓度、接种量、装液量、ABTS（诱导剂）的浓度作为试验因素。

3）划分因素水平：划分影响因素的各个水平所遵循的主要原则应为把参数的水平区间尽量拉开，尽可能地使最佳区域包含在设定的水平区间内（Sanghi et al.，2009）。根据以上原则，通过大量文献调研，并参考前期相关研究的结果和结合各因素的特点，将正交试验的因素水平划分为 4 个等级。本试验采用的具体因素和水平见表 4.1。

表 4.1 白腐真菌 *Pseudotrametes gibbosa* 产漆酶培养基的因素水平表

水平	A 麸皮浓度（g/L）	B 接种量（菌片）	C 装液量（ml）	D ABTS 浓度（mmol/L）
1	5	1	30	0
2	10	2	50	0.5
3	15	3	70	—
4	20	4	90	—

注：麸皮煮沸 30min，过滤所得

4）选用正交表：本试验包括 4 个因素，其中 3 个因素分别对应 4 个水平，另外一个因素对应两个水平，为多因素多水平正交试验，根据因素数和相应水平数的要求，选用 $L_{16}(4^3 \times 2^1)$ 的正交表（Godjevargova et al.，2003），表头设计见表 4.2。

表 4.2 正交表表头设计

因素	A 麸皮浓度（g/L）	B 接种量（菌片）	C 装液量（ml）	D ABTS 浓度（mmol/L）
列号	1	2	3	4

本次正交试验的 4 个内容（试验指标、试验因素、因素的水平和正交表）确定之后，就可以确定整个试验的方案，如表 4.3 所示，其中表中的每一个横行代表要进行的一组试验的培养条件，表中共有 16 个横行，因此一共要做 16 个不同条件的试验。例如，在表 4.3 中，第一号试验是 $A_1B_1C_1D_1$，具体内容是共代谢碳源麸皮的浓度为 5g/L，接种量为 1 片，装液量为 30ml，诱导剂 ABTS 浓度为 0mmol/L，同样的道理，确定其他号试验的具体内容。每个试验号做 3 个平行样，定时测定漆酶酶活。

表 4.3　正交试验的试验方案

试验号	A 麸皮浓度（g/L）	B 接种量（菌片）	C 装液量（ml）	D ABTS 浓度（mmol/L）
1	1	1	1	1
2	1	2	2	2
3	1	3	3	1
4	1	4	4	2
5	2	1	2	1
6	2	2	1	2
7	2	3	4	1
8	2	4	3	2
9	3	1	3	1
10	3	2	4	2
11	3	3	1	1
12	3	4	2	2
13	4	1	4	1
14	4	2	3	2
15	4	3	2	1
16	4	4	1	2

表 4.4　正交试验产漆酶（Lac）结果

试验号	因子				平均最高酶活 （U/ml）
	A	B	C	D	
1	1	1	1	1	42.43
2	1	2	2	2	65.90
3	1	3	3	1	34.47
4	1	4	4	2	50.54
5	2	1	2	1	26.67
6	2	2	1	2	49.31
7	2	3	4	1	23.10
8	2	4	3	2	78.84
9	3	1	3	1	15.20
10	3	2	4	2	43.56
11	3	3	1	1	100.49
12	3	4	2	2	72.43
13	4	1	4	1	27.67
14	4	2	3	2	53.24
15	4	3	2	1	160.23

试验号	因子				平均最高酶活（U/ml）
	A	B	C	D	
16	4	4	1	2	69.39
K_1	64.44	37.33	87.20	143.42	
K_2	589.31	70.67	108.41	161.07	
K_3	77.22	106.10	60.59		B>C>A>D
K_4	103.51	90.40	48.29		
R	44.20	68.77	60.12	17.65	
最佳水平	4	3	2	1	$A_4B_3C_2D_1$

（2）白腐真菌 *Pseudotrametes gibbosa* 分泌漆酶正交结果的直观分析

按 L_{16}（$4^3 \times 2^1$）正交表，以漆酶分泌量为指标，优化白腐真菌共代谢降解芘的条件。由表 4.4 可知，菌株 *Pseudotrametes gibbosa* 共代谢降解芘最佳培养条件为 $A_4B_3C_2D_1$，即麸皮浓度为 20g/L，接种量为 3 片直径为 10mm 的菌片，装液量为 50ml，不加 ABTS。通过极差分析，A、B、C、D 4 个因素影响菌株 *Pseudotrametes gibbosa* 的主次顺序：B>C>A>D，即接种量>装液量>麸皮浓度>ABTS 浓度。

从图 4.7～图 4.10 各因素的水平-指标均值可以看出，A 因素：共代谢碳源麸皮的浓度为 20g/L 时，分泌漆酶酶活最高。B 因素：接种量为 3 片时，漆酶酶活最高。接种量少时，酶活随接种量增加而升高，但是多于 3 片后，酶活会有所降低，这表明菌片过多可能会因为竞争营养物质或氧不足等因素降低白腐真菌分泌酶活的能力。C 因素：装液量为 50ml 时，产酶量最大。分析原因可能是 150ml容积的三角瓶装液量小于 50ml 时，菌体所需的营养物质较少，从而导致产酶量不高；装液量超过 50ml 时，在振荡培养过程中所需要的氧气不能满足菌株的生长，这时菌株的生长将受到抑制，进而影响其产酶。D 因素：诱导剂 ABTS 浓度为

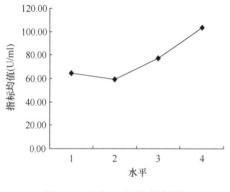

图 4.7　因素 A 水平-指标图

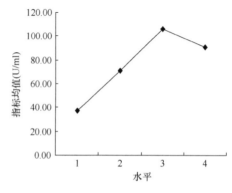

图 4.8　因素 B 水平-指标图

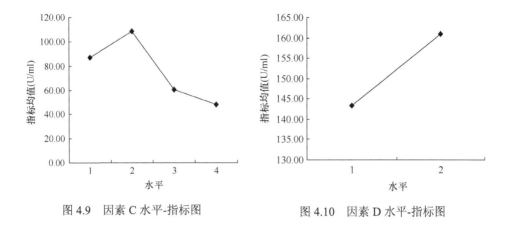

图 4.9　因素 C 水平-指标图　　　　图 4.10　因素 D 水平-指标图

0.05mmol/L 时比不加诱导剂产酶高。结构和木质素相近的低分子芳香化合物和木质素降解的碎片可作为漆酶的诱导剂，并能提高酶活（高大文等，2006）。本实验选用的 ABTS 即可在一定程度上提高产酶量，但是影响并不是很大，考虑到 ABTS比较昂贵，所以从经济、实验步骤等多角度综合考虑，最优培养条件是不加诱导剂 ABTS，即正交试验所得的最佳共代谢条件是麸皮浓度为 20g/L，接种量为 3 个菌片，装液量为 50ml，ABTS 浓度为 0mmol/L。

（3）白腐真菌 *Pseudotrametes gibbosa* 对芘的降解效果

以麸皮作为共代谢基质的基础上对该菌共代谢降解芘的培养条件进行进一步的优化。图 4.11 为正交试验的 16 种方案白腐真菌 *Pseudotrametes gibbosa* 对芘的降解效果。从图中可以看出，16 种方案中白腐真菌 *Pseudotrametes gibbosa* 对芘的降解效果差距很大，1 号试验方案降解率最低为 30%，15 号试验方案降解率最高为 88.8%。总体而言，*Pseudotrametes gibbosa* 对芘的降解率都很高（大于 50%），说明麸皮作为共代谢基质可以促进芘的降解。

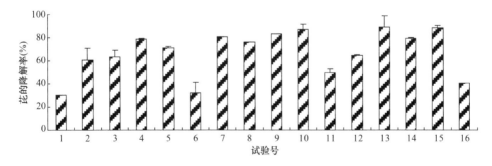

图 4.11　不同共代谢条件下芘的累积降解率

白腐真菌 *Pseudotrametes gibbosa* 对芘的最高降解率出现的编号与前面白腐真菌 *Pseudotrametes gibbosa* 分泌的最大酶活出现的编号一致，证实了漆酶活性与芘的降解效果之间存在一定的正相关性，以酶活考察正交试验中白腐真菌共代谢降解菲的条件是有依据的（Gao et al.，2008）。

（4）优化后培养基产酶与基础培养基产酶情况比较

从图 4.12 可以看出，优化的培养基产漆酶酶活明显高于基础培养基，酶活峰值达 53.41U/ml，而基础培养基的酶活峰值仅为 2.84U/ml，优化后的培养基产漆酶酶活是基础培养基的 18.8 倍。优化后的培养基大大促进了菌体产酶，漆酶量的大幅度增加为提高白腐真菌 *Pseudotrametes gibbosa* 对菲的降解率提供了可能。

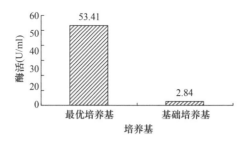

图 4.12 不同培养基产漆酶的比较

（5）优化后培养基菌体分泌漆酶与其生物量之间的关系

白腐真菌 *Pseudotrametes gibbosa* 生长的好坏关系到分泌漆酶活性的高低，*Pseudotrametes gibbosa* 生长得好分泌漆酶多，反之，分泌漆酶少，只有生物量达到一定程度时，*Pseudotrametes gibbosa* 才会分泌大量的漆酶。

基于此，采用优化后的培养基对白腐真菌 *Pseudotrametes gibbosa* 的生长与产酶关系进行了研究，结果如图 4.13 所示，培养前 6d，菲的加入对菌体产生一定的抑制作用，菌体一直处于对菲的适应阶段，因而菌株生长缓慢，培养 6d 后 *Pseudotrametes gibbosa* 进入快速生长期，生物量开始大幅度增大，培养 14d 后菌

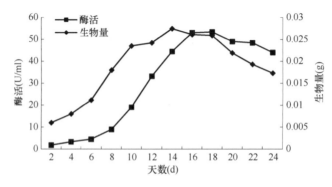

图 4.13 白腐真菌 *Pseudotrametes gibbosa* 生长曲线与漆酶酶活的关系

株生长量达到最大值。酶活曲线出现同样的趋势，白腐真菌产酶发生在次生代谢阶段，在 *Pseudotrametes gibbosa* 的生长初期，因未进入次生代谢阶段分泌酶活较少，培养 8d 以后 *Pseudotrametes gibbosa* 进入次生代谢阶段，开始分泌大量的漆酶，当培养至 18d 时，酶活达到最大值为 53.4lU/ml，而后漆酶的活性开始下降，主要是因为随着培养时间的延长，碳、氮等营养物质的消耗，白腐真菌菌丝从菌丝球上脱落、老化，而脱落的菌丝不会进一步生长，导致体系内的生物量相应减少，漆酶活性也跟着逐渐下降（陈军，2008）。*Pseudotrametes gibbosa* 分泌漆酶的变化与 *Pseudotrametes gibbosa* 的生长规律相似，进一步说明漆酶的分泌与菌株的生物量有关，二者之间存在正相关性。最佳共代谢基质在最佳条件下培养白腐真菌 *Pseudotrametes gibbosa*，所得的生长曲线与漆酶酶活曲线有一定的相关性，但是生物量峰值出现的时间比酶活峰值早。

4.3.3　共代谢降解芘的途径研究

采用 GC-MS 对 *Pseudotrametes gibbosa* 降解芘过程中的中间代谢产物进行定性分析以确定白腐真菌 *Pseudotrametes gibbosa* 降解芘的途径。

1. 芘降解中间产物的 GC-MS 分析

在 PAHs 的诱导下，微生物可以分泌加氧酶，PAHs 苯环的断开主要是加氧酶的催化作用。由于芘的结构比较复杂，各种芘降解菌对芘的中间代谢途径不同。但一般芘降解菌都是加氧酶把氧加到苯环上，形成 C—O 键，再经过加氢、脱水等作用使 C—C 键断裂，导致苯环数减少。研究发现真菌产生单加氧酶，加一个氧原子到苯环上，形成环氧化物，然后，加入 H_2O 产生反式二醇和酚。细菌产生双加氧酶，加两个氧原子到苯环上，形成过氧化物，然后氧化为顺式二醇，脱氢产生酚。大量研究表明，许多 HMW-PAHs 的生物降解中，经过开环和脱羧后，最终进入菲代谢途径。

为了确定白腐真菌 *Pseudotrametes gibbosa* 是否具有上述降解途径，利用 GC-MS 对 *Pseudotrametes gibbosa* 降解芘过程中的中间代谢产物进行了定性分析。结果发现共有 6 种稳定的代谢产物，如图 4.14 所示。结合质谱分析，发现 21.09min 出现的峰质谱图为化合物菲；10.26min 出现的峰质谱图为化合物芴；13.27min 出现的峰质谱图为化合物 4-氨基-9-芴，此化合物是芴羟基化后氧化氨化的产物；25.24min 出现的峰质谱图为化合物 9,10-蒽醌，为 4-氨基-9-芴氧化脱氨后的产物；13.45min 出现的峰质谱图为化合物 1,4-萘，为 9,10-蒽醌开环的产物；最后一个稳定的中间产物峰质谱图出现在 22.2min 处，为化合物邻苯二甲酸，是 1,4-萘开环羟基化的产物；最终邻苯二甲酸进入三羧酸循环降解为 CO_2 和 H_2O。

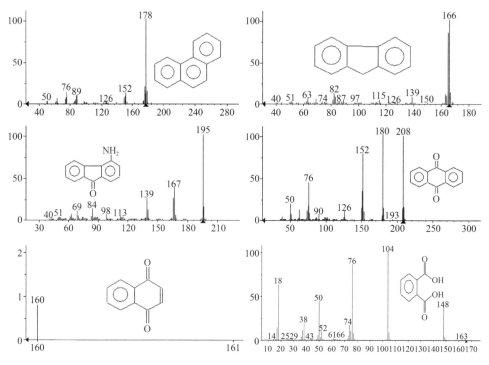

图 4.14　芘降解中间代谢物的质谱图

横坐标为质荷比；纵坐标为响应信号相对强度（%）

2. 偏肿拟栓菌不同培养时间对芘的降解中间产物

采用 GC-MS 对偏肿拟栓菌降解芘不同时间段的中间产物进行定性分析，结果见表 4.5。表 4.5 代表降解过程中每 3d 的代谢产物，在降解过程中主要产生了 6 种稳定的代谢产物，在不同阶段的降解过程所产生的代谢产物存在差异。随着降解时间的延长，各代谢中间产物的种类呈现先增加后减少的趋势。菲的特征峰从第 3 天开始出现并在第 12 天消失；4-氨基-9-芴的特征峰从第 6 天开始出现并在第

表 4.5　GC-MS 测定的不同时间段的中间产物

降解时间（d）	菲	4-氨基-9-芴	芴	9,10-蒽醌	1,4-萘	邻苯二甲酸
3	+	—	—	—	—	—
6	+	+	+	—	—	—
9	+	+	+	+	—	—
12	+	+	+	+	+	—
15	—	+	+	+	+	+
18	—	—	+	+	+	+

注：+表示存在；—表示不存在

15 天消失；芴的特征峰从第 6 天开始出现；9,10-蒽醌的特征峰从第 9 天开始出现；1,4-萘的特征峰从第 12 天开始出现；邻苯二甲酸的特征峰从第 15 天开始出现。在培养 12d 时，降解产物种类最多。

在多环芳烃化合物的生物降解过程中，特别是在最初的羟基化和之后的环裂解反应中，加氧酶起着重要的催化作用。通过对白腐真菌 *Pseudotrametes gibbosa* 降解芘途径中的各种代谢物的分析，推测白腐真菌对芘的可能降解途径如图 4.15 所示，白腐真菌对芘的共代谢降解是邻苯二甲酸途径，芘先开环代谢成三环的菲，然后在加氧酶、脱氢酶等作用下转化为邻苯二甲酸，最终通过三羧酸循环（TCA）生成二氧化碳和水。

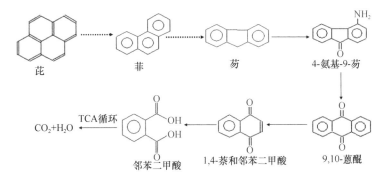

图 4.15 偏肿拟栓菌 *Pseudotrametes gibbosa* 共代谢降解芘可能的途径

偏肿拟栓菌 *Pseudotrametes gibbosa* 对芘进行共代谢降解过程中一共产生了 6 种中间代谢产物，分别是菲、芴、4-氨基-9-芴、9,10-蒽醌、1,4-萘和邻苯二甲酸。这些共代谢降解的中间产物种类呈现先增加后减少的趋势。其中在培养第 12 天时，降解产物种类最多。根据偏肿拟栓菌 *Pseudotrametes gibbosa* 共代谢降解芘中间产物的鉴定分析，推断偏肿拟栓菌对芘的生物降解途径为邻苯二甲酸途径。

第5章 白腐真菌对典型有机污染物的降解应用

白腐真菌能够有效降解多环芳烃、石油烃、染料、农药等多种有机污染物，在环境生物修复领域引起了广泛关注（Cookson，1995）。在环境领域研究较多的白腐真菌包括：黄孢原毛平革菌（*Phanerochaete chrysosporium*）、杂色云芝菌（*Trametes versicolor*）、烟管菌（*Bjerkandera adusta*）、糙皮侧耳菌（*Pleurotus ostreatus*）、朱红密孔菌（*Pycnoporus cinnabarinus*）等（梁红，2008）。自 *Science* 首次报道白腐真菌能够分泌胞外木质素氧化酶以来，环境领域对白腐真菌生物学特征、酶学性质等开展了广泛研究（高大文等，2007）。表 5.1 总结了白腐真菌在有机污染物降解方面的研究。

表 5.1 白腐真菌对有机污染物的降解效果

菌株	污染物	降解条件	降解率（%）	来源
Pseudotrametes gibbosa	芘	18℃	50.6	Wen et al.，2011
AH-8	苯并芘	15℃	50.7	鲁麒，2021
Pleurotus eryngii F032	苯并芘	20℃	73.0	Hadibarata et al.，2022
Irpes lacteus	荧蒽	15℃	72.9	刘俊，2019
Aspergillus oryzae MF13	菲	30℃ 4d	65.0	De la Cruz‐Izquierdo et al.，2021
Aspergillus flavipes QCS12	菲	30℃ 4d	87.0	De la Cruz‐Izquierdo et al.，2021
Coriolopsis byrsina strain APC5	芘	25℃ 18d pH=6	51.9	Agrawal and Shahi，2017
Phlebia lindtneri GB1027	4,4-DDT	30℃ 30d pH=6.5	70.9	肖鹏飞和李玉文，2015
Trichoderma longibrachiatum FLQ-4	萘、苊、芴、菲、蒽、荧蒽、芘、苯并蒽、苯并荧蒽、苯并荧蒽\苯并芘、茚并芘、二苯并蒽、苯并芘、氯乙烯	28℃ 30d	76.3	Li et al.，2021
Pleurotus ostreatus	苯并蒽	28℃ 84d	39.2	Zhu et al.，2019
Hypoxylon fragiforme	苊、蒽、芴、1-甲基芴、1-甲基萘、2-甲基萘、菲和芘、邻苯二酚	(25±1)℃ 21d	90.3	Memić et al.，2017
Coniophora puteana	苊、蒽、芴、1-甲基芴、1-甲基萘、2-甲基萘、菲和芘、邻苯二酚	(25±1)℃ 21d	80.0	Memić et al.，2017
Aspergillus terreus	苯并芘	30℃ 9d	38.4	Guido et al.，2004

5.1　白腐真菌对污染土壤中多环芳烃的降解

5.1.1　白腐真菌修复多环芳烃污染土壤

随着我国大批工业企业迁出城市，造成了大量有机污染工业地块残留。短时间内企业运营过程中产生的有机污染物并不会对环境产生重大威胁，但是由于其多具有疏水性质而吸附在颗粒物质上，随水体、大气发生迁移，最终归于土壤。有机污染土壤存在污染源广泛且复杂，无法在源头根除，污染物质与土壤颗粒结合紧密，修复效率不高等问题。我国工业产业结构以化工、钢铁产业占比最多，其产生的有机污染物主要为多环芳烃（高大文等，2021）。

物理化学修复技术虽能快速遏制污染物造成的不良环境影响，快速降低污染物含量，但是其修复成本高，添加化学药剂可能产生二次污染，甚至可能产生毒性更大的副产物（Seo et al.，2009）。微生物修复技术具有成本低、无二次污染等优势，近几年已成为研究热点。通过在污染场地分离富集优势降解菌或添加其他高效降解有机污染物微生物进行生物强化，能够快速对环境中污染物质进行转化。部分功能性细菌、真菌等微生物能够快速适应土壤环境（Ghosh and Mukherji，2021）。例如，一些细菌可以分泌生物表面活性剂（Khan et al.，2017），真菌菌丝能够蔓延至更广阔的环境中（Wang et al.，2022；Guo et al.，2018），增加与有机污染物的接触机会。微生物在受到胁迫时分泌的胞外活性氧簇（Gu et al.，2016a）、小分子氨基酸（Nie et al.，2018；Zeng et al.，2018）、酶分子（Zeng et al.，2018；Luo et al.，2018）等特异性物质对有机污染物进行攻击。

近年来，关于白腐真菌及其胞外酶在有机污染水体和土壤中的修复应用研究众多。由于多环芳烃与木质素结构相似，所以白腐真菌对多环芳烃具有高效降解特性（Zeng et al.，2018；Liu et al.，2019；Chelaliche et al.，2021）。表 5.2 总结了人们对真菌修复多环芳烃污染土壤的认识发展过程。20 世纪 80 年代，研究人员发现黄孢原毛平革菌（*Phanerochaete chrysosporium*）分泌的胞外木质素氧化酶能催化降解芳香族有机污染物（Bumpus，1989），由此展开了关于黄孢原毛平革菌及其分泌的氧化酶对有机污染物的降解能力及降解机理的研究（Glenn and Gold，1985），同时，许多其他种类的白腐真菌也同样具有降解芳环结构有机污染物的能力（Davis et al.，1993）。从 1985~1995 年，科研工作者开始深入发掘在液体培养条件下各种白腐真菌对多环芳烃的降解效率，探索木质素氧化酶对多环芳烃的降解机制。1995~2005 年，白腐真菌对多环芳烃的研究开始转向土壤修复领域（May et al.，1997；Novotný et al.，2000），并通过固定化微生物的方式实现微生物在土壤中的长期有效甚至能够定殖（Lestan and Lamar，1996）。与此同时，人们发现

表 5.2 真菌修复多环芳烃污染研究的进展

年份	主要研究内容
1985	高效多环芳烃降解菌种的筛选 木质素氧化酶作用机制研究 液体培养降解效率
1995	应用于土壤修复 降解代谢途径 固定化微生物手段的应用 非木质素酶作用机制研究
2005	降解菌群的协同作用 修复过程代谢终产物潜在威胁 酶反应中间介体研究
至今	修复过程土壤微生物群落结构变化 土著功能细菌的作用 真菌细菌协同修复机制

白腐真菌胞内非木质素氧化酶也具有降解多环芳烃的作用（da Silva et al.，2003；Capotorti et al.，2004）。2005 年之后，关于白腐真菌对多环芳烃污染土壤的修复研究进一步深入。人们发现，实际有机污染土壤修复受环境因素干扰较大，实验室小试规模土壤修复与大田修复仍然具有很大差距（Lors et al.，2012）。并且白腐真菌并没有完全将多环芳烃转化为水和二氧化碳，其中间代谢产物的种类及其毒性效应依然不明确（Schmidt et al.，2010；Boll et al.，2015）。如何将多环芳烃彻底矿化成为人们需要进一步研究的问题。白腐真菌和细菌、植物等协同作用能够高效代谢转化多环芳烃，实现多环芳烃最终矿化的能力逐渐被发现（Machín-Ramírez et al.，2010；Wen et al.，2011）。目前，高通量测序技术可用于生物修复过程中环境中土著微生物群落结构变化分析（Haleyur et al.，2019），并对白腐真菌生物强化过程中土著功能细菌的作用、细菌-真菌协同作用机制研究提供了帮助（Hailei et al.，2017），这将进一步推进白腐真菌修复多环芳烃污染土壤技术研究。

常见的降解多环芳烃的白腐真菌主要分布在担子菌门、子囊菌门和毛霉菌亚门（高大文等，2021）。白腐真菌主要通过两种方式降解多环芳烃：细胞色素 P_{450} 氧化酶系统和木质素分解酶系统，具体代谢途径见图 5.1A。这些机制的基础是芳香环氧化，然后将化合物系统地分解为多环芳烃代谢物和/或二氧化碳。栖息于木材的真菌 Pleurotus ostreatus 和栖息于土壤的真菌 Agaricus bisporus 对三环多环芳烃的降解路径见图 5.1B（Pozdnyakova et al.，2018）。

尽管许多研究已经证实了白腐真菌对多环芳烃污染土壤修复效果显著，但是目前大多数试验仍然停留在实验室小试阶段，甚至对土壤进行了灭菌处理或者重新配制的理想土壤，与实际环境存在较大差距（Andersson et al.，2003）。将白腐真菌修复技术推广应用于实际场地中仍面临着挑战。这些挑战包括复杂的土壤环境以及微生物的局限性。

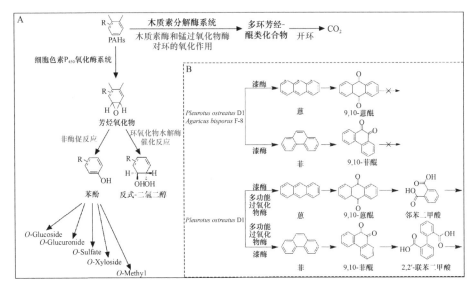

图 5.1　真菌降解多环芳烃的主要途径

A. 细胞色素 P_{450} 对多环芳烃的降解（Bamforth and Singleton，2005）；B. 菌体外降解三环多环芳烃的可能途径
（Torres-Farradá et al.，2019）

不同于实验室条件，自然环境下，生物的降解效率受土壤质地、渗透率、孔隙率、水分含量、营养物质质量等多重因素影响（Chen et al.，2015；Kuppusamy et al.，2016）。就我国而言，北方地区尤其是东北地区在全年气温变化浮动大、降雨少。因此实际的土壤环境条件受气候条件和地理位置影响，存在不确定性。随着城市的快速发展，极端天气屡见不鲜，土壤环境质量受到严重影响。如何提高生物应对气候变化的能力，以及生物在土壤环境降解和转化污染物的能力，还需要进一步研究。（Dumanoglu et al.，2017）。此外，实际场地多为复合污染，且各种工业污染、人为活动等产生的化学品也会直接对土壤的理化性质产生影响（Liang and Zhuang，2015）。许多研究表明生物可以有效降解某些特定的有机污染物质，其降解效率为 70%～97%（Chen et al.，2019；Kaewlaoyoong et al.，2020），但在实际污染土壤中的应用效果并不理想。

土著微生物长期存在于受污染土壤中（Zafra et al.，2016），可根据复杂的土壤环境条件调整和适应该环境，适应性变得更强（Wang et al.，2018；Koshlaf et al.，2019）。在多环芳烃生物降解过程中，未灭菌土壤中的土著微生物具有与外加菌种的竞争能力。菌株 WF1 和黄孢原毛平革菌接入未灭菌土壤中，不同处理组均未见菲生物降解的显著差异，即菌株 WF1 和黄孢原毛平革菌的协同作用均未被表达，可见土著微生物在菲生物降解中起着至关重要的作用（Gu et al.，2021）。将外源微生物接入实际受污染土壤后会与原有土著微生物产生一定的拮抗作用（Daccò et al.，2020；Ma et al.，2021；Chen and Duan，2015）。

5.1.2 单一菌种去除土壤中多环芳烃

白腐真菌菌丝可以穿透土壤层，与污染物能够充分接触，提高多环芳烃生物利用度。大量研究表明，白腐真菌对多环芳烃的降解效果优于细菌（李启虔，2021）。

Covino 等（2010）利用 *Pleurotus ostreatus* 实现了对苯并蒽、蒽、苯并荧蒽和苯并芘的降解，降解率分别为 69.1%、29.7%、39.7%、32.8%和 85.2%。此外，在历史遗留工业场地中，使用固定化的 *Pleurotus ostreatus*，可以达到 80%的多环芳烃去除率。Pozdnyakova 等（2010）进一步研究了 *Pleurotus ostreatus* D1 对芘的降解。在 Kirk 培养基中生长 3 周后，约有 65.6%的初始芘被代谢转化，芘-4,5-二氢二醇随之积累。而在担子菌培养基中生长时，*Pleurotus ostreatus* D1 在 3 周内芘降解率达 89.8%，中间体为菲和邻苯二甲酸。其中漆酶和多功能过氧化物酶在不同的代谢阶段发挥主要作用（Pozdnyakova et al.，2010）。废蘑菇基质也可被用于净化土壤。施用废蘑菇基质后，土壤中总多环芳烃浓度从 5393.9mg/kg 降低到 112.4mg/kg，在 8 个月的培养后，去除率为 97.9%（Di Gregorio et al.，2016）。Rosales 等（2013）利用 *Trametes versicolor* 在固态发酵条件下降解菲和芘，仅 11 天后，去除率分别达到 80%和 70%。

5.1.3 复合菌剂去除土壤中多环芳烃

目前，大多微生物修复技术仍然停留在单一菌种对特定污染物的降解研究。单一白腐真菌菌种对多环芳烃具有突出的降解能力，但在实际污染场地环境中，污染物复杂多样且存在多种微生物共存。多环芳烃的生物降解受到污染物自身及土壤理化性质，土著微生物和外来微生物对营养物质的竞争，微生物间的拮抗作用等多方面影响（Mrozik and Piotrowska-Seget，2010）。另外，单一菌株可能对多环芳烃的修复效果有限，使得很多重要的生化过程无法完成。Sayara 等（2011）发现白腐真菌 *Trametes versicolor* ATCC 42530 对多环芳烃的降解没有显著改善。

为了达到更好的去除效果，近年来人们一直在对生物强化技术进行改进。例如，Cheema 等（2016）发现在土壤中添加卵磷脂表面活性剂能显著提高芘的去除率。Ye 等（2014）的研究结果表明，接种氧化节杆菌（*Arthrobacter oxydans*）可以有效地去除土壤中的芘。表面活性剂的添加虽然在一定程度上增加了多环芳烃去除率，但是过多的添加也可能对土壤产生一定毒性。与之相比，生物之间的合作是一种更加经济、有效的方法。细菌和真菌降解有机污染物的特性及途径虽然不同，但是二者之间可以起到很好的互补作用。真菌-细菌协同作用在多介质、多界面、非均一性的土壤环境中发挥着重要作用（Wottich et al.，2017）。在非饱和多相土壤环境中的研究发现，多环芳烃降解细菌自身迁移受到限制，真菌菌丝表面的液膜可以牵引细菌并帮助其在土壤环境中迁移（Furuno et al.，2010），同时真菌菌丝也可吸收多环芳烃，通过胞质流动将土壤多环芳烃转运给降解细菌（Schamfuss et al.，2013）。这种协同作用增强了污染物的生物可利用性从而促进其生物降解（Otto et al.，2016）。*Phanerochaete chrysosporium* 与细菌 *Serratia marcescens* 和 *Streptomyces rochei* 共培养 7 天后，芴（75%）、菲（67.8%）、蒽（52.2%）和芘（39.2%）达到了最大限度降解。该菌群能够通过氧化和矿化将持久性多环芳烃降解为更简单的产物（Sharma et al.，2016）。真菌与真菌共同培养也可实现 1+1>2 的效果（王晶晶等，2018）。Bhattacharya 等（2017）观察到，*Pleurotus ostreatus* 分别与 *Penicillium chrsogenum* 和 *Pseudomonas aeruginosa* 共培养，对苯并芘的降解率分别为 86.1% 和 75.1%。而单一 *Pleurotus ostreatus* 培养 15d 后对苯并芘的降解率仅为 64.3%。国内外主要通过富集培养土著微生物或复配不同菌株来研发高效降解有机物的微生物菌剂。由于微生物菌剂对环境污染物的降解效果好，使得菌剂的研发力度逐渐加大，有效促进了该领域的发展。

表 5.3 列举了真菌-真菌共培养对土壤中多环芳烃降解的效果。

表 5.3　真菌-真菌共培养降解土壤中多环芳烃

真菌种类	单一菌剂降解率	复合菌剂降解率	污染物类型	参考文献
Pestalotiopsis sp.	66%	91%	混合多环芳烃	Yanto and Tachibana，2014
Polyporus sp.	56%			
Trichoderma sp.	芘 6%～10%			
Aspergillus niger	苯并芘 7%～8%	芘 60%；苯并芘 33%	芘、苯并芘	Wang et al.，2008
Fusarium sp.	苯并芘 7%～8%			
Pleurotus ostreatus	苯并芘 64.3%	苯并芘 86.1%	苯并芘	Bhattacharya et al.，2017
Penicillium chrsogenum	—			
Pleurotus ostreatus	苯并芘 64.3%	苯并芘 75.1%	苯并芘	Bhattacharya et al.，2017
Pseudomonas aeruginosa	—			

5.2　白腐真菌对污染土壤中石油烃的降解

原油是脂肪烃和芳烃与烷烃（包括环烷烃）的复杂混合物，白腐真菌对土壤中多环芳烃的去除已成为许多研究的主题（Borràs et al.，2010；Jové et al.，2016；Kadri et al.，2017），但对烷烃作为真菌降解的可能基质的关注较少。已知只有少数能够以碳氢化合物（如正十六烷和甲烷）为唯一碳源生长的真菌，如曲霉属（Márquez-Rocha et al.，2000）。

5.2.1　石油烃污染物诱导下的白腐真菌产酶情况

从白腐真菌漆酶分泌量的角度出发，研究石油烃污染物诱导下的产酶情况，寻找白腐真菌最佳产酶复配方式。以广泛存在于石油污染中的甲基萘为目标污染物，以漆酶为考核指标，筛选单一高产酶菌株，然后分别对其复配，测定两种和三种白腐真菌的复合菌产漆酶的情况。将斜面上生长的 6 种白腐真菌经培养箱 28℃活化后，从斜面接种于含固体培养基的平板上培养后待用。向锥形瓶中分别加入甲基萘石油醚溶液，放置于通风橱中过夜，待石油醚挥发完毕后取出，各加入液体培养基，配制成 50mg/L 2-甲基萘的溶液，灭菌后，接种菌片，28℃、120r/min 摇床培养。每组样品做 3 个平行，定时取样测定其酶活。

结果显示，6 种白腐真菌分泌漆酶活性随时间变化先升高，到最高峰时开始下降，趋势均一致（图 5.2）；灵芝菌在第 6 天达到酶活峰值 10.72U/ml，糙皮侧耳菌在第 4 天达到酶活峰值 8.01U/ml，青顶拟多孔菌在第 14 天达到酶活峰值 24.49U/ml，然而彩绒革盖菌、血红密孔菌、偏肿拟栓菌在第 10 天分泌漆酶峰值分别为 14.71U/ml、10.32U/ml、20.99U/ml。产酶量最高的菌株为青顶拟多孔菌。

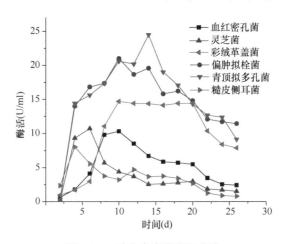

图 5.2　6 种白腐真菌酶活曲线

在 28℃、120r/min 下，将筛选得到高产酶菌株青顶拟多孔菌与其他 5 种白腐真菌复配，测定复配菌的产酶量。将两种白腐真菌复配菌的产酶量分别与两种白腐真菌产酶活之和进行比较（图 5.3），两种白腐真菌复配菌产酶量由高到低依次为青顶拟多孔菌+糙皮侧耳菌（50.45U/ml），青顶拟多孔菌+灵芝菌（42.89U/ml），青顶拟多孔菌+彩绒革盖菌（22.01U/ml），青顶拟多孔菌+偏肿拟栓菌（16.42U/ml），青顶拟多孔菌+血红密孔菌（6.16U/ml），可见产酶量最高的复配菌是青顶拟多孔菌+糙皮侧耳菌，筛选出的两种白腐真菌复配产酶量是单种菌产酶量之和的1.55 倍。

青顶拟多孔菌+灵芝菌、青顶拟多孔菌+糙皮侧耳菌的复配均比两者相加（35.22U/ml、32.5U/ml）得到的酶活要高，说明以上两种菌复配可以促进酶活产生，具有协同作用。相反，青顶拟多孔菌+偏肿拟栓菌、青顶拟多孔菌+血红密孔

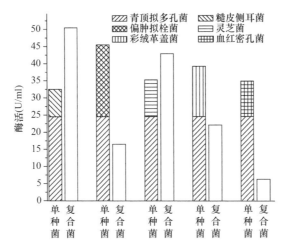

图 5.3　两种白腐真菌复配的最高产酶量与单种菌的最高产酶量之和比较

菌的复配产生的酶活小于两者相加（45.48U/ml、34.81U/ml）得到的酶活量，并且均小于其中任意一种白腐真菌分泌的漆酶活性，说明青顶拟多孔菌分别与偏肿拟拴菌、血红密孔菌之间相互抑制，产生拮抗作用。

　　相同条件下，将筛选得到的产酶量最高的两种白腐真菌复配菌：青顶拟多孔菌+糙皮侧耳菌与其他 4 种白腐真菌复配，并测定 3 种白腐真菌复配菌的酶活。将复配菌的产酶量分别与三株白腐真菌分泌酶活之和进行比较，结果如图 5.4 所示。三种白腐真菌复配菌分泌漆酶由高到低依次为青顶拟多孔菌+糙皮侧耳菌+偏肿拟栓菌（75.98U/ml）、青顶拟多孔菌+糙皮侧耳菌+彩绒革盖菌（49.49U/ml）、青顶拟多孔菌+糙皮侧耳菌+灵芝菌（35.94U/ml）、青顶拟多孔菌+糙皮侧耳菌+血红密孔

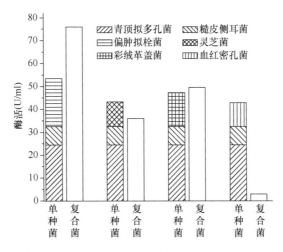

图 5.4　三种白腐真菌复配的最高产酶量与单种菌的最高产酶量之和比较

菌（2.91U/ml），可见产酶量最高的三种白腐真菌复配菌是青顶拟多孔菌+糙皮侧耳菌+偏肿拟栓菌。筛选出的三种最优复配菌产酶量是单种菌分泌酶活之和的 1.42 倍。

青顶拟多孔菌+糙皮侧耳菌+偏肿拟栓菌三者复配分泌的酶活量比三种单一菌株的酶活量之和（53.49U/ml）高。青顶拟多孔菌+糙皮侧耳菌+彩绒革盖菌复配的酶活产量比三种单一菌株的酶活量之和（47.21U/ml）略高，说明三者之间具有相加作用；然而青顶拟多孔菌+糙皮侧耳菌+血红密孔菌和青顶拟多孔菌+糙皮侧耳菌+灵芝菌三者复配的复合菌产酶量比三者产酶量之和（42.82U/ml、43.22U/ml）少，得出三者之间发生拮抗作用，相互抑制漆酶的分泌（图5.4）。

另外，从最佳复配下漆酶分泌量、生物量和降解率的关系来看，白腐真菌生长的好坏关系到漆酶分泌量的高低。基于此，对产酶量最高的复合菌（青顶拟多孔菌、糙皮侧耳菌、偏肿拟栓菌复配产酶量为75.98U/ml）的生物量进行测定，并对酶活、2-甲基萘的降解与生物量的关系进行分析，结果如图 5.5 所示，复合菌株快速生长到第 6 天，生物量开始稳定生长，当培养到第 14 天时生物量达到最高 0.1g，当生长到第 5 天，复合菌对 2-甲基萘的降解率达到 12.57%，随之达到快速降解，当第 14 天时降解率达到 85.04%，之后达到稳定效果。漆酶分泌量与生物量出现相似趋势，培养到第 4 天复合菌进入次生代谢阶段，开始分泌大量的漆酶，当培养到第 14 天时，酶活达到最大值 75.98U/ml，随之漆酶分泌量开始下降。对底物 2-甲基萘的降解速率随着漆酶活性的增加而加快，漆酶的峰值与2-甲基萘的最快降解速率出现的时间一致，表明漆酶的活性决定着 2-甲基萘降解速率的快慢。但是培养时间过长，白腐真菌菌丝从菌丝球上脱落、老化，菌丝不会再生长，培养基内的营养物质被消耗，导致体系内的生物量相应减少，分泌漆酶量也逐渐下降。因此，漆酶的分泌与菌株的生物量之间存在正相关性。

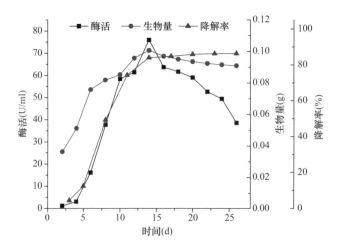

图 5.5　青顶拟多孔菌、糙皮侧耳菌和偏肿拟栓菌复合菌的酶活、降解率与生长曲线

5.2.2　复合菌剂去除土壤中石油烃

在筛选得到产酶最高的复合菌的基础上，采用模拟石油污染土壤，针对此复合菌制作成复合菌剂投加到污染土壤中，研究不同接种量和土壤湿度条件下，复合菌剂对石油烃的降解效果。

采用液体培养基，在 28℃、120r/min 条件下，摇床培养，达到对数生长期中期（第 9 天），以废弃物（麸皮与锯末的质量比为 3∶2）作为载体，添加乳化剂吐温 80 进行润料，装入瓶中进行高压灭菌，冷却至室温，将混合菌丝团吸附于载体上制备成菌剂。

将复合菌剂与污染土壤混合均匀，接入含有菌丝的菌剂，培养 3d 发现土壤中有菌丝生长，培养 4d 菌丝增长 1 倍，培养 5d 可见菌丝大面积生长，培养 11d 土壤内部均有菌丝生长，之后生长缓慢，可见，在土壤湿润的情况下菌丝生长迅速，根据微生物降解机理，菌丝快速生长进入次生代谢阶段，分泌大量的胞外酶对污染物进行去除，观察可得干燥土壤的部分菌丝含量很少，可见微生物的生长依赖水分，水分是生长的必要条件。

如图 5.6 所示，在定期添加蒸馏水的条件下，向污染土壤分别接种含有菌丝 1g、2g、3g 的复合菌剂，定期测定石油的降解率。第 40 天的降解率分别为 34.9%、37.42%、38.18%，第 100 天的降解率分别为 41.86%、42.37%、43%。由于微生物菌剂投加越多，微生物分泌氧化酶越多，所以复合菌剂对原油的降解效果最好，因此微生物的数量同样是影响原油降解效率的重要因素。

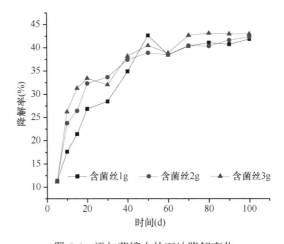

图 5.6　添加蒸馏水的石油降解变化

如图 5.7 所示，在不添加蒸馏水的条件下，分别接种含菌丝 1g、2g、3g 的复合菌剂，测得第 40 天的降解率为 25.11%、27.08%、31.86%，第 100 天的降解率

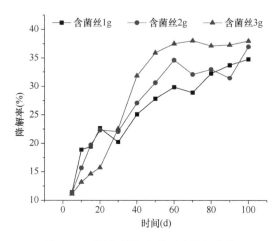

图 5.7　不添加蒸馏水的石油降解变化

为 34.79%、36.98%、37.97%，在不添加蒸馏水的情况下，同样得出投加菌剂越多降解效果越好。两者相比，定期投加蒸馏水的环境更利于氧化酶的分泌，在第 40 天时，降解效果比不添加蒸馏水的多 9.79%、10.34%、6.32%，第 100 天时多 7.07%、5.39%、5.03%。

由于青顶拟多孔菌+糙皮侧耳菌+偏肿拟栓菌的复合菌生长中存在一定的适应期，在营养不充足的环境下，适应期会有所延长，随着时间增加，本身含有的水分也在挥发和被竞争利用中消耗，随着水分的蒸发、微生物的利用，前 20d 水分流失很快，之后水分流失很慢，导致微生物菌剂出现或者延长了适应期的时间，降低了对原油的去除效果。保持一定的土壤湿度有利于复合菌剂对原油的去除，在相同条件下，同时投加含有菌丝 1g 的复合菌剂，100d 每 10d 定期添加蒸馏水 50ml，比不添加蒸馏水的复合菌剂多去除原油 3.48g/kg；投加含有菌丝 2g 的复合菌剂，定期添加蒸馏水比不添加蒸馏水的复合菌剂多去除原油 2.674g/kg；投加含有菌丝 3g 的复合菌剂，定期添加蒸馏水比不添加蒸馏水的复合菌剂多去除原油 2.493g/kg。

添加水还能提高氧的含量，氧含量的多少直接影响微生物细胞内酶的活性和呼吸作用，控制着微生物的生长和对原油烃类物质的去除能力，间断性地翻耕土壤也能使空气进入土壤，增加土壤的含氧量，使得添加蒸馏水比不添加蒸馏水的原油残余量低；定期添加蒸馏水比不添加蒸馏水相对稳定，实验结果更加体现了增加水分和含氧量可以促使微生物分泌胞外酶，加快污染物的去除。

最佳的 pH 环境有利于微生物更好地发挥效果，一般认为 pH 在 6~8 时原油的降解效率最高。向污染土壤中投加含有菌丝 3g 的复合菌剂，在定期添加蒸馏水的污染土壤中测定土壤 pH，最初的污染土壤 pH 为 5.73，随着微生物菌剂的作用，pH 有所上升，在第 20 天时 pH 为 5.77，第 100 天时 pH 为 6.23，可见 pH 增加缓慢，随着菌剂的增多，pH 也有所增加，最终土壤 pH 维持在 5～7，不会使酶的空间结构改变，更不会引起酶的活性丧失，完全有利于微生物的生长。

5.3　白腐真菌对污染土壤中多氯联苯的降解

多氯联苯（PCBs）是一种持久性有机污染物，具有半挥发性、难降解、高脂溶性等理化特性，可进行远距离甚至全球尺度的迁移扩散，并通过食物链在生物体内浓缩累积，对人体和生态环境产生毒性影响。在中国的水体、大气、沉积物和底栖生物中均能检出 PCBs。由于管理不当及时间久远，部分含多氯联苯的电器封存填埋地点已无从查起。对于已知的封存填埋地点，实践表明，多氯联苯电力装置封存年限超过 10 年，则电器腐蚀严重，多氯联苯的外泄已造成封存填埋地点附近的环境严重污染，需要处置的多氯联苯数量日趋增多。目前仍然没有比较完善的处理多氯联苯的方法，各种处理方法各有利弊，化学方法费用高，生物法处理时间长，加上环境中有机污染物的复杂性和多样性，单纯一种方法往往达不到预期目的。因此，除了继续研究开发高新技术外，还需考虑几种技术的联合使用，如把氧化技术作为预处理或后处理手段与其他处理方法结合，产生高效、经济的联用技术，这也是 PCBs 处理技术的一个发展趋势。

Fenton 法用于降解液相中的难降解有机物已得到广泛的研究，然而对于土壤中难降解的有机物，用 Fenton 法难以解决目前存在的问题，首先，试剂最适反应条件要求 pH 在 3 左右，而该酸度条件严重干扰土壤微生物种群。其次，土壤中有机污染物与土壤有机质紧密吸附导致 Fenton 试剂降解效率低。

生物修复由于能够治理大面积污染而成为一种新的可靠的环保技术。白腐真菌糙皮侧耳菌 *Pleurotus ostreatus* 对目标污染物的降解能力随不同的菌株、毒物的初始浓度和培养时间而异，影响降解效果的主要因素是降解菌的数目、电子受体、生物可利用性等。

各种处理技术的联用是目前多氯联苯污染治理的一个研究热点，通过几种方法的联用，充分发挥各种方法的优势，实现优势互补。而改善处理技术、提高处理效率、降低处理成本是今后必须要解决的问题。将化学方法与生物修复结合是一种很有前景的处理方法。

5.3.1　白腐真菌修复多氯联苯污染土壤

实验所选白腐真菌——糙皮侧耳菌对 PCBs 污染土壤具有一定的处理效果。多氯联苯 PCBs 各类同系物的总体浓度随白腐真菌作用时间的增加总体呈下降趋势，如图 5.8 所示。白腐真菌降解 PCBs 4 周时，二氯联苯到五氯联苯的残留率分

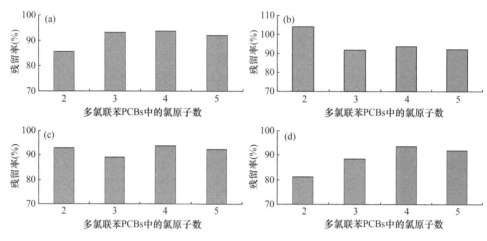

图 5.8 白腐真菌对不同氯取代多氯联苯的降解效果
（a）、（b）、（c）、（d）分别为糙皮侧耳菌降解 1 周、2 周、3 周、4 周

别为 81.36%、88.55%、93.85% 和 92%。由图 5.8 中可以看出，生物降解过程中低氯联苯（PCB_2、PCB_3）的残留率低于高氯联苯（PCB_4、PCB_5），表明土壤中多氯联苯的生物降解率随着氯原子数目增加而下降，即高氯联苯更难发生生物降解。

糙皮侧耳菌降解污染体系 2 周时，PCB_2 的残留率大于 100%，表明此时 PCB_2 的浓度高于反应体系的起始浓度；糙皮侧耳菌降解污染体系 3 周时，PCB_2 的残留率与降解 2 周时相比下降，表明 PCB_2 在第 2 周到第 3 周这一周的时间内，得到一定程度的降解，但是降解 3 周时，PCB_2 的残留率高于糙皮侧耳菌降解 1 周时的水平，表明在降解进行到第 3 周的过程中，PCB_2 的浓度高于降解 1 周时的浓度。糙皮侧耳菌降解到第 2 周和第 3 周时，PCB_3、PCB_4、PCB_5 得到降解，而 PCB_2 的浓度显著增加，超过反应起始浓度，这主要是因为白腐真菌降解 PCBs 中的高氯联苯时，生成了中间代谢产物低氯联苯，从而导致低氯联苯在降解体系中累积（Ning and Tang，2002）。白腐真菌对多氯联苯的降解规律随着菌种的不同而表现出很大差异，黄孢原毛平革菌在 10d 降解中累积低氯联苯，变色栓菌在 10d 内则同时降解低氯联苯和高氯联苯（Ruiz-Aguilar et al.，2002）。在整个降解周期 4 周内，糙皮侧耳菌在第 1 周到第 3 周期间，对二氯联苯 PCB_2 进行累积，到第 4 周时，累积的二氯联苯得到降解，降解率迅速提高，所以从总体上看，糙皮侧耳菌对降解体系中的 PCBs 均有降解，即同时降解低氯联苯和高氯联苯。白腐真菌对含有不同氯原子的多氯联苯的同族体降解效率存在差异，一方面是糙皮侧耳菌对降解基质具有选择性；另一方面是多氯联苯各同族体的物理化学性质不同，即生物可利用性不同，在降解体系中，低氯联苯更倾向于溶解到土壤水相中，而高氯联苯的辛醇-水分配系数高，与土壤颗粒强烈吸附，所以高氯联苯与糙皮侧耳菌接触反应的概率相对较低。

不同的白腐真菌菌种对多氯联苯的降解能力不同，Beaudette 等（1998）认为不同的白腐真菌菌种对多氯联苯的降解机制不同或者是降解的酶不同。Krčmář 等（1999）提取黄孢原毛平革菌产生的木质素过氧化物酶和锰过氧化物酶降解多氯联苯，结果表明，这两种酶对多氯联苯不具有降解能力。这说明，白腐真菌产生的其他酶如漆酶对多氯联苯的降解起主要作用。糙皮侧耳菌具有很高的产漆酶能力，而黄孢原毛平革菌几乎没有漆酶活性（刘尚旭等，2000）。

白腐真菌对污染物的降解是以共代谢方式实现的，即不以多氯联苯为营养基质，试验中添加灭菌木屑作为糙皮侧耳菌的营养物质，多氯联苯的降解是糙皮侧耳菌共代谢的间接结果。

5.3.2 类 Fenton 法修复多氯联苯污染土壤

与白腐真菌降解土壤中多氯联苯 4 周时所得残留率相比，类 Fenton 氧化 24h 多氯联苯残留率更低，二氯联苯到五氯联苯的残留率分别降低了 15.69%、3.68%、6.63%、10.37%，结果如图 5.9 所示。经类 Fenton 试剂氧化，PCBs 各同系物均得到降解，其中 PCB_2 的残留率最低，为 65.67%，这是由于低氯 PCBs 与羟基自由基的反应速率比高氯 PCBs 更快（Anderson and Hites，1996）。

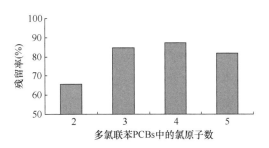

图 5.9 类 Fenton 氧化 24h 对不同氯取代多氯联苯的降解效果

试验结果表明，低氯 PCB 比高氯 PCB 生物降解更快，而利用类 Fenton 氧化 PCBs 时，得到的降解类型亦相同。类 Fenton 反应中产生羟基自由基，这一点与 Fenton 反应相同，类 Fenton 反应过程中，其羟基自由基的产生量随 H_2O_2 浓度的增大而缓慢增加（高迎新等，2006）。一般而言，羟基自由基不具有选择性，而类 Fenton 氧化 24h 后，PCB_2 的残留率要低于 PCB_3、PCB_4 和 PCB_5。通常而言，高于 4 氯的多氯联苯很难好氧降解，而且挥发性较低，故在环境中稳定存在。

土壤中的有机质会降低类 Fenton 氧化的效率，这是由于有机质与目标污染物竞争类 Fenton 反应中产生的羟基自由基或者促进过氧化氢的分解。然而加入螯合剂 β-环糊精后，β-环糊精-多氯联苯-铁离子形成的三维体系仍具有一定的抗干扰能力。β-环糊精可以同时络合溶液中的亚铁离子和多氯联苯，形成的三维体系不受羟基自由基捕获剂的影响（Lindsey et al.，2003），环糊精-憎水性有机污染物-亚铁离子的络合体系可以强化污染物的 Fenton 法降解，目标污染物与催化金属的络合物是一个天然的酶体系，β-环糊精能络合 PCBs，研究还发现，吸附到玻璃上的 PCBs 对 Fenton 法降解具有抗性，然而加入环糊精的 Fenton 体系，可以显著降解该部分 PCBs。

虽然类 Fenton 氧化法的效率较传统的 Fenton 法低，但是传统的 Fenton 法要求 pH 在 3 左右，而加入螯合剂后，类 Fenton 氧化体系 pH 是中性，这在最大限度上实现了类 Fenton 氧化法与糙皮侧耳菌降解的相容。本研究中实验土壤 pH 为7.6，无须外加物质进行调节。

Fenton 法处理土壤中有机污染物时，高氯酸铁和硝酸铁与 1.5mol/L 过氧化氢可以氧化 99%浓度为 1000mg/kg 的柴油污染土壤，而在相同反应条件下，硫酸铁、硫酸亚铁、氯酸亚铁分别与过氧化氢反应，只能氧化 70%～80%的浓度为1000mg/kg 的柴油污染土壤（Watts and Dilly，1996）。

PCBs 与羟基自由基的化学反应是提高降解速率的关键步骤，故类 Fenton 反应依赖于 Fe^{3+} 和 H_2O_2 的比率，对于传统的 Fenton 反应，当降解 PCBs 时，Fe^{2+} 和H_2O_2 的物质的量比率在（1:5）～（1:1000），具体比例需要依据 PCBs 所在的基质而定（Dercová et al.，1999；Lindsey et al.，2003）。在类 Fenton 法用于降解柴油污染土壤时，污染土壤与类 Fenton 试剂的溶液最佳质量比例在 1/0.5～1/3，在保证较高水平降解效率的前提下，兼顾成本，H_2O_2 的浓度应在 0.1～2mol/L。Walling（1975）研究发现，过量的 H_2O_2 与污染物竞争羟基自由基，从而降低羟基自由基氧化目标污染物的效率。Petigara 等（2002）的研究与前者一致，在 H_2O_2与土壤比例较低时，自由基更有效，该比例随着目标污染物与羟基自由基的反应速率而变化。

由于类 Fenton 试剂完全氧化 PCBs 需要很高的试剂用量，试验中需要使用类Fenton 试剂对 PCBs 实现部分氧化，将 PCBs 转化为低毒的、易于生物降解的中间代谢产物，本试验中 H_2O_2 的浓度选定为 1.25mol/L，H_2O_2 与 Fe^{3+} 的比例为 $H_2O_2$1.25mol/L，Fe^{3+} 0.3mol/L。

5.3.3 白腐真菌与类 Fenton 氧化联合处理多氯联苯污染土壤

采用糙皮侧耳菌降解污染体系 4 周时，PCB_2、PCB_3 的残留率在 80%～90%，PCB_4、PCB_5 的残留率均高于 90%，其中 PCB_2 残留率最低，略高于 80%。采用类 Fenton 氧化处理污染体系 24h 后，PCB_3、PCB_4、PCB_5 的残留率在 80%～90%，PCB_2 的残留率最低，小于 70%。

类 Fenton 氧化对土壤中多氯联苯的残留率明显低于糙皮侧耳菌,从理论上讲,类 Fenton 氧化土壤中多氯联苯高效快速,24h 的类 Fenton 氧化可以超过糙皮侧耳菌降解污染体系 4 周的降解率。尽管如此,将类 Fenton 大量应用于多氯联苯污染土壤是不现实的,这是因为类 Fenton 试剂与糙皮侧耳菌培养相比,成本高昂,而且类 Fenton 试剂中的过氧化氢大量加入土壤后,会极大地改变土壤微生物环境。

为了更好地去除土壤中的多氯联苯,将糙皮侧耳菌降解与类 Fenton 氧化处理联合是可行的方法。类 Fenton 氧化可以作为糙皮侧耳菌降解的预处理方法,氧化有机污染物,也可以作为糙皮侧耳菌降解的后续处理去除残留的有机污染物。两种处理顺序分别是先糙皮侧耳菌降解后类 Fenton 氧化处理、先类 Fenton 氧化处理后糙皮侧耳菌降解,试验中对这两个处理顺序分别进行了研究。

(1)先类 Fenton 氧化处理后白腐真菌降解

类 Fenton 预氧化 24h 后白腐真菌降解 4 周,多氯联苯 PCBs 各同系物的残留率不断下降,结果如图 5.10 所示。与单纯利用白腐真菌降解 PCBs 实验相类似,类 Fenton 预氧化 24h 后白腐真菌降解 2~3 周时,PCB_2 出现累积。试验中还发现,经过类 Fenton 预氧化后,白腐真菌降解 PCBs 的能力大幅度提高,PCB_2、PCB_3、PCB_4 和 PCB_5 的残留率比单纯类 Fenton 化学氧化分别降低了 7.56%、29.75%、23.85%和 25.85%,而比单独采用白腐真菌时分别降低了 23.34%、33.43%、30.48%、36.22%。类 Fenton 预氧化后,后续的白腐真菌降解对高氯联苯的降解能力显著提高,如 PCB_5 的残留率为 74.15%,而单独采用白腐真菌时,PCB_5 的残留率高达 92%。因此,采用类 Fenton 预氧化,使白腐真菌对 PCBs 的降解能力大幅度提高。试验数据表明,类 Fenton 试剂将土壤中 PCBs 转化为易于生物降解的中间代谢产物,并降低 PCBs 的生物毒性。

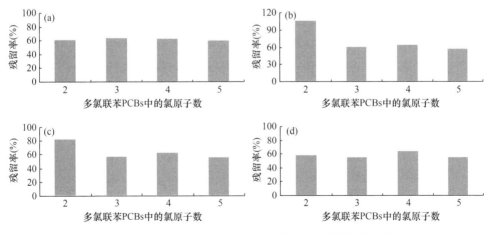

图 5.10 类 Fenton 氧化 24h 后白腐真菌对多氯联苯的降解效果

(a)、(b)、(c)、(d)分别为白腐真菌降解 1 周、2 周、3 周、4 周

PCBs 属于憎水性有机污染物，生物降解缓慢，因此可以通过化学氧化提高降解效率，类 Fenton 试剂可以产生具有极强氧化性的自由基——羟基自由基，部分化学氧化可以强化 PCBs 的水溶性，增加生物可利用性，有利于微生物降解并提高降解率。类 Fenton 氧化作为糙皮侧耳菌降解的预处理方法大大提高了 PCB$_4$、PCB$_5$ 的降解率。Nadarajah 等（2002）研究发现，Fenton 试剂作为生物降解的预处理方法可以显著提高高分子量多环芳烃的生物降解效率。

有研究表明，对于水体中的 PCBs，类 Fenton 预处理可以提高高氯 PCB 的微生物降解（Carberry and Yang，1994；Aronstein et al.，1995），而土壤中类 Fenton 与 PCBs 的反应比水体中更加复杂，空白土壤样品的 GC-MS 图中有数十个色谱峰，通过向土壤中投加 β-环糊精等生物可降解螯合剂，形成的 β-环糊精-多氯联苯-铁离子三维体系可以强化 PCBs 的类 Fenton 法降解（Carberry and Yang，1994），但是因为环糊精可生物降解（Fenyvesi et al.，2005），β-环糊精在增加土壤中多氯联苯的生物可利用性的同时，也与多氯联苯存在竞争，在一定程度上降低目标污染物的生物降解率（Liu et al.，1995）。而且，向类 Fenton 反应中加入 β-环糊精，使反应能够在中性条件下进行，减少对土壤性质的破坏，增加了类 Fenton 与白腐真菌降解的相容性。Lindsey 等（2003）针对螯合剂环糊精对多氯联苯 Fenton 氧化的作用进行研究，结果发现，同样在多氯联苯 Fenton 氧化体系中，添加环糊精的体系中多氯联苯的降解率几乎是未加环糊精体系的 2 倍。这说明环糊精增加了土壤中多氯联苯的生物可利用性。

由于羟基自由基长期以来作为水体消毒剂，H$_2$O$_2$ 会对微生物产生一定程度的毒害作用，传统观点认为，生物降解与类 Fenton 氧化不能共存。而实验研究表明，类 Fenton 氧化与白腐真菌降解可以共存，经过类 Fenton 预氧化，白腐真菌降解 PCBs 的能力显著提高。尽管有研究表明 Fenton 试剂影响原位微生物的生物量，但是它并未对生物降解产生严重影响（Izawa et al.，1996；Ndjou'ou and Cassidy，2006），这是由于微生物细胞具有保护机制，使得微生物能够在氧化干扰的环境下强化生存能力（Kawahara et al.，1995；Bliyüksonmez et al.，1998）。

（2）先糙皮侧耳菌降解后类 Fenton 氧化处理

先糙皮侧耳菌降解后类 Fenton 氧化处理，各类 PCBs 的残留率大幅度降低，结果如图 5.11 所示，糙皮侧耳菌降解 4 周后类 Fenton 氧化处理 24h，PCB$_2$、PCB$_4$、PCB$_5$ 的残留率在 70%～80%，PCB$_3$ 的残留率最高，在 80%～90%。

与糙皮侧耳菌降解 4 周时各类 PCBs 的残留率相比，PCB$_4$ 和 PCB$_5$ 的残留率大幅度降低，降低约 20%，而 PCB$_2$、PCB$_3$ 的残留率仅下降 3%，这说明糙皮侧耳菌降解后，类 Fenton 氧化以高氯联苯为主要降解目标。Kawahara 等（1995）研究同样发现，Fenton 试剂优先攻击难降解的有机物。单独的类 Fenton 氧化 PCBs 污染土壤时，低氯联苯的降解率明显高于高氯联苯，白腐真菌降解对后续类 Fenton

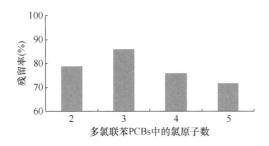

图 5.11　白腐真菌降解 4 周后类 Fenton 氧化 24h 对多氯联苯的降解效果

氧化机制方面的影响是解释这一矛盾现象的关键，关于这方面的机理仍有待进一步研究。

对于土壤中的多氯联苯，先类Fenton氧化处理后糙皮侧耳菌降解更具有优势。糙皮侧耳菌降解 4 周后类 Fenton 氧化处理 24h，PCB_2、PCB_4、PCB_5 的残留率在 70%~80%，PCB_3 的残留率最高，在 80%~90%。而先类 Fenton 氧化处理 24h 后糙皮侧耳菌降解 4 周，PCB_2、PCB_3、PCB_4、PCB_5 均得到降解，其中 PCB_2、PCB_3、PCB_5 的残留率，均低于 60%，PCB_4 的残留率略高于 60%。结果表明，类 Fenton 氧化作为糙皮侧耳菌降解多氯联苯的预处理方法，降解效果更理想。

Nam 等（2001）将类 Fenton 法与生物降解联合，降解土壤中的多环芳烃，发现类Fenton氧化作为细菌降解多环芳烃的后续处理方法要比类Fenton氧化作为细菌降解多环芳烃的预处理方法更有效。Srivastava 等（1994）研究表明，当土壤中目标污染物是易于生物降解的 2~3 环的多环芳烃时，生物降解被推荐为处理的第一步骤，当土壤中目标污染物是难降解的 4~6 环的多环芳烃时，化学氧化最好作为预处理步骤。Nam 等（2001）的研究实验土壤主要含有 2~3 环多环芳烃，所以类Fenton氧化作为细菌降解多环芳烃的后续处理方法更有效。而在本试验中，多氯联苯污染土壤的主要成分是 PCB_3 和 PCB_4，PCB_3 和 PCB_4 的总含量是 PCB_2 和 PCB_5 总含量的 4 倍。PCB_3 属于低氯 PCB，能够好氧降解，而 PCB_4 属于高氯 PCB，很难好氧降解，所以单独从目标污染物的组成上看，根据 Srivastava 等（1994）的研究成果，从理论上无法得出生物降解与化学氧化哪种方法作为预处理方法更有效，本研究发现类 Fenton 氧化作为糙皮侧耳菌降解多氯联苯的预处理方法，降解效果更理想。从这个角度讲，本研究结果与 Nam 等（2001）的研究结果并不矛盾。Goi 等（2006）的研究同样表明，化学氧化（类 Fenton 氧化和臭氧氧化）作为生物降解的预处理方法，可以提高变压器油的降解率。

5.4　白腐真菌处理有机污染废水

有机污染废水中包含多种污染物，但其中有机污染物是研究人员关注的重点。

一是有机废水污染物种类繁多，占比大，并且危害极其广泛，不经过达标排放，其急性毒性和高需氧量会使水质恶化，对水生生态系统造成严重破坏，同样给人类的身体健康造成极大的危害。二是有机污染中存在一些如多氯联苯、农药、除草剂、酚类、多环芳烃、脂肪族和杂环化合物的难降解污染物，以及随人类进步而出现的药物活性化合物、内分泌干扰物及工业化学品等新型有机污染物，因其难降解性、"三致"性和累积效应而得到广泛研究。有机污染废水的主要来源包括城市生活污水和工业、农业、养殖废水等，就我国而言，多年来工业废水占我国废水排放总量的 40% 以上，这些废水往往具有可生化性低和种类、成分复杂的特点，给传统生物化学处理技术带来了巨大挑战。有机废水的可生化性低，其 BOD_5/COD 值一般在 0.4 以下甚至更低，传统微生物降解法难以使出水达标，且其 COD 一般在 2500mg/L（Arora et al.，2003）。

相较于传统活性污泥处理有机污水，近年来利用白腐真菌治理环境污染日益成为废水生物处理的研究热点，其具有非特异性、对底物降解的广谱性、适用固液两种体系等独特的降解技术优点。国内外研究人员对白腐真菌生长特性、产酶特性、处理工业废水等方面做了大量的基础理论研究（Zhuo and Fan，2021）。白腐真菌可以广泛去除有机污水中的苯酚（Kurniawati and Nicell，2008）、有色工业废水（Faraco et al.，2009）、农药（Yadav et al.，2015）及染料（Couto，2007）等。

5.4.1 染料废水处理

染料废水具有生化性差、有机物浓度高、对生物有潜在毒性等特点。我国每年有大量的染料随着废水直接排放到水体中。传统的废水处理方法如化学法、物理化学法能够达到较好的脱色效果，但传统方法处理成本低，易产生二次污染。目前白腐真菌处理染料废水技术已有广泛的研究（李彦春等，2016）。颜克亮等（2007）研究了白腐真菌 BP（*Pleurotus ostreatus*）吸附染料 RBBR。菌体吸附的最适条件为 28℃、转速 100r/min、菌体粒径小于 0.25mm。试验结果表明 BP 对染料 RBBR 的吸附效果较好。在进行 240min 的吸附后，脱色率达 82.35%。白腐真菌 BP 对 RBBR 吸附主要是通过共价键、氢键及离子交换的作用。黄亚鹤等（2007）开展了黄孢原毛平革菌直接降解大红染料液的研究，其对大红染料的脱色效果较好。脱色效果最佳条件为 pH 4～5、最佳浓度 60～80mg/L。同时适当的振荡和搅拌有利于染料的吸附。

5.4.2 造纸废水处理

造纸工业发展迅速，造纸工业废水已然成为水环境的重要污染源之一。由于制浆造纸废水以植物纤维为原料，废水中有大量的如木质素、纤维素等有机物，而这些有机污染物往往都难以降解，并且在造纸过程中会添加一些化学药剂和助剂，从而导致水体受到更为严重的污染。例如，对纸张进行漂白工作时，漂白剂一般选用含氯化合物，这就导致产生的废水中具有过量的氯化有机物，其中不乏氯化树脂酸、氯化脂肪酸、氯苯酚、二噁英等物质，这些物质不仅毒性大而且难以降解，流入环境会作用于生物，使其中毒、致畸、致病变，严重危害生物健康。将造纸废水中的含氯有机物进行降解去除始终是各国研究的重点和难点（刘庆玉等，2008）。Nagarathnamma 等（1999）研究利用白腐真菌对牛皮纸浆废水的脱氯处理，发现加入浓度为 1g/L 的葡萄糖，可分解 32%的吸附有机卤素，其中 36%的氯化芳香族污染物大量减少。

5.4.3　焦化废水处理

焦化废水污染物浓度高且成分复杂的特点使其难以治理。废水中污染物质主要包括氰化物、挥发性酚、氨氮、矿物油、苯酚及苯系化合物等。废水不容易进行处理的原因在于酚含量高、氨氮含量高、难降解有机物含量高。好氧法处理需改善废水可生化性，传统的物化法处理运行成本高。生化法在改善废水可生化性和去除氨氮方面有较理想的效果，是目前人们普遍采用的废水处理方法。白腐真菌可以高效降解焦化废水中的酚类和芳香烃类，在利用生物法处理焦化废水的工艺中起到了重要的作用。王德强（2004）研究了白腐真菌处理焦化废水的性能，在对焦化废水中的多环芳香化合物进行降解时，漆酶起到了重要的作用。与活性污泥相比，在其中加入白腐真菌进行混合后，COD 可以去除 89%以上，NH_3-N 可去除 88%。任大军等（2006）采用侧耳属白腐真菌 BP 对焦化废水中的喹啉进行降解研究，将白腐真菌置于秸秆滤出液培养基中培养，分析对比了不同培养条件下白腐真菌对焦化废水中喹啉的降解效果。结果表明，秸秆滤出液培养基对焦化废水中的喹啉降解效果最好，其降解率高达 89%，其中酶活、生物量比增长速率是影响 BP 对焦化废水中喹啉降解的重要因素。

5.4.4　农药废水处理

目前我国农药生产企业已达 2000 多家，农药品种达 200 多种，年产量近 30 万 t，每年因为农药生产而产生的农药废水达到 1 亿 m^3 以上。其中超过 93%的农药废水没有经过有效处理，经过处理的农药废水中达标率仅占 1%。根据农药生产类型，农药废水可分为有机磷农药废水、有机氯农药废水、有机氮农药及新烟碱类农药废水。这些农药废水毒性大，化学成分复杂，化学耗氧量高，可生化性差。

近年来，白腐真菌应用于农药废水降解方面的报道较多，部分有机磷、有机氯、氨基甲酸酯和拟除虫菊酯类农药均可被白腐真菌降解，证明了其在农药废水处理方面的潜力。杂色云芝在流化床生物反应器中具有降解氯原纤维酸的潜力。该研究在水力停留时间为 4d 连续反应器中运行了 24d，并实现了 80%的去除率（Cruz-morat et al.，2013），但对转化产物的鉴定和毒性评估表明，处理后的废水比初始进料的毒性更大，可能是由于羟基氯纤维酸的存在。在降解的过程中研究人员需要更加注重污染降解的中间产物及其毒性。Nguyen 等（2013）研究了在生物膜反应器（MBR）处理的合成培养基中，用相同的真菌连续去除 6 种农药，即阿特拉津、残杀威、非诺普、阿米替林、氯纤维酸和五氯苯酚。结果表明，真菌强化反应器对非诺普（57%）、氯纤维酸（65%）和五氯酚（92%）的去除效果良好。在最后 30d 的运行期间，还对连续给药介体（1-羟基苯并三唑，HBT）对真菌强化 MBR 的影响进行了研究。结果显示，MBR 对阿特拉津和阿米替林的去除率没有显著差异，即使将介体剂量增加 1 倍至 10μmol/L 后也是如此。

5.5　白腐真菌降解染料的基础研究

已有的研究结果表明，许多白腐真菌对染料具有脱色及降解作用，其中典型的有 *Phanerochaete chrysosporium*、*Trametes hirsute*、*T. versicolor*（Wong and Yu，1999）、*Bjerkandera* sp.、*Pleurotus ostreatus* 和 *Funalia trogii*（程永前等，2006）等。随着对白腐真菌研究不断深入，科学家们的研究发现，白腐真菌对染料具有极为高效、广谱的降解作用。从染料结构上看，几乎覆盖全部染料，包括偶氮染料、聚合染料、杂环染料、三苯甲烷染料、蒽醌染料、酚酞染料、靛族染料和硫化染料等。从染料品种统计，包括亚甲基蓝、碱性亚甲蓝、酸性橙、金莲橙、直接大红、刚果红、弱酸大红、卡布龙红、天青蓝、酸性品红、直接蓝、碱性紫、乙基紫、结晶紫、孔雀绿和亮蓝等上百种，涉及各种颜色，这些染料都能与白腐真菌在共培养体系中发生不同程度的脱色降解反应。

白腐真菌对染料的降解作用具有高效性、广谱性等特点，同时对染料降解有影响的因子及其影响作用也具有多样性、交互性、复杂性等特点，各种培养参数和反应体系环境的调控因子主要包括菌种、培养基成分、温度、氧的传递、染料浓度、降解时间、降解模式等（Venkatadri and Irvine，1990）。

虽然白腐真菌对许多染料均有良好的脱色及降解效果，但并非每一种菌属对任何染料都能够脱色和降解，其效果彼此也有一定的差异。Haapla 和 Linko（1993）利用 5 种白腐真菌分别对 5 种染料进行脱色降解，结果表明 5 种白腐真菌中只有 *Bjerkandera* sp.和 *T. versicolor* 对这些染料的总体脱色效果较好，而其他几种相对较差，且存在明显差异。

培养基中的营养成分对白腐真菌的脱色和降解效果起到重要的影响。例如，碳源和氮源的含量会影响白腐真菌的生理代谢和酶降解系统的启动（贾振杰等，2007）。Knapp 等（1997）在 *P. chrysosporium* 对 Orange II 脱色的研究中发现，在连续试验中，少量氮源的存在有助于保持高的脱色速率。常天俊等（2007）从染料降解脱色的单因素实验中得出，过高或过低的碳源、氮源对贝壳状革耳菌脱色染料都是不利的。卢蓉等（2005）在液体深层发酵条件下，通过优化培养基中的碳氮比，极大地提高了彩绒革盖菌产漆酶的能力，在用粗酶液对染料酸性橙进行降解脱色试验中，还发现氧化还原介质可明显提高漆酶的催化能力，作用 5h 最高脱色率可达 96.5%。在培养基中加入藜芦醇时，能够显著提高染料的降解效果，锰也起到相同的作用。在摇瓶培养时加入吐温 80 也能显著提高木质素过氧化物酶的含量，从而提高染料降解效率。侯红漫等（2004）证明在利用白腐菌糙皮侧耳菌分泌的漆酶对蒽醌染料活性艳蓝 KN-R 直接脱色时，添加小分子的介体物质 ABTS，可使染料完全脱色。然而，硫脲、叠氮化钠、氰化物等却能明显抑制白腐真菌的脱色及降解活性（程永前等，2000）。

pH 对染料的降解至关重要，对于 *P. chrysosporium* 来说，染料降解的最适 pH 为 4～4.5，在超过 5.5 和低于 3.5 会发生显著的抑制作用。吴涓等（2004）利用白腐真菌处理草浆造纸黑液废水时发现，S22 菌在 pH 为 10 时其木质素降解率和去除率最高分别可达 84%和 69%。高大文等（2005d）研究表明，白腐真菌在非灭菌环境下脱色降解活性艳红 K-2BP 时，pH 对其脱色率有显著影响。

不同温度也会影响染料的降解效率。Knapp 等（1997）分离得到的白腐真菌适宜的温度是 27℃和 30℃，20℃其脱色能力降低，37℃时菌丝球回用的效果较差。潘峰等（2007）得出，黄孢原毛平革菌对偶氮染料活性翠蓝的最适脱色温度为 37℃。由于搅拌会影响降解体系中溶解氧的含量，而白腐真菌属好氧型真菌，因此通过适当搅拌能显著提高白腐真菌的产酶及染料降解效果。程永前等（2006）的研究证明，白腐真菌在空气曝气培养条件下，比在空气静置培养状态下具有更强的脱色降解能力。Swamy 和 Ramsay（1999）研究了 *P. chrysosporium* 在静置和搅动情况下对 6 种染料的降解情况，发现液体静置培养时，除了吸附作用外，*P. chrysosporium* 形成的菌膜几乎不降解染料。而在 37℃、转速 200r/min 摇瓶培养的条件下，菌体形成菌丝球，能够降解大部分染料。

白腐真菌对染料的降解性取决于染料的分子结构，染料芳环上的取代基类型不同，在一定程度上影响染料对黄孢原毛平革菌的敏感性。含有羟基、胺基、乙酰胺基和硝基等及苯环结构的染料分子，其脱色降解及矿化结果相对较为彻底。而染料中带有甲基、甲氧基、磺酸基和羧酸基时，则不易被微生物降解（李慧蓉，2002）。

另外，染料浓度对降解性能也有一定影响，一般染料浓度越高，毒性越大，会抑制微生物的活性。Yang 和 Yu（1996）报道了黄孢原毛平革菌能够在短时间（6h）内基本脱色较高浓度（40mg/L、60mg/L）的活性艳红 K-2BP 模拟染料废水，对低浓度（10mg/L、20mg/L）脱色作用则比较缓慢，浓度超过 150mg/L 即显示出对黄孢原毛平革菌的毒性作用。魏颖等（2004）的研究结果也证明，染料浓度过高会对白腐真菌有明显毒害作用，染料浓度过低，也不利于刺激白腐真菌对其降解。

黄亚鹤等（2007）以白腐真菌为研究对象，研究了不同染料废水投加时间等条件对模拟染料废水的脱色效果的影响。高大文等（2005d）也研究了在非灭菌环境下，投加染料时间对白腐真菌降解活性染料的影响，纯培养 1d 体系脱色率因为活性艳红 K-2BP 对白腐真菌生长的抑制作用和反应体系感染了酵母菌而降低，延长至 2d 以后，由于白腐真菌菌丝体已在体系内占优势，尽管在非灭菌环境下还有酵母菌侵入，但它不会占优势，从而也就不会影响白腐真菌对染料的降解作用，证明染料投加时间也会对白腐真菌降解活性染料产生影响。研究结果均显示，白腐真菌的培养时间、染料投加时间及降解周期都对染料降解效果有明显影响。

5.5.1 白腐真菌培养基中磷浓度的优化

（1）不同磷浓度对白腐真菌生长的影响

在 0.00g/L、0.01g/L、0.05g/L、0.50g/L、2.00g/L、4.00g/L 6 种不同磷浓度的培养体系中培养 10d 的过程中，白腐真菌的生长情况存在较大的差异。培养 1d 后，无磷体系培养基中仅有极少量白色絮状菌丝体，培养基澄清透明且略带酸性气味。磷浓度为 0.01g/L 体系中的白色絮状菌丝体略多于无磷试样，培养基与无磷体系相同。0.05g/L、0.50g/L、2.00g/L、4.00g/L 4 种磷浓度体系均出现少量表面光滑的白色菌丝小球，直径为 0.5～1mm，数量呈现出随磷浓度增加而增多的趋势，液体培养基澄清且略带酸性气味。培养 2d 后，各培养体系的培养基仍保持澄清，菌丝体的变化却相差较大，无磷体系的菌丝体数量和大小增长极为缓慢，其余各体系的菌丝小球无论是数量还是直径大小均有明显增加，其增长幅度仍与磷浓度大小呈正相关。培养 3d 后，无磷体系的白腐真菌没有变化，其余各体系仍在增长，但 0.01g/L 和 0.05g/L 两种体系的增长速率明显慢于 0.50g/L、2.00g/L、4.00g/L 3 种体系，且第 3 天后，前两种体系的白腐真菌也基本停止增长，菌丝小球直径维持在 1～1.5 mm，而 0.50g/L、2.00g/L、4.00g/L 3 种体系的白腐真菌则生长旺盛，一直到第 5 天后体系中的白腐真菌才趋于稳定状态，菌丝小球直径维持在 1.5～2.5mm，小球有少量毛刺产生，数量仍与磷浓度大小呈正相关，但相差很小，培养基仍然澄清透明，略带酸味。

通过对比分析以上 6 种磷浓度体系的菌体生长情况，可以看出合理控制磷浓度对于黄孢原毛平革菌的正常生长起着至关重要的作用。有磷与无磷体系之间有明显的区别，无磷体系黄孢原毛平革菌生长极差，基本不长。而磷浓度过低，如 0.01g/L、0.05g/L、0.50g/L，黄孢原毛平革菌则因营养缺乏生长受限，而磷浓度过高，如 4.00g/L 又会造成营养过剩，使大量多余的磷滞留在培养液中，在实际应用工艺中留下水体富营养化的隐患。在保证黄孢原毛平革菌正常生长的前提下，合理控制磷浓度有着积极的现实意义，初步确定磷浓度 2.00g/L 为相对最合理的磷浓度。

为准确评价不同磷浓度对白腐真菌生长的影响，在试验进行到第 10 天时，对 0.00g/L、0.01g/L、0.05g/L、0.50g/L、2.00g/L、4.00g/L 6 种不同磷浓度体系进行了生物量测定，结果见表 5.4，从表中可以看出白腐真菌的生物量呈现出以下两个特点。

表 5.4　不同磷浓度反应体系的生物量　　　　　　　　（单位：10^{-2} g/ml）

磷浓度	0.00g/L	0.01g/L	0.05g/L	0.50g/L	2.00g/L	4.00g/L
生物量	0.0002	0.0715	0.2006	0.2397	0.2527	0.2678

第一，在一定范围内，磷浓度越高，生物量越大。通过对比各磷浓度体系的生物量，均可以发现，随着磷浓度的增高，生物量呈现增大趋势。第二，当磷浓度达到一定量时，生物量随磷浓度增大的幅度呈减小趋势。从表中可见，0.50g/L、2.00g/L、4.00g/L 3 种体系的生物量之间的相差幅度逐渐缩小，这说明，当白腐真菌获得足够磷元素使生长趋于稳定时，多余的磷对其生长不再产生明显促进作用。

（2）不同磷浓度对白腐真菌培养体系 pH 的影响

已知不同磷浓度体系中黄孢原毛平革菌的生长状况有显著差异，而这种显著差异是否影响体系的 pH 变化？图 5.12 显示了灭菌环境下不同磷浓度体系 pH 的变化情况。

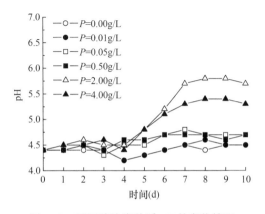

图 5.12　不同磷浓度体系 pH 的变化情况

从图 5.12 可见,在灭菌环境中,各磷浓度体系在前 5d 的培养过程中其 pH 始终在 4.4 上下波动,我们知道各磷浓度体系的白腐真菌在前 5d 已基本生长成熟,磷浓度的变化对白腐真菌的生长无明显影响。但在后续培养过程中,各磷浓度体系却出现了一些差异,主要表现为,白腐真菌生长较好的磷浓度较高的体系,其 pH 开始逐渐上升,如 2.00g/L 和 4.00g/L 两种体系,在培养第 6 天到第 10 天,pH 从 4.5 上升到 5.5~6.0,而白腐真菌生长较差和磷浓度较低的体系,其波动较小,如 0.00g/L、0.01g/L、0.05g/L 和 0.50g/L 4 种体系,其仍在上下波动。

（3）对白腐真菌产酶的影响

不同磷浓度体系的白腐真菌生长状况存在明显差异,而这种差异是否会带来产酶的差异?通过考察体系的产酶情况,可以筛选出有利于白腐真菌生长的合理磷浓度。

由于本试验采用的是碳氮比为 56mmol/8.7mmol 的限氮液体培养基,所产主要为锰过氧化物酶,因而酶活测定主要针对锰过氧化物酶进行,图 5.13 显示了灭菌环境下不同磷浓度体系产酶情况。

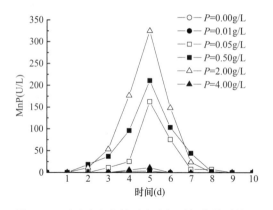

图 5.13　不同磷浓度体系产生锰过氧化物酶情况

在灭菌培养环境下,0.00g/L、0.01g/L、0.05g/L、0.50g/L、2.00g/L、4.00g/L 6 种不同磷浓度体系的产酶情况有较大差异,主要呈现三个梯次:第一,磷浓度过低不利于产酶,如 0.00g/L 和 0.01g/L 两种体系,由于磷浓度过低,限制了白腐真菌的正常生长,进而严重影响了体系的产酶能力,整个试验过程中,体系几乎未能检测出酶活。第二,在一定范围内,体系的产酶量随着磷浓度的增加而增加,如 0.05g/L、0.50g/L 和 2.00g/L 3 种体系,其最高产酶量分别为 162.45U/L、210.8U/L、324.9U/L 且峰值均出现在第 5 天,而这个时间正是白腐真菌生长最旺盛的时期。第三,磷浓度过高有可能限制产酶,如 4.00g/L 体系,其最高酶活仅为 11.08U/L,分别是 0.05g/L、0.50g/L 和 2.00g/L 3 种体系产酶量的 1/15、1/19、

1/29，可见过高的磷浓度虽然不会影响白腐真菌的正常生长，但严重影响其产酶能力。

从上述分析可见，合理的磷浓度不仅可以影响白腐真菌的正常生长，而且对体系产酶能力也有明显的影响。通过以上不同磷浓度体系酶活结果的对比，可以得出磷浓度为 2.00g/L 时最有利于白腐真菌产酶，这与上一部分得出的最适合白腐真菌生长的磷浓度结果不谋而合。由此可以最终确定，2.00g/L 为最优磷浓度。

（4）磷浓度优化机理初探

为了深入研究不同磷浓度体系白腐真菌的生长和产酶规律、对磷的消耗规律及其之间的内在联系，对不同磷浓度体系的总磷消耗情况进行了测定，图 5.14 显示了不同磷浓度体系在灭菌环境下总磷的消耗情况。

从图 5.14 可以看出，在灭菌环境下，不同磷浓度体系的总磷消耗大致存在两个阶段——对数消耗阶段和饱和阶段。第一，对数消耗阶段，其中 0.01g/L 体系在培养 1d 后就已检化不出磷浓度，0.05g/L 体系也在第 2 天后迅速进入无磷期，0.50g/L、2.00g/L、4.00g/L 3 种体系则在 1～8d 处于一个对数消耗状态，其消耗速率也基本相同。第二，饱和阶段，这一阶段主要是针对 0.50g/L、2.00g/L、4.00g/L 3 种体系而言，从图中可见，在第 8 天以后，这种体系中的磷浓度基本不变，这主要是由于在第 8 天以后，这 3 种体系的白腐真菌已经基本停止生长，可见这种体系在实际培养过程中均处于磷浓度过量状态。而 0.00g/L、0.01g/L、0.05g/L 3 种体系则处于磷不足状态，这也是这种体系的白腐真菌生长和产酶受到严重限制的原因。由此可见，合理控制磷浓度对白腐真菌生长和产酶有至关重要的作用。

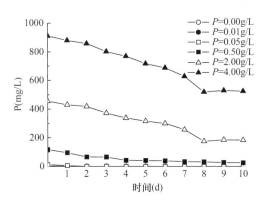

图 5.14　不同磷浓度体系总磷消耗情况

综上所述，在白腐真菌发酵培养期间，磷的消耗规律与白腐真菌的生长和产酶规律具有内在的对应关系，将磷浓度控制在 2.00g/L 范围内既能保证白腐真菌的正常生长和产酶，又不至于造成磷浓度过量。

5.5.2 白腐真菌固定化技术的优化调控

（1）不同固定化载体对白腐真菌生长的影响

在选定的纤维网、尼龙网、钢网、泡沫 4 种载体培养体系培养白腐真菌的过程中，白腐真菌的生长情况及其与载体的固着情况均有明显的差异。培养 1d 后，各载体培养体系无明显区别，表面均出现少量白色菌丝体，培养基澄清透明且略带酸性气味。培养 2d 后，各体系表面的白色菌丝体略有增加，纤维网体系增长最少，泡沫体系增长最多，表面已形成一层薄的白色粉末状菌体。到第 3 天时，各体系菌丝体的生长情况开始逐渐出现差别，纤维网体系生长情况最差，仅有少量絮状菌丝体松散地挂在纤维网上，直到试验结束仍增加不多，甚至不如对比试验的悬浮培养体系。尼龙网和钢网体系的菌丝体生长情况好于纤维网，且菌丝体与载体结合紧密，但在后续培养的几天里增长情况一般，泡沫体系的菌丝体生长情况最好，在第 3 天时已经在载体表面形成厚厚的一层白色粉末状菌体，白腐真菌生长旺盛，泡沫呈非浸没状态，近似野生环境，且这种良好的生长状态持续到第 5 天，随后趋于稳定，这主要是由于聚氨酯泡沫在不影响白腐真菌对营养成分吸收的同时，能充分地将菌丝体伸展于载体空隙内，并将大部分菌丝体暴露于空气当中，增大白腐真菌与空气的接触面积，提高氧及营养物质的传质效率，使其生长环境在某种程度上模拟了野生状态。

通过上述分析及表 5.5 的结果，可以进一步得出以下 4 点结论。

表 5.5　不同载体反应体系的黄孢原毛平革菌生长及其在载体的伸展和固着情况

考察项目	载体种类				
	无载体（悬浮）	纤维网	尼龙网	钢网	泡沫
菌体生长情况	++	+	++	+	+++
菌丝体在载体上的延伸度	*	*	**	*	***
菌丝体与载体固着强度	—	#	##	#	###

注："+"生长较差；"++"生长一般；"+++"生长较好；"*"伸展较差；"**"伸展一般；"***"伸展较好；"#"固着较差；"##"固着一般；"###"固着较好

第一，不同载体对白腐真菌的生长确实有较为明显的影响作用。

第二，白腐真菌的菌丝体在不同物理结构性质的载体上的伸展程度有明显区别，这种区别将直接导致体系中营养物质的传质效率出现明显差异，从而造成白腐真菌的生长差异。

第三，白腐真菌的菌丝体在不同物理结构性质的载体上的固着强度也有明显区别，这种区别将直接影响白腐真菌在振荡培养体系中的生长稳定性和产酶稳定性。

第四，白腐真菌的生长情况与菌丝体在载体上的伸展度和固着强度有密切的内在关系，表现为载体为菌丝体提供的伸展空间越大及菌丝体与载体的固着强度越强的体系，其白腐真菌的生长情况越良好，反之越差。

总之，通过上述对比分析，可以初步得出泡沫载体是相对最适合白腐真菌生长的载体。

（2）对白腐真菌培养体系 pH 的影响

体系 pH 与白腐真菌的培养条件有密切关系，为进一步研究不同载体条件对体系 pH 的影响作用，本研究测定了不同载体体系 pH 的变化情况，结果见图 5.15。

从图 5.15 可见，各载体体系在 10d 的培养过程中其 pH 始终在 4.5～5.5，处于相对稳定状态，而对比试验悬浮培养体系则在培养后期逐渐上升，pH 波动幅度达 2 个单位。

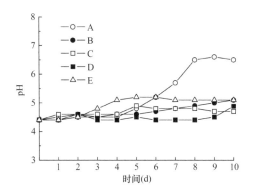

图 5.15 不同载体体系 pH 的变化

A. 悬浮；B. 纤维网；C. 尼龙网；D. 钢网；E. 泡沫

由于各培养体系添加载体后，白腐真菌的菌丝体能不同程度地与载体相互缠绕，增加了菌丝体抗振动和抗外界干扰的能力，使白腐真菌在 160r/min 高速振荡培养微环境中更趋于稳定，从而使白腐真菌可以在更稳定的环境中充分利用其细胞质膜上的氧化还原系统分泌酸碱性物质来调节环境的 pH，最终使 pH 趋于稳定。这也与表 5.5 中关于菌丝体与载体固着强度情况的研究结果相对应。

由此可见，添加载体有利于稳定白腐真菌培养体系的 pH，从而促进白腐真菌的生长。而不同载体对体系 pH 的稳定效果又有何区别，则应根据载体性质的不同进行进一步深入研究。

（3）对白腐真菌产酶的影响

从上述分析得知，不同载体对白腐真菌的生长、pH 均有显著的影响，为进一步分析不同载体对白腐真菌产酶方面的影响，本研究对各载体体系产锰过氧化物酶情况进行了测定，图 5.16 显示的是在灭菌环境下不同载体体系白腐真菌产锰过氧化物酶的情况。

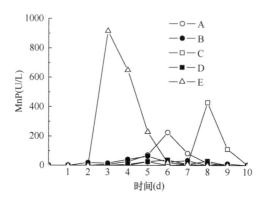

图 5.16　不同载体体系白腐真菌产锰过氧化物酶情况

A. 悬浮；B. 纤维网；C. 尼龙网；D. 钢网；E. 泡沫

由图 5.16 可见，纤维网、尼龙网、泡沫 3 种载体培养体系的产酶情况有明显的差异，主要体现在以下两个方面。

第一，不同载体体系的最高酶活有明显差异。其中，纤维网和钢网体系的产酶量最低，最高酶活分别为 62.76U/L 和 36.92U/L，而尼龙网载体体系的产酶量则较高，最高酶活为 428.27U/L，泡沫载体体系的产酶量最高，为 915.62U/L，分别是纤维网、钢网和尼龙网的 15 倍、25 倍和 2 倍，同时也是悬浮培养的 4 倍。这个产酶结果正好与关于载体对白腐真菌生长情况的影响结果相呼应，即载体为菌丝体提供的伸展空间越大的体系、菌丝体与载体的固着强度越强的体系、白腐真菌生长情况越良好的体系，其产锰过氧化物酶越高，反之越低。

第二，不同载体体系的产酶高峰期出现的时间有显著差异。纤维网、钢网和尼龙网 3 种载体体系的产酶高峰期分别出现在第 5 天、第 6 天和第 8 天，与悬浮培养的第 5 天相比有所滞后，但泡沫载体体系的产酶高峰期出现在第 3 天，比悬浮培养体系和其他载体体系提前了 2~5d，明显地缩短了白腐真菌的培养周期，节约了运行时间和成本，这在实际运用工程中具有明显的优势。

由此可见，载体对白腐真菌培养体系产酶的影响作用是明显的，通过合理控制载体条件，不仅可以大幅度提高酶活产量，而且可以很好地提前产酶高峰期，为白腐真菌在实际工程应用中提供了重要的竞争优势。

（4）载体优化机理分析

在灭菌环境下悬浮和泡沫载体的扫描电镜对比情况可见，在悬浮培养环境下，白腐真菌呈小球，小球内部的菌丝伸展空间有限，菌丝体之间较为松散，小球内部有极少量孢子体出现。而在泡沫载体培养环境下详见图 5.17，白腐真菌的菌丝体呈交织状缠绕在泡沫载体的蜂窝空隙中，载体内部伸展空间宽敞，菌丝体与载体之间结合紧密且牢固，呈缠绕状，载体内部有大量孢子体出现。

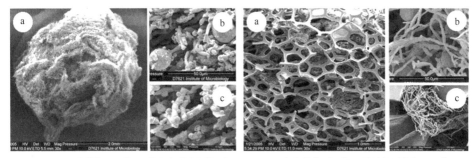

A　(a. 菌丝小球外表面30倍; b. 菌丝小球内部剖面　　B　(a.泡沫外表面30倍; b.泡沫剖面内部1000倍;
　　 1000倍; c. 菌丝小球内部剖面3000倍)　　　　　　　　 c. 泡沫剖面内部缠绕500倍)

图 5.17　悬浮与泡沫载体体系培养 5d 后菌丝球（A）和载体（B）扫描电镜

经分析发现，悬浮体系和泡沫载体体系的扫描电镜结果出现上述差异的原因主要是两种体系的内部空间构架形态有明显的差异，可以从三个方面加以分析。

第一，悬浮体系和泡沫载体体系为白腐真菌生长和繁殖提供的相对比表面积差异较大。这种比表面积的差异将直接而明显地影响两种体系内营养物质和氧气的传质效率，使得具有较大比表面积的泡沫载体体系内的白腐真菌能获得足够的营养物质和氧气，进而加速其生长和繁殖。

第二，泡沫载体能够为菌丝体提供足够大的伸展空间，从而有利于促进白腐真菌的生长和繁殖，而悬浮培养体系由于不能为菌丝体的生长和繁殖提供足够的物理伸展空间，在同样的时间里白腐真菌的生长和繁殖速度受到明显的抑制。

第三，菌丝小球内部和泡沫载体内部的物理空间结构存在较大差异。泡沫载体独特的蜂窝状物理结构使菌丝体能牢固地缠绕在泡沫空隙里，使其与载体形成稳定而牢固的微环境，体系即使在振荡环境中仍非常稳固。而悬浮培养体系则相反，悬浮培养体系的菌丝小球内部的物理空间结构是由菌丝体自身组成的，其支撑结构的牢固性和稳定性远不及泡沫载体。因此在高速振荡的外部环境下，受离心力和水力剪切力的作用，悬浮培养体系中大量菌丝体由于没有很好的固着支撑体而被甩入培养基中。悬浮培养体系的抗逆性明显弱于泡沫载体体系所形成的立体空间构架形态的抗逆性，使其菌丝体之间的结合紧密度远不及泡沫载体体系内菌丝体与蜂窝状载体之间的缠绕紧密度。因此，通过对菌丝小球和载体内部的扫描电镜分析可以得出，泡沫载体的立体空间构架形态为白腐真菌的生长和繁殖提供了重要的空间保障。

综上所述，在灭菌环境下，无论从定性还是从定量考察，无论从宏观观察还是从微观分析，也无论从培养体系的外部溶液即培养基还是内部载体及菌丝体内部分析，均可以得出泡沫固定化培养白腐真菌体系是相对最优的培养体系。

5.5.3 应用优化方案培养白腐真菌降解染料研究

（1）染料

本试验采用的染料为活性艳红 K-2BP（reactive brilliant red K-2BP）配成浓度为 1000mg/L 的染料溶液，其结构式如图 5.18 所示。

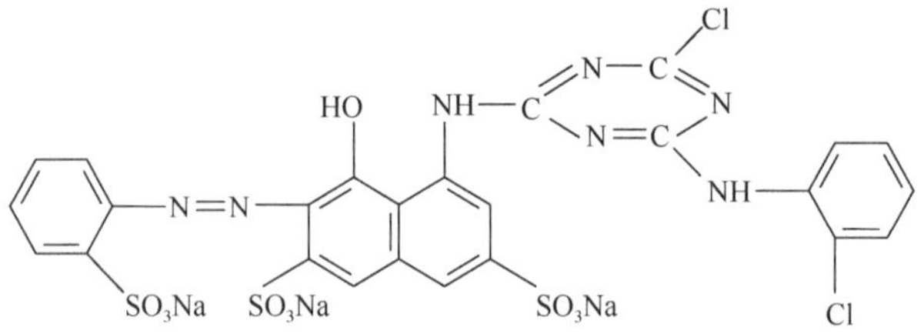

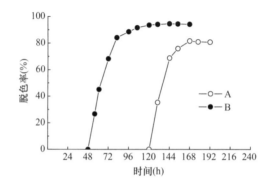

图 5.18 活性艳红 K-2BP 结构式

（2）白腐真菌对染料的脱色降解效果

为评价本研究筛选出的优化方案的实际应用价值，从而进一步验证筛选结果的准确性，特进行了优化方案对染料的脱色降解研究。研究发现在对染料活性艳红 K-2BP 的脱色过程中，优化方案获得了很好的脱色降解效果，相比悬浮培养方案的降解效果具有明显的优势，主要体现在以下两个方面。

1）脱色时间提前，降解周期缩短

根据前期研究结果得知，在降解染料的过程中，酶活的高低起到决定性作用，因此在体系产酶高峰出现前投加染料是获得最佳脱色率的重要保证。

从图 5.19 可见，悬浮培养方案需要培养 5d 后投加染料，到培养第 7 天时才可获得较高的脱色率，相反，优化方案则只需要培养 2d 后投加染料，到培养第 4 天时就可获得同样高的脱色率。由此可见，相比悬浮培养体系，优化方案将脱色时间提前了 3d，这与前面关于优化方案产锰过氧化物酶高峰期提前的研究结果正

图 5.19 悬浮培养（A）和优化方案（B）白腐真菌降解染料的脱色效果

好一致，这将极大地缩短白腐真菌的培养时间和整个降解周期，从而降低运行成本，这对于该项技术的实际应用推广具有重大的现实意义。

2）脱色率提高

从图 5.19 可见，悬浮培养体系在培养第 7 天时获得了 80%左右的最高脱色率，随后趋于稳定，而优化方案在培养第 5 天时获得了 95%的最高脱色率，比悬浮培养方案高出 15%。

（3）锰过氧化物酶分析

白腐真菌对染料的降解主要是通过自身分泌的降解酶系，因此，为了分析优化方案降解染料的机理，首先进行了体系锰过氧化物酶酶活分析。由图 5.20 所示，优化方案在产酶方面优于悬浮培养方案，主要有两方面明显的优势：第一，最高酶活明显提高，在悬浮培养下检测出的最高酶活为 269.58U/L，而优化方案的酶活高达 963.61U/L，是悬浮培养的 3.6 倍，这与前期研究结果相吻合。第二，产酶高峰期明显提前，在悬浮培养下，产酶高峰期出现在第 7 天，而在优化方案，其产酶高峰期提前了 4d。可见，脱色率与酶活之间存在直接的内在联系，即高酶活可以带来高脱色率，因此通过进一步优化白腐真菌的培养条件来提高体系的产酶量是白腐真菌走向实际运用的关键环节。

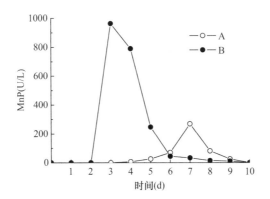

图 5.20　悬浮培养（A）和优化方案（B）白腐真菌产锰过氧化物酶情况

（4）碳氮源的消耗

图 5.21 显示了悬浮培养和优化方案白腐真菌对碳氮营养的利用情况。从图 5.21 可以看出，优化方案和悬浮培养体系的葡萄糖消耗大致分为 3 个阶段——缓慢消耗阶段、对数消耗阶段、无碳阶段。在培养初期（0～2d），由于白腐真菌刚开始生长，所以体系对葡萄糖消耗速率较慢，而接下来的 2～3d 白腐真菌进入快速生长期，相应的葡萄糖也进入一个快速消耗期，两种体系的葡萄糖分别在 5d 和 8d 完全耗尽，然后培养过程处于无碳状态，这与其他相关研究结果相似（Wong and Yu，1999）。

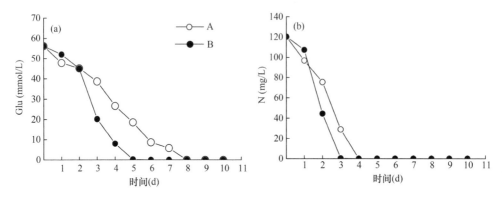

图 5.21　悬浮培养（A）和优化方案（B）白腐真菌对碳（a）和氮（b）营养的利用情况

优化方案和悬浮培养体系对总氮的消耗规律大致与葡萄糖相一致，也呈现出 3 个阶段，但消耗速率明显快于葡萄糖，两种体系分别在第 3 天和第 4 天进入无氮培养阶段，这正是两种体系开始产锰过氧化物酶的时间，这正好验证了白腐真菌的产酶特性，即白腐真菌是在营养限制时开始产酶。由于本试验采用的液体培养是氮限制培养基（C/N=56mmol/8.7mmol），当体系内的总氮迅速消耗尽时，白腐真菌即进入次生代谢阶段，开始产酶，并随后出现产酶高峰。

另外，通过对比可以发现，优化方案对葡萄糖和总氮的消耗速率均要明显快于悬浮培养。结合前文部分载体优化机理分析可以得出，这主要是由于优化方案中的聚氨酯泡沫内部有较大的比表面积，能为菌体提供更大的空间伸展菌丝，从而使菌体的生长繁殖情况明显优于悬浮培养，所以对碳氮源的消耗速率也高于悬浮培养体系。由此可以得出白腐真菌对碳氮源的消耗速率越快，就越早进入次生代谢阶段，也就越早开始产酶，酶活峰值出现越早，这与前文总结的规律相对应。由此可见，在白腐真菌发酵培养期间，碳氮营养成分的消耗规律与白腐真菌的生长情况和产酶规律有内在的对应关系。本研究筛选出的优化方案可以提高体系对碳氮营养成分的利用效率，从而促进白腐真菌的生长和产酶。

（5）过氧化氢分析

白腐真菌具有独特的生物降解机制，其降解过程很复杂，从总体上看白腐真菌的降解机制是在一定条件下，依赖于一个主要由细胞分泌的酶系统组成的细胞外降解体系，需氧并靠自身形成的 H_2O_2 激活，由酶触发启动一系列自由基链反应，实现对底物无特异性的氧化降解。由此可见，H_2O_2 在降解过程中起着至关重要的作用。为验证 H_2O_2 在优化方案对染料降解过程中所起的作用，本小节对优化方案的培养降解过程进行了 H_2O_2 测定，结果如图 5.22 所示。

从图 5.22 中可见，无论是优化方案还是悬浮培养体系，在整个培养和降解过程中均伴有不同量的 H_2O_2 产生，其总体趋势是：在白腐真菌培养初期的第 2 天，

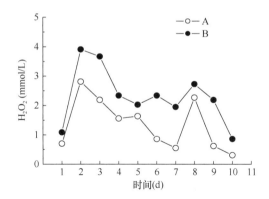

图 5.22　悬浮培养（A）和优化方案（B）产 H_2O_2 情况

H_2O_2 产量出现高峰，达 3～4mmol/L，随后逐渐下降，到第 5～7 天出现低谷，然后迅速回升，到第 8 天出现第二个高峰，随后又逐渐下降直至试验结束。

但是，值得注意的是，优化方案和悬浮培养体系之间产 H_2O_2 情况存在明显差异。

第一，H_2O_2 产量的绝对值不同。在整个培养和降解过程中，优化方案的产量均明显高于悬浮培养体系。这主要是由于优化方案更利于白腐真菌的生长和繁殖，所以其分泌的 H_2O_2 量明显高于悬浮培养体系。而从白腐真菌降解污染物的机制可知，H_2O_2 的含量高低直接影响整个酶促反应的效率，因此优化方案获得了高于悬浮培养体系的脱色率。

第二，下降至低谷的时间不同。自第 2 天出现第一个高峰后，优化方案的 H_2O_2 出现低谷是在第 5 天，而悬浮培养体系则出现在第 7 天，而从脱色对比情况可以知道，第 5 天和第 7 天正好是优化方案和悬浮方案出现最大脱色率的时间。结合白腐真菌降解污染物的机制可以得知，白腐真菌在降解染料的飞跃阶段需要大量的 H_2O_2 来激活酶促反应，由此也可以得出，体系在培养过程中出现 H_2O_2 明显下降是降解染料所致。

（6）生物量分析

为准确评价不同条件对优化方案培养的白腐真菌的影响，试验进行到第 10 天后，对各体系进行了生物量的测定，同时也通过生物量的测定结果进一步佐证上述各部分内容的分析，为了方便比较分析，以悬浮培养方案作对比。

由表 5.6 可见，各培养体系的生物量主要呈现以下两个特点。

表 5.6　不同培养方案下的反应体系生物量　　　　　　　　（单位：10^{-2}g/ml）

	不投加染料	投加染料
悬浮方案	0.2562	0.2200
优化方案	0.2055	0.1963

第一，在各种培养条件下优化方案的生物量比悬浮培养体系低。这主要是由于优化方案的载体具有较大的比表面积，菌丝体得以充分伸展和生长，其新陈代谢速度快于悬浮培养，进而使菌体更早进入次生代谢阶段，因而菌体由于分解细胞自身使得生物量相比悬浮培养有所偏低，这与前面所述优化方案产酶期提前相对应。

第二，投加染料比不投加染料体系的生物量低。这说明染料对白腐真菌的生长存在一定影响作用，但染料对不同方案生物量的影响程度不同。从表中数据可见，优化方案的生物量受染料影响的程度要小于悬浮方案。这主要是由于优化方案的白腐真菌生长速度较快，第 2 天的生长状况已经非常旺盛，所以此时投加染料对较为成熟的白腐真菌的影响相对较小。由此可见，筛选出的优化方案不仅可以促进白腐真菌的生长和产酶，而且还能增强其对染料的抗性，从而获得较高脱色率。

综上所述，优化方案不仅可以促进白腐真菌生长，提高其产酶量而且最终能很好地应用于染料脱色降解，这为该技术尽早应用于实际工程提供了强有力的理论支持。

5.6　非灭菌条件下固定化白腐真菌处理染料废水

国内外研究表明，白腐真菌分泌的木质素降解酶在严格灭菌条件下可以降解多种染料，但在非灭菌条件下将其应用到实际工程中的案例基本没有。白腐真菌降解过程中染菌现象制约了实际工程中的广泛应用，一旦降解体系染菌严重，白腐真菌的生长、产酶及其对染料的降解效果均会受到影响。然而，采用实验室常规的灭菌手段来解决染菌问题显然在实际工程中行不通。因此，染菌问题成为制约其实际应用的瓶颈因素，解决白腐真菌降解染料废水过程中的染菌问题是该工艺能否应用到实际工程中的关键环节。

5.6.1　最佳抑菌固定化培养方案的筛选

以 MnP 为评价指标，分别按灭菌培养 *P. chrysosporium* 灭菌降解、灭菌培养 *P. chrysosporium* 非灭菌降解及非灭菌培养 *P.chrysosporium* 非灭菌降解染料三种反应体系进行正交试验，结果如表 5.7、表 5.8 所示。

通过对表 5.7 和表 5.8 的数据进行直接观察，在灭菌培养灭菌降解、灭菌培养非灭菌降解和非灭菌培养非灭菌降解染料的三种反应体系中，均可以得出网状载体正交试验的 5 号和聚氨酯泡沫载体正交试验的 6 号试验条件产生的平均最高 MnP 酶活明显高于其他试验条件，因此可确定网状载体正交试验的 5 号（$A_2B_2C_3D_1$）

表 5.7　网状载体正交试验产 MnP 酶结果

编号	因素				平均最高酶活 MnP（U/L）		
	A	B	C	D	灭菌培养	灭菌培养	非灭菌培养
	载体材料	载体大小	载体数量	载体形状	灭菌降解	非灭菌降解	非灭菌降解
1	1	1	1	1	18.46	11.08	11.08
2	1	2	2	2	140.3	77.53	70.15
3	1	3	3	3	195.68	103.38	95.99
4	2	1	2	3	62.76	70.15	18.46
5	2	2	3	1	494.73	487.34	472.58
6	2	3	1	2	66.46	55.38	59.07
7	3	1	3	2	11.08	92.30	51.69
8	3	2	1	3	22.15	14.77	147.68
9	3	3	2	1	335.97	48.80	310.13
0	控制试验（悬浮培养，无载体）				324.90	247.36	125.53

表 5.8　聚氨酯泡沫载体正交试验产 MnP 酶结果

编号	因素				平均最高酶活 MnP（U/L）		
	A	B	C	D	灭菌培养	灭菌培养	非灭菌培养
	载体材料	载体大小	载体数量	载体形状	灭菌降解	非灭菌降解	非灭菌降解
1	1	1	1	1	7.38	14.77	59.07
2	1	2	2	2	62.76	7.38	33.23
3	1	3	3	3	310.13	594.41	491.04
4	2	1	2	3	14.77	40.61	66.46
5	2	2	3	1	0	0	18.46
6	2	3	1	2	915.62	934.08	897.16
7	3	1	3	2	22.15	33.23	22.15
8	3	2	1	3	29.54	40.61	51.69
9	3	3	2	1	36.92	51.69	297.21
0	控制试验（悬浮培养，无载体）				324.90	247.36	125.53

和聚氨酯泡沫载体正交试验的 6 号（$A_2B_3C_1D_2$）试验条件分别为两个正交试验直接观察的最优方案。再通过数据对比得出图 5.23，灭菌培养灭菌降解、灭菌培养非灭菌降解和非灭菌培养非灭菌降解染料的三种反应体系中，选出的两组最优方案的产量均明显高于控制试验悬浮培养方案的产 MnP 量，且聚氨酯泡沫载体培养方案 $A_2B_3C_1D_2$ MnP 产量又明显高于网状载体培养方案 $A_2B_2C_3D_1$，可以确定聚氨酯泡沫载体正交试验的 6 号试验条件 $A_2B_3C_1D_2$ 是整个筛选试验的直接观察最优方案。载体材料为聚氨酯泡沫，载体大小为（$1.0 \times 1.0 \times 1.0$）$cm^3$，载体质量为 1.2g，载体形状为三棱柱。

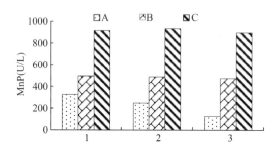

图 5.23　悬浮培养方案（A）、网状载体最优方案（B）和泡沫载体最优方案（C）白腐真菌产 MnP 对比图

1. 灭菌培养灭菌降解；2. 灭菌培养非灭菌降解；3. 非灭菌培养非灭菌降解

固定化培养方案有利于白腐真菌产 MnP。在灭菌培养灭菌降解、灭菌培养非灭菌降解和非灭菌培养非灭菌降解三种体系中，均可以得出，悬浮培养方案的产 MnP 能力最低，网状载体和泡沫载体最优方案的产 MnP 能力均高于悬浮培养方案，其中泡沫载体最优方案的产 MnP 能力最高，平均达 900U/L 以上，是悬浮培养方案的 4 倍。这说明本试验筛选出的最佳抑菌固定化培养方案的确有利于白腐真菌产 MnP。

固定化培养方案抗杂菌干扰能力强。在悬浮培养方案中，灭菌培养灭菌降解体系平均最高产 MnP 为 324.90U/L，而灭菌培养非灭菌降解和非灭菌培养非灭菌降解体系受非灭菌环境不同程度影响，其产 MnP 能力明显低于灭菌培养灭菌降解体系。而网状载体和泡沫载体产 MnP 最优方案在上述三种培养体系中的产量基本相当，分别为 480U/L 和 900U/L。由此可见，本试验筛选出的最佳抑菌固定化培养方案对非灭菌环境具有较强的抗干扰能力，在产 MnP 方面具有一定的稳定性。结合后文中关于白腐真菌和杂菌生长的微环境研究结果，可以得出这种抗干扰能力与其具有抑菌功能密切相关。

采用正交试验直观分析的计算方法，对网状载体正交试验的结果进行分析，经计算分别得出灭菌培养 P. chrysosporium 灭菌降解、灭菌培养 P. chrysosporium 非灭菌降解及非灭菌培养 P. chrysosporium 非灭菌降解染料三种反应体系各因素各水平的试验指标之和、平均值等，具体结果见表 5.9～表 5.11。

通过比较表 5.9 中各因素的水平均值 K_i，求出每个因素的最大水平均值，可以得出，当培养体系为灭菌培养 P. chrysosporium 灭菌降解染料时，网状载体的最优方案为 $A_2B_2C_3D_1$。同样的方法比较表 5.10 和表 5.11 分别得出，当培养体系为灭菌培养 P. chrysosporium 非灭菌降解和非灭菌培养 P. chrysosporium 非灭菌降解染料时，网状载体的最优方案均为 $A_2B_2C_3D_1$，载体材料为锦纶尼龙网，载体大小为（3.0 ×3.0）cm^2，载体数量为 3 个，载体形状为平面。

表 5.9　灭菌培养灭菌降解条件网状载体最优方案产 MnP 直观分析表

编号	载体材料 A	载体大小 B	载体数量 C	载体形状 D	平行样之和 y_i MnP（U/L）
1	1	1	1	1	37.61
2	1	2	2	2	384.52
3	1	3	3	3	383.85
4	2	1	2	3	128.83
5	2	2	3	1	1165.7
6	2	3	1	2	192.79
7	3	1	3	2	29.54
8	3	2	1	3	56.08
9	3	3	2	1	781.61
K_1	805.98	195.98	286.48	1984.92	
K_2	1487.32	1606.30	1294.96	606.85	
K_3	867.23	1358.25	1579.09	568.76	
k_1	268.66	65.33	95.49	661.64	
k_2	495.77	535.43	431.65	202.28	
k_3	289.08	452.75	526.36	189.59	
R	227.11	470.11	430.87	472.05	

表 5.10　灭菌培养非灭菌降解条件网状载体最优方案产 MnP 直观分析表

编号	载体材料 A	载体大小 B	载体数量 C	载体形状 D	平行样之和 y_i MnP（U/L）
1	1	1	1	1	29.54
2	1	2	2	2	205.67
3	1	3	3	3	204.71
4	2	1	2	3	137.41
5	2	2	3	1	948.41
6	2	3	1	2	156.95
7	3	1	3	2	197.32
8	3	2	1	3	37.63
9	3	3	2	1	97.83
K_1	439.92	364.27	224.12	1075.78	
K_2	1242.77	1191.71	440.91	559.94	
K_3	332.78	459.49	1350.44	379.75	
k_1	146.64	121.42	74.71	358.59	
k_2	414.26	397.24	146.97	186.65	
k_3	110.93	153.16	450.15	126.58	
R	303.33	275.81	375.44	232.01	

表 5.11　非灭菌培养非灭菌降解条件网状载体最优方案产 MnP 直观分析表

编号	载体材料 A	载体大小 B	载体数量 C	载体形状 D	平行样之和 y_i MnP（U/L）
1	1	1	1	1	29.54
2	1	2	2	2	195.30
3	1	3	3	3	212.79
4	2	1	2	3	41.32
5	2	2	3	1	1034.67
6	2	3	1	2	164.83
7	3	1	3	2	92.30
8	3	2	1	3	314.69
9	3	3	2	1	710.11
K_1	437.63	163.16	509.06	1774.32	
K_2	1240.82	1544.66	946.73	452.43	
K_3	1117.10	1087.73	1339.76	568.80	
k_1	145.88	54.39	169.69	591.44	
k_2	413.61	514.89	315.58	150.81	
k_3	372.37	362.58	446.59	189.60	
R	267.73	460.50	276.90	440.63	

上述结论与直接观察得出的结论是一致的。最优方案正好为正交试验中的第 5 号试验，三种体系的 MnP 平均最高酶活分别为 494.73U/L、487.34U/L、472.58U/L，均明显高于其他试验条件的酶活。

另外，在三种不同培养体系中均可得出相同的最优方案，且这三种体系的平均最高 MnP 相差不大，说明该最优方案具有一定的抑菌功能，能在非灭菌环境下抵抗外界杂菌的干扰。

按上述网状载体正交试验直观分析的方法，对泡沫载体正交试验的结果进行直观分析，经计算分别得出灭菌培养 *P. chrysosporium* 灭菌降解、灭菌培养 *P. chrysosporium* 非灭菌降解及非灭菌培养 *P. chrysosporium* 非灭菌降解三种反应体系各因素各水平的试验指标之和、平均值等，具体结果见表 5.12～表 5.14。

通过比较表 5.12 中各因素的水平均值 K_i，求出每个因素的最大水平均值，可以得出，当培养体系为灭菌培养 *P. chrysosporium* 灭菌降解染料时，泡沫载体的最优方案为 $A_2B_3C_1D_2$。同样的方法比较表 5.13 和表 5.14，分别得出，当培养体系为灭菌培养 *P. chrysosporium* 非灭菌降解和非灭菌培养 *P. chrysosporium* 非灭菌降解染料时，泡沫载体的最优方案均为 $A_2B_3C_1D_2$，载体材料为聚氨酯泡沫，载体大小为（1.0×1.0×1.0）cm^3，载体质量为 1.2g，载体形状为三棱柱。所以可以得出泡沫载体正交试验筛选的最优方案为 $A_2B_3C_1D_2$。

表 5.12 灭菌培养灭菌降解条件泡沫载体最优方案产 MnP 直观分析表

编号	载体材料 A	载体大小 B	载体数量 C	载体形状 D	平行样之和 y_i MnP（U/L）
1	1	1	1	1	14.76
2	1	2	2	2	125.32
3	1	3	3	3	854.26
4	2	1	2	3	33.23
5	2	2	3	1	0.00
6	2	3	1	2	2643.81
7	3	1	3	2	51.69
8	3	2	1	3	77.53
9	3	3	2	1	84.91
K_1	994.34	99.68	2736.10	99.67	
K_2	2677.04	202.85	243.46	2820.82	
K_3	214.13	3582.98	905.95	965.02	
k_1	331.45	33.23	912.03	33.22	
k_2	892.35	67.62	81.15	940.27	
k_3	71.38	1194.33	301.98	321.67	
R	820.97	1161.10	830.88	907.05	

表 5.13 灭菌培养非灭菌降解条件泡沫载体最优方案产 MnP 直观分析表

编号	载体材料 A	载体大小 B	载体数量 C	载体形状 D	平行样之和 y_i MnP（U/L）
1	1	1	1	1	22.15
2	1	2	2	2	7.38
3	1	3	3	3	1630.99
4	2	1	2	3	77.47
5	2	2	3	1	0.00
6	2	3	1	2	2617.20
7	3	1	3	2	59.08
8	3	2	1	3	77.56
9	3	3	2	1	125.53
K_1	1660.52	158.70	2716.91	147.68	
K_2	2694.67	84.94	210.38	2683.66	
K_3	262.17	4373.72	1690.07	1768.02	
k_1	553.51	52.90	905.64	49.23	
k_2	898.22	28.31	70.13	894.55	
k_3	87.39	1457.91	563.36	595.34	
R	810.83	1429.59	835.51	845.33	

表 5.14　非灭菌培养非灭菌降解条件泡沫载体最优方案产 MnP 直观分析表

编号	载体材料 A	载体大小 B	载体数量 C	载体形状 D	平行样之和 y_i MnP（U/L）
1	1	1	1	1	125.52
2	1	2	2	2	80.54
3	1	3	3	3	1431.30
4	2	1	2	3	149.58
5	2	2	3	1	44.41
6	2	3	1	2	2471.84
7	3	1	3	2	56.05
8	3	2	1	3	117.94
9	3	3	2	1	850.79
K_1	1637.36	331.15	2715.30	1020.72	
K_2	2665.83	242.89	1080.91	2608.43	
K_3	1024.78	4753.93	1531.76	1698.82	
k_1	545.79	110.38	905.10	340.24	
k_2	888.61	80.96	360.30	869.48	
k_3	341.59	1584.64	510.59	566.27	
R	547.02	1503.68	544.80	529.24	

最优方案正好为正交试验中的第 6 号试验，三种体系的平均最高 MnP 酶活分别为 915.62U/L、934.08U/L 和 897.16U/L，均明显高于其他试验条件的酶活。

与网状载体正交试验的最优方案相同的是，泡沫载体正交试验在三种不同培养体系中均可得出相同的最优方案，三种体系的平均最高 MnP 的绝对值较大，且相差不大，说明该最优方案具有较强的抑菌功能，在非灭菌环境下通过抵抗外界杂菌的干扰，获得了较高的 MnP。

5.6.2　最佳抑菌固定化培养方案对染料的脱色研究

（1）染料脱色时间提前

在最佳抑菌固定化培养方案下，将 *P. chrysosporium* 培养后投加染料活性艳红 K-2BP（染料终浓度为 30mg/L），分别考察培养及降解均在灭菌环境、先在灭菌环境培养 *P. chrysosporium* 然后在非灭菌环境降解染料及培养和降解均在非灭菌环境这样三种情况下的 *P. chrysosporium* 降解系统的脱色效果，同时分别与悬浮培养方案进行对比，试验结果如图 5.24 所示。

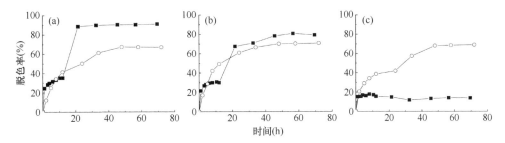

图 5.24 悬浮培养（■）和聚氨酯泡沫固定化培养（○）5d 后白腐真菌脱色效果

(a) 灭菌培养灭菌降解染料；(b) 灭菌培养非灭菌降解染料；(c) 非灭菌培养非灭菌降解染料

从图 5.24 可见，与悬浮培养方案相比，最佳抑菌固定化培养方案三种脱色情况下的脱色率均不高，甚至明显低于悬浮培养方案（图 5.24a、b），这与固定化培养方案的酶活明显高于悬浮培养方案相矛盾。分析其原因，可能是由于最佳抑菌固定化培养方案和悬浮培养方案的产酶高峰期不同所致，悬浮培养方案的酶高峰出现在第 6 天，所以第 5 天投加染料能获得较高的脱色率；而最佳抑菌固定化培养方案的酶高峰出现在第 3 天随后酶活迅速下降，到第 5 天时酶活已降至 30U/L 以下，此时系统的降解能力已很小，而在此时投加染料则错过了酶活高峰期，所以才出现酶活绝对值很高而脱色率不高的矛盾现象。

如果将投加染料时间提前到酶活高峰期前，则可能克服这一矛盾。为了证实这一假设，并进一步考察最佳抑菌固定化培养方案的抑菌作用及其抑菌后是否能提高脱色率，特将最佳抑菌固定化培养方案的投加染料时间改在酶活高峰期之前，即 2d 培养后投加染料，并分别考察培养及降解均在灭菌环境、先灭菌环境培养 *P. chrysosporium* 后非灭菌环境降解染料及培养和降解均在非灭菌环境这三种情况下的 *P. chrysosporium* 降解系统的脱色效果，同时分别与悬浮培养 5d 后投加染料结果进行对比，试验结果如图 5.25 所示。

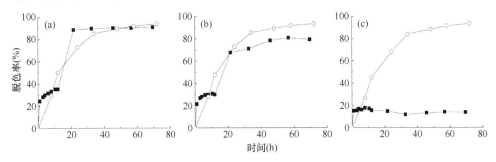

图 5.25 悬浮培养 5d（■）和聚氨酯泡沫固定化培养 2d（○）后白腐真菌脱色效果

(a) 灭菌培养灭菌降解染料；(b) 灭菌培养非灭菌降解染料；(c) 非灭菌培养非灭菌降解染料

从图 5.25 可见，悬浮培养方案需要灭菌培养白腐真菌 5d 后投加染料方可获得以上的脱色率（图 5.25a、b），而最佳抑菌固定化培养方案的三种情况只需要培养即可获得同等甚至略高于悬浮培养的脱色率（图 5.25 a、b、c），其染料脱色时间提前了 3d。这极大地缩短了白腐真菌的培养时间和整个降解周期，从而降低了运行成本。

通过上述分析可以证实，最佳抑菌固定化培养方案确实具有提前系统产酶期进而提前染料脱色时间的优点。另外，也解释了前面出现的酶活绝对值很高而脱色率不高的矛盾现象确实是由于投加染料时间错过酶活高峰期，在改进投染时间方案后，最佳抑菌固定化培养方案培养的 *P. chrysosporium* 在不同情况下降解活性染料均能获得较高脱色率。可见，白腐真菌降解活性染料的效果与投加染料时间有直接的关系。

（2）抑菌效果好、脱色率高

从图 5.25a 可以看出，悬浮培养方案在灭菌环境培养白腐真菌灭菌环境降解染料的情况下获得了很好的脱色效果，在投加染料 1d 后脱色率达 89%。在灭菌环境培养白腐真菌非灭菌环境降解染料的情况下的脱色效果相比前一种情况略有下降（图 5.25b），在投加染料 1d 后获得了 67% 的脱色率，随后逐渐增加，脱色 3d 后最高脱色率达 80%，这主要是由于在非灭菌环境降解染料时体系染有少量酵母菌，从而使体系脱色率受到一定程度的影响，但与非灭菌培养非灭菌降解体系相比，其感染杂菌的程度要轻很多，原因是在经过灭菌培养 5d 后 *P. chrysosporium* 在脱色体系中已成为优势菌种，且在培养体系中已积累了一定量的过氧化物酶，因此，即使感染少量杂菌也不会对脱色效果造成明显的影响。而在非灭菌环境培养非灭菌环境降解染料的情况下其脱色能力则极低，最高脱色率仅达 18%，而且是在降解初期 8h 后出现的，经分析，此脱色率也主要是由于白腐真菌的菌体对染料的吸附作用引起的，靠酶促反应降解的比例极低，这主要是由于在非灭菌环境培养白腐真菌时体系染有大量酵母菌和球杆菌，而它们的生长繁殖速度都比 *P. chrysosporium* 快，一旦体系染上这些杂菌，它们就会迅速繁殖，消耗大量营养成分，使 *P. chrysosporium* 的生长因缺乏营养受到限制，其活性也被降低，从而降低其对染料的降解脱色能力。另外，从脱色时间分布情况来分析，三种情况在投加染料 1～2h 脱色率均迅速达到 10%～20%，这主要是由白腐真菌菌体对染料的吸附作用引起的。而随着脱色时间的延长，前两种情况的脱色率在未受到杂菌影响的情况下依靠过氧化物酶迅速提高，在脱色 1d 后酶活高峰日分别达到 89% 和 68%，其脱色率突跃的时间与酶活高峰期有很好的对应关系，而第三种情况由于受杂菌影响使过氧化物酶失活，其脱色率始终未见增加。由此可见，是否染杂菌、染杂菌程度的轻重直接影响到体系的脱色率，克服染菌则成为提高脱色率的关键环节。

与悬浮培养方案相比，最佳抑菌固定化培养方案呈现出两大优势：第一，抑菌效果好；第二，脱色率高。从图 5.25a 可见，在灭菌培养灭菌降解环境中，最佳抑菌固定化培养方案的 24h 脱色率达 73%，3d 后脱色率高达 95% 以上，甚至略

高于同等条件悬浮培养方案的脱色率。在灭菌环境培养非灭菌环境降解条件下（图
5.25b），最佳抑菌固定化培养方案也同样获得了很高的脱色率，24h 的脱色率达
72.9%，3d 后脱色率高达 94%，与灭菌培养灭菌降解的脱色效果相当，并分别比
悬浮培养高出 6%和 14%。虽然该体系只用了 2d 时间对白腐真菌进行灭菌培养然
后就在非灭菌环境下投加染料，但这 2d 时间已使 *P. chrysosporium* 在脱色体系中
成为优势菌种，从而使其在非灭菌环境下降解染料仍能获得很高的脱色率。而同
样的情况，悬浮培养由于受到少量杂菌的干扰，其脱色率则有明显的下降。由此
可见，最佳抑菌固定化培养方案采用先灭菌培养后非灭菌降解，不仅能缩短灭菌
培养时间，降低运行成本，同时还能获得很好的脱色效果。

另外，虽然前面的研究已证实最佳抑菌固定化培养方案在非灭菌环境下能很
好地抑制杂菌，从而获得与灭菌培养相当的较高酶活，但这种抑菌效果最终是否
会体现在脱色效果上还不十分清楚。但可以看出，虽然最佳抑菌固定化培养方案
在培养菌体和降解染料整个过程都是在非灭菌环境下完成的，但其脱色效果基本
未受到非灭菌环境的影响，24h 的脱色率达 68.21%，3d 脱色率高达 93.5%，与灭
菌培养灭菌降解体系的脱色效果相差不大，并明显优于悬浮培养，分别比悬浮培
养高出 54%和 80%，且将运行周期缩短了 3d。通过显微镜观察和培养液接平板试
验发现，无论是在菌体培养还是在染料降解阶段，悬浮培养方案感染杂菌的程度
都比较严重，主要染有大量酵母菌和球杆菌，而最佳抑菌固定化培养方案感染杂
菌的程度则非常轻，体系具有较强的抗杂菌感染能力，在整个培养和降解过程中，
白腐真菌始终处于优势菌地位，只是到染料降解后期才发现少量球杆菌，而此时
染料降解过程已基本完成，杂菌对体系的降解效率已无明显影响。

综上所述，白腐真菌在非灭菌环境降解活性艳红染料 K-2BP 中，相比悬浮培
养方案，最佳抑菌固定化培养方案能很好地抑制杂菌生长，从而获得较高脱色率，
同时，能明显提前脱色时间，缩短运行周期。这将改变白腐真菌需要灭菌培养才
能很好地降解活性染料的历史（Senthivelan et al., 2016），从而大大节省处理工艺
的运行成本，这对于克服长期困扰白腐真菌应用到实际工程中的染菌问题是一个
新的突破，也使白腐真菌应用于实际环境保护工程迈出了重大一步。

5.6.3　最佳抑菌固定化培养方案染料投加时间调控研究

为了进一步优化筛选出的最佳抑菌固定化培养方案非灭菌培养 *P. chrysosporium* 非灭菌降解活性艳红染料的方法，缩短白腐真菌培养和染料降解时
间，并为了探明出现的最佳抑菌固定化培养方案的酶活高脱色率低的矛盾现象究
竟是试验出现误差所致，还是其中另有规律，特进行了非灭菌环境下最佳抑菌固
定化培养方案染料投加时间的调控研究。目标在于开发出一个 *P. chrysosporium* 培

养时间和运行周期最短、实际工程运行成本最低、对活性艳红染料脱色效果最好的最佳抑菌固定化培养和染料降解方案，为在非灭菌自然开放环境下该工艺能早日实施并推广运用于白腐真菌处理染料废水奠定理论基础。

（1）不同染料投加时间下菌的生长及体系抑菌情况

由于本试验采用的是正交试验筛选出的最佳抑菌固定化培养方案，所以整个反应方案的抑菌效果都比较好，抗杂菌干扰能力比较强，因此，无论在灭菌还是在非灭菌环境下，白腐真菌的生长状况相对而言都比较好，相差不大。但由于投加染料的时间不同，所以在受染料影响下，不同投加染料时间体系的白腐真菌的生长状况还是有明显的区别。表 5.15 显示了不同染料投加时间下 *P. chrysosporium* 的生长情况。

表 5.15 不同染料投加时间下的 *P. chrysosporium* 生长情况

染料投加时间 (d)	投加染料			不投加染料	
	灭菌培养 灭菌降解	灭菌培养 非灭菌降解	非灭菌培养 非灭菌降解	灭菌培养	非灭菌培养
2	+	+	+		
3	+	+	+	+++	+++
4	++	++	++		
5	++	++	++		

注："＋"生长一般；"＋＋"生长较好；"＋＋＋"生长良好

在试验中，通过表观观察发现，白腐真菌生长情况存在两点规律。

第一，不投加染料的体系中的白腐真菌生长情况要好于投加染料的体系，见图 5.26。在培养到第 2 天时，各体系的菌体生长情况相当，各体系中的载体表面

图 5.26 在投加染料（a）和不投加染料（b）环境下聚氨酯泡沫固定化培养白腐真菌的菌丝形态
（彩图请扫封底二维码）

均出现少量白色粉末状菌体，液体培养基澄清，略带酸性气味。到第 3 天时，没有投加染料的体系有一层厚厚的白腐真菌大量覆盖在聚氨酯泡沫载体表面上，白腐真菌生长旺盛，近似野生状态，而第 2 天投加染料的体系泡沫表面的菌丝体明显少于没投加染料体系（图 5.26a），而且图 5.26b 体系的培养基中的菌丝体较多，载体与菌丝体结合的牢固度不如没投加染料的体系。可见，染料对白腐真菌的生长状况、菌体与载体的结合度等有一定影响。

第二，投加染料时间越晚的体系中的白腐真菌生长情况越好（图 5.27）。在菌体生长的第 1、第 2 天时，由于没有受到染料的影响，各体系白腐真菌生长状况基本相当，但随着染料的逐渐投入，可以发现，先投加染料体系的菌体在一定程度上受到染料的抑制，载体表面的白色菌丝体要少于后投加染料的体系，且有不少孢子和菌丝体从载体上脱落到培养基中。

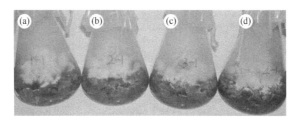

图 5.27　不同染料投加时间下聚氨酯泡沫固定化培养白腐真菌的菌丝形态
（彩图请扫封底二维码）
（a）第 2 天投加染料；（b）第 3 天投加染料；（c）第 4 天投加染料；（d）第 5 天投加染料

（2）不同染料投加时间下 *P. chrysosporium* 培养体系的抑菌情况

从上述菌体生长情况对比结果可知，投加染料对白腐真菌的生长有一定影响，尽管如此，由于本试验采用的是最佳抑菌固定化培养方案，所以这种轻微的影响作用从总体上并没有影响到白腐真菌在体系中的优势生长地位，因此各条件的培养体系抑菌能力都较强，从图 5.28 可见，除第 2 天投加染料的体系染上极少的球杆菌外，在其他几个投加染料时间的体系中均未发现染菌现象。

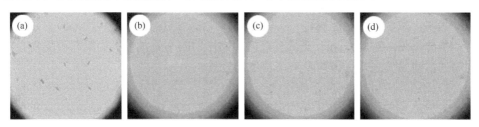

图 5.28　非灭菌环境下不同染料投加时间的聚氨酯泡沫固定化培养体系培养基镜检（1000 倍）
（a）第 2 天投加染料；（b）第 3 天投加染料；（c）第 4 天投加染料；（d）第 5 天投加染料

由此可见，过早投加染料对体系抑菌效果的负面影响是客观存在的，这与前期有关研究结果相一致（高大文等，2005d）。尽管如此，但采用正交试验筛选出的最佳抑菌固定化培养方案还是可以明显地抑制杂菌的生长，保证培养体系中白腐真菌的优势生长地位，进而促进体系产酶和脱色。

（3）染料投加时间对体系相关参数的影响

1）不同染料投加时间下体系的 pH 变化

不同染料投加时间下灭菌培养 *P. chrysosporium* 灭菌降解染料体系和非灭菌培养 *P. chrysosporium* 非灭菌降解染料体系的 pH 变化情况如图 5.29 所示。

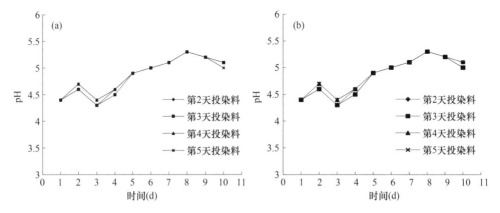

图 5.29　灭菌（a）和非灭菌（b）环境最佳抑菌固定化培养方案降解染料体系的 pH 变化

从图 5.29a 可见，灭菌培养 *P. chrysosporium* 灭菌降解染料体系在培养和降解染料的 10d 中，其 pH 一直较为稳定，始终在 4.4～5.5 附近波动，由于是在严格灭菌环境中进行的，在显微镜中未发现其他杂菌，因此，pH 的这种波动是白腐真菌生长过程和降解活性艳红染料时引起的正常现象。图 5.29b 显示的 pH 变化情况与图 5.29a 基本相同，这主要是由于在非灭菌环境中，最佳抑菌固定化培养方案很好地抑制了其他杂菌的滋生，使体系的培养环境几乎与灭菌环境相同，因此其 pH 的变化才比较稳定，这也重现了正交试验中的试验结果。另外，无论是灭菌环境还是非灭菌环境，虽然投加染料的时间不同，但各种投染时间体系的 pH 变化情况基本一致，无明显区别。

由此可见，对体系 pH 变化有直接影响作用的不是是否投加染料及染料投加的时间，而是体系是否染菌及染菌程度的轻重。

2）不同染料投加时间下酶活的变化

图 5.30 和图 5.31 显示了不同染料投加时间下灭菌培养 *P. chrysosporium* 灭菌降解染料体系和非灭菌培养 *P. chrysosporium* 非灭菌降解染料体系 MnP 和 Lac 的变化情况。从图 5.30 可见，由于采用最佳抑菌固定化培养方案很好地抑制了杂菌的滋生，所以灭菌和非灭菌环境体系产 MnP 情况基本一致，且均呈现以下三个特点。

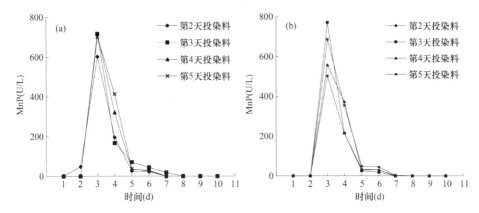

图 5.30　灭菌（a）和非灭菌（b）环境最佳抑菌固定化培养方案降解染料体系产 MnP 情况

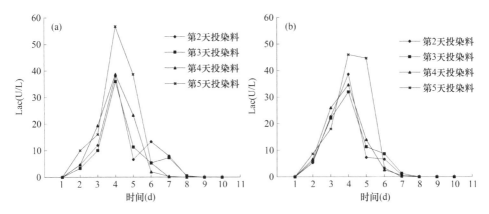

图 5.31　灭菌（a）和非灭菌（b）环境最佳抑菌固定化培养方案降解染料体系产 Lac 情况

第一，所有不同时间投加染料体系的酶活高峰期均出现在第 3 天，重现了正交试验的结果。

第二，染料投加时间对酶活高峰值有明显的影响作用，即在酶活高峰期之前投加染料的体系，其 MnP 高峰值明显低于在酶活高峰期之后投加染料的体系。从图 5.30a 可见，第 2 天投加染料体系的最高 MnP 酶活为 601.8U/L，而第 3、第 4、第 5 天投加染料体系由于是在酶活高峰期以后投加染料，因此染料没有影响到 MnP 的酶活峰值，其峰值相差不大，最高酶活分别为 716.25U/L、716.25U/L、701.48U/L，均比第 2 天投加染料体系高 100U/L 以上，图 5.30b 也可以得出类似的规律。可见，在酶活高峰期之前投加染料对体系的酶活峰值有明显的负面影响。

第三，酶活峰期以后，酶活下降的幅度和速率受染料投加时间的影响。观察图 5.30a 和 5.30b 中第 3 天到第 4 天酶活的下降情况均可见，第 3 天投加染料的体系的酶活受染料影响下降极快，分别由峰值的 716.25U/L 和 771.63U/L 下降到 166.14U/L 和 214.14U/L，1d 时间其下降幅度高达 500U/L 以上，第 2 天投加染料体系在峰期第 3～4 天，其酶活也出现了类似第 3 天投加染料体系的大幅度下降现象，当然，这种在短时间内酶活出现急速下降的现象，一方面是由于染料的作用，另一方面也有酶自身不稳定性质引起的自然失活原因。而第 4、第 5 天投加染料体系的酶活在第 3～4 天，由于未受染料影响，其酶活下降幅度和速率也较为正常，主要是由酶自然失活所致。由此可见，酶活出现峰值以后，酶活的下降一方面是由于酶自身不稳定性质引起的自然失活，更重要的另一方面则是由于降解染料导致的酶促反应失活，而这种酶促反应失活的大小和速率则受染料投加时间的影响。

从图 5.31 可见，Lac 的产生及变化情况有三个特点。

第一，无论是灭菌还是非灭菌环境，所有不同染料投加时间体系的酶活高峰期均出现在第 4 天，仍重现了正交试验的结果图。

第二，染料投加时间对酶活峰值有影响。从图 5.31 可见，由于第 2、第 3、第 4 天投加染料的时间在酶活高峰期之前，所以这几个体系的酶活峰值均受染料影响，普遍低于第 5 天投加染料体系的酶活峰值，且投染时间越靠前，其酶活受到的影响程度越大，而第 5 天投加染料体系因其投染时间在酶活高峰期后，所以酶活峰值未受染料影响，相对较高，灭菌和非灭菌环境分别为 56.67U/L 和 46U/L。

第三，峰期以后，酶活的下降幅度和速率仍然受染料投加时间的影响，观察图 5.31a 和图 5.31b 中第 4 天到第 5 天酶活的下降情况均可以发现，投加染料时间越早的体系，酶活下降幅度和速率越大，反之越小。

3）不同染料投加时间下碳、氮源消耗规律的变化

图 5.32 和图 5.33 显示了不同染料投加时间下灭菌培养 *P. chrysosporium* 灭菌降解染料体系和非灭菌培养 *P. chrysosporium* 非灭菌降解染料体系碳源葡萄糖和氮源总氮的消耗情况。从图 5.32 可见，由于采用最佳抑菌固定化方案，在未受杂菌干扰的情况下，无论是灭菌还是非灭菌环境，各投加染料时间体系的葡萄糖消

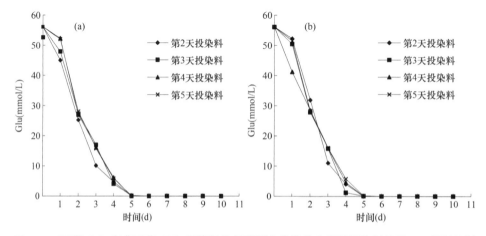

图 5.32　灭菌（a）和非灭菌（b）环境最佳抑菌固定化培养方案降解染料体系 Glu 消耗情况

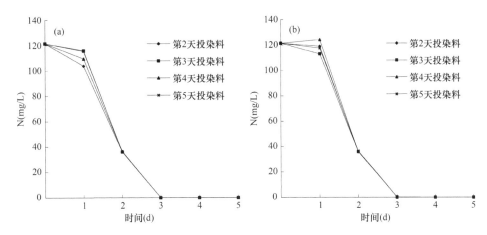

图 5.33 灭菌（a）和非灭菌（b）环境最佳抑菌固定化培养方案降解染料体系总氮消耗情况

耗规律基本相同，分三个阶段，0～1d 为慢速消耗期，1～5d 为对数消耗期，5d 以后为无碳期。另外，不同投加染料时间体系的葡萄糖消耗情况无明显区别，从前文关于菌体生长和产酶的研究结果知道，最佳抑菌固定化方案的白腐真菌在培养 2d 以后，白腐真菌已在体系中占优势，到第 3、第 4 天时，白腐真菌已基本完成对数生长，进入成熟期，从第 2 天开始逐渐向体系中投加染料已不能影响白腐真菌的优势生长地位，因此也就不能影响白腐真菌对碳源的消耗。

从图 5.33 可以看到，同样是在体系具有很好的抑菌效果的前提下，无论灭菌还是非灭菌环境，各投加染料时间体系的总氮消耗规律也基本相同，仍然分三个阶段，即慢速消耗期、对数消耗期、无氮期。但由于试验采用的是限氮液体培养基，所以氮源的消耗速率快于碳源，在第 3 天以后便进入无氮期。另外，从图 5.33 还可见，氮源的消耗主要集中在第 2 天之前，在各种体系中到第 2 天时，剩下的总氮含量仅为 35mg/L 左右，此时，白腐真菌已经在体系中占据优势地位，因此，从第 2 天开始投加染料，对氮源的消耗情况已无明显的影响作用。

4）不同染料投加时间下过氧化氢的变化

图 5.34 显示了不同染料投加时间下灭菌培养 *P. chrysosporium* 灭菌降解染料体系和非灭菌培养 *P. chrysosporium* 非灭菌降解染料体系产 H_2O_2 的情况。

无论是灭菌还是非灭菌环境下，在白腐真菌培养初期 3d 时，H_2O_2 产量出现高峰，达 3～5mmol/L，随后下降，到第 5 天出现一个低谷，然后逐渐回升，到第 7 天出现第二个高峰，随后又逐渐下降直到试验结束。不同投加染料时间体系的产 H_2O_2 情况基本相似，受投加染料时间的影响不明显。

从白腐真菌降解污染物的机制可知，白腐真菌降解污染物主要依赖于细胞酶系统中的细胞外降解体系，需氧并靠自身形成的 H_2O_2 激活，由酶触发启动一系列自由基链反应，实现对底物无特异性的氧化降解（Palli et al.，2016）。可见，在染

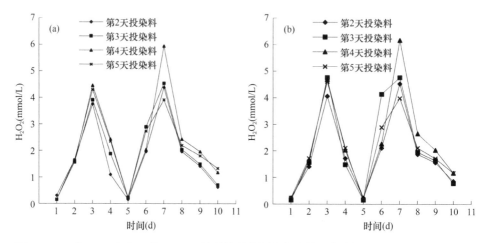

图 5.34 灭菌（a）和非灭菌（b）环境最佳抑菌固定化培养方案降解染料体系产 H_2O_2 情况

料降解过程中，体系中的 H_2O_2 起到至关重要的作用。如前文所述，培养白腐真菌的整个过程均伴随有 H_2O_2 的分泌，但为什么在染料降解体系中到第 5 天时的分泌曲线出现一个明显低谷呢，从后文染料脱色效果研究结果可知，无论是哪一天投加染料，其脱色率提高的飞跃阶段均出现在第 4～5 天，各体系的脱色率均是在第 5 天左右出现最高值，包括第 5 天投加染料的体系。结合白腐真菌降解污染物的机制，可以得知，白腐真菌在降解染料的飞跃阶段需要大量的 H_2O_2 激活酶促反应，因此，可以初步推测这个低谷应该是降解染料所致。

5）不同染料投加时间下生物量的变化

为准确评价是否投加染料、不同染料投加时间、培养环境对白腐真菌生长的影响，在试验进行到第 10 天时，对不同染料投加时间体系的生物量进行了测定，结果见表 5.16。

表 5.16 不同染料投加时间下的反应体系生物量 （单位：10^{-2}g/ml）

染料投加时间（d）	投加染料			不投加染料	
	灭菌培养 灭菌降解	灭菌培养 非灭菌降解	非灭菌培养 非灭菌降解	灭菌培养	非灭菌培养
2	0.1959	0.1875	0.1865		
3	0.1971	0.1883	0.1854	0.2262	0.2228
4	0.2013	0.1995	0.1986		
5	0.2094	0.2011	0.2008		

从表 5.16 可见，不同染料投加时间体系的生物量存在以下三个特点。

第一，投加的染料对白腐真菌的生长有一定抑制作用。这一点可以从不同染料投加时间下菌丝体的生长情况得出，而从表 5.16 中不同染料投加时间下白腐真菌生物量的变化情况又可以进一步证明投加染料对白腐真菌生长有抑制作用。从表中可见，无论是灭菌还是非灭菌环境，不投加染料的体系中白腐真菌菌丝量要明显大于投加染料的体系。

第二，投加染料的时间对白腐真菌的生长有影响作用。从表 5.16 中数据可见，无论是灭菌还是非灭菌环境，投加染料时间越晚的体系其白腐真菌的生物量越大，这一点也可以通过不同染料投加时间下菌丝体的生长情况得到印证。但随着培养时间的延长，这种差距也在逐渐缩小，因为在培养中期白腐真菌已逐渐完成对数生长期，进入一个生物量相对稳定的平台区，此时，染料对白腐真菌的影响作用受到限制，因此使得第 4 天投加染料体系的生物量与第 5 天投加染料体系的生物量相差很小。

第三，培养环境对菌丝体的生物量有影响。从表 5.16 可见，不同培养环境体系的生物量总体上呈现以下趋势，灭菌培养灭菌降解体系的生物量最重，其次是灭菌培养非灭菌降解体系，非灭菌培养非灭菌降解体系的生物量最轻，即随着非灭菌培养时间的延长，菌丝体的生物量呈减少趋势。从前期研究结果可知，这种趋势主要是由于非灭菌体系染菌进而影响白腐真菌生长。但本试验采用最佳抑菌固定化培养方案后，非灭菌体系中并无其他杂菌，那是什么原因导致这种趋势出现呢？在试验中，非灭菌培养体系是用双层医用纱布封口，而灭菌培养体系是用灭菌专用封口膜封口，由于纱布对于氧气的穿透力明显好于封口膜，初步推测非灭菌环境体系的供氧量可能要多于灭菌环境体系，在不受杂菌干扰的前提下，供氧量多的体系的营养物质消耗较快，使得后期的次生代谢也快，所以最终导致非灭菌体系的生物量要略低于灭菌体系。

（4）染料投加时间对 *P. chrysosporium* 脱色效果的影响研究

通过对比图 5.35a、b、c 可见，在不同染料投加时间下，不同环境的最佳抑菌固定化培养方案降解染料体系的脱色情况呈现以下两点规律。

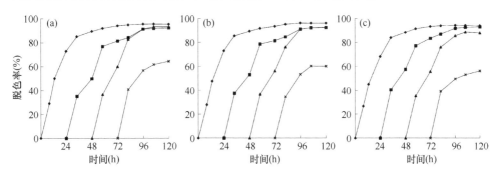

图 5.35　不同环境最佳抑菌固定化培养方案降解染料体系的脱色效果

（a）灭菌培养灭菌降解；（b）灭菌培养非灭菌降解；（c）非灭菌培养非灭菌降解；（◆）第 2 天投加染料；（■）第 3 天投加染料；（▲）第 4 天投加染料；（×）第 5 天投加染料

第一，在靠近酶活高峰期之前投加染料体系的脱色率高。比如，在培养及降解均在灭菌环境、先灭菌环境培养然后在非灭菌环境降解染料、培养和降解均在非灭菌环境三种体系下，第 2 天、第 3 天投加染料的体系，其最高脱色均在 95% 左右；而在高峰期之后投加的明显较低，如第 5 天投加染料的体系，其最高脱色率仅 60% 左右，而且大部分为载体和菌体对染料的吸附脱色；第 4 天投加染料体系虽然是在酶活高峰期以后投加的染料，但其最高脱色率仍高达 90% 以上，在酶活高峰期后的第 4 天仍可以检测到 300U/L 以上的 MnP 酶活，而从前面的研究可知，300U/L 的酶活已经足够降解 30mg/L 的活性艳红染料 K-2BP。由此可见，只要在酶大幅度自然失活之前投加一定浓度的活性艳红染料 K-2BP，均可以获得较高的脱色率。

第二，从脱色率随时间的变化趋势看，凡是在越靠近产酶高峰期投加染料的体系，其脱色率和最高脱色率均较高，而逐渐远离酶活高峰期且在高峰期之后投加染料的体系，其脱色率和最高脱色率均逐渐降低。培养 2d、3d、4d、5d 后投加染料的各体系在投加染料的 24h 内，脱色率均有一个明显的突跃，随后缓慢增加。比如，在非灭菌培养非灭菌降解环境下，2d、3d、4d、5d 投加染料各体系内对染料的脱色率分别为 68.21%、57.47%、55.60%、49.57%，呈现出 24h 脱色率随投加染料时间延后而递减的规律，其他两个环境也呈现类似规律。这与前期在悬浮培养方案下脱色率随投加染料时间延后而递增的研究结果正好相反，但结合产酶情况则不难解释这一矛盾现象背后其实蕴含着一个相同的规律，即凡是在越靠近产酶高峰期投加染料的体系，其 24h 脱色率和最高脱色率均较高，而逐渐远离酶活高峰期投加染料的体系，其 24h 脱色率和最高脱色率均逐渐降低。之所以在采用相同的研究方法下得出相反的规律，是由于悬浮培养方案下的产酶高峰出现在第 5 天，而本研究采用最佳抑菌固定化培养方案后其酶活高峰期提前至第 3 天。一般情况下，上述 24h 脱色率突跃值主要由菌丝体和载体的吸附率及木质素降解酶系的降解率两部分构成，但两部分各占比例则因具体情况不同而不同。例如，第 2 天投加染料的体系在 24h 内获得了高达 68.21% 的脱色率，其中，一部分归于菌丝体和载体对染料的吸附作用，而更大一部分是 MnP 对染料的降解所致，在这 24h 降解期间，正是 MnP 酶活从产生到出现酶活高峰值的期间，我们知道，酶活高峰值不是陡然出现也不是瞬间消失的，这需要一个过程，而正是在这个酶活高峰值逐渐孕育的过程中，MnP 实现了对染料的逐渐降解，因此才在 24h 内获得了 68.21% 的脱色率。其他第 3 天和第 4 天投加染料体系也有规律。而第 5 天投加染料体系虽然 24h 脱色率仍较高，但主要靠菌丝体和载体的吸附作用完成，酶的降解作用很小，因为从第 5 天到第 6 天的 24h 期间，酶活已基本消失。

综上所述，染料投加时间控制在酶活高峰期之前能获得较高脱色率，这也解释了酶活高脱色率低的矛盾现象的原因是投加染料时间错过了酶活高峰期。同时，从脱色率随时间的变化趋势看，体系脱色率的突跃主要集中在投加染料后的 24h 内，随后脱色率缓慢增加，至 48h 基本达到最高值。因此，从缩短培养时间和运行周期、节约运行成本的原则出发，在不影响菌体生长和尽量提高脱色率的前提下，可以得出，采用最佳抑菌固定化培养方案，在培养第 2 天或第 3 天投加染料可以获得理想的脱色率，加上降解染料所需 48h，整个固定化培养白腐真菌降解染料体系运行时间将由原来的 10d 以上缩短至 4～5d，这使得该工艺在走向实际工程运用的步伐中迈出了重大一步。

5.7　白腐真菌处理秸秆纤维素乙醇废水研究

5.7.1　纤维素乙醇废水的来源与特点

纤维素乙醇废水主要来源于纤维素乙醇加工过程中的预处理、脱毒和发酵三个主要环节。经浸泡、粉碎等预处理，强烈的物理化学过程破坏了纤维素高度有序的晶体结构和包裹在纤维素周围木质素的复杂结构，同时破坏了木质素与半纤维素之间的共价键。木质素和半纤维素的单体结构均属于芳香族类及多环类物质，为难降解物质。经过预处理后得到的废水成分复杂，处理难度大。预处理废水中含有大量的木质素，在降解的过程中产生一些副产物（朱振兴等，2009），此类废水属于高浓度有机废水。废水中无机盐成分及木质纤维素分解产物的含量均非常高（Wyman et al.，2005；Himmel et al.，2007）。秸秆发酵产乙醇的生产工艺主要是生化过程，水解产生的单糖类物质和醪液进入发酵阶段，葡萄糖、木糖等被不同种类的酵母发酵转化为乙醇，其余不能被酵母等微生物生产代谢所利用的有机物则留在生产体系中。

纤维素乙醇生产以玉米秸秆等农林作物壳皮茎秆的天然纤维素作为原料，纤维素乙醇废水的特点如下。

（1）有机污染物浓度高。纤维素乙醇废水中含有大量的有机污染物质，化学需氧量（COD）达到 50 000～70 000mg/L，5 天生化需氧量（BOD_5）为 2000～3000mg/L，悬浮固体（SS）浓度可达 3000mg/L 以上。

（2）强酸性。纤维素乙醇生产过程中需要投加硫酸对原料进行预处理，废水 pH 在 4.1 左右。

（3）含难降解物质。废水中含有较多难降解物质，主要含有木质素等，这些物质难以被微生物生长代谢所利用，不能有效降解，导致废水经处理后难以达到排放标准。

（4）含盐量高。纤维素乙醇废水全盐量高达 3000mg/L，主要含有铁、钠、钙、镁、钾等离子，这些离子加大了废水处理的难度。

（5）有刺鼻气味，色度高。废水呈深褐色，有刺激性气味，色度高达 2000 以上。

（6）纤维素乙醇废水产量巨大，需要消耗 12～16t 工业用水才能生产 1t 纤维素乙醇。

5.7.2 白腐真菌处理秸秆纤维素乙醇废水的菌种筛选

采用 6 种东北土著白腐真菌进行纤维素乙醇废水中的木质素降解研究，2%秸秆纤维素乙醇废水的木质素浓度和木质素降解率如图 5.36～图 5.38 所示。反应刚开始的时候，木质素浓度呈降低的趋势，且降幅较大，而后停止降低逐渐趋于平稳。血红密孔菌、糙皮侧耳菌、彩绒革盖菌、青顶拟多孔菌、灵芝、烟色烟管菌在第 0 天木质素初始浓度为 640.9～716.6mg/L，在第 14 天木质素的浓度分

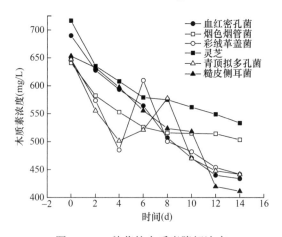

图 5.36　6 种菌的木质素降解浓度

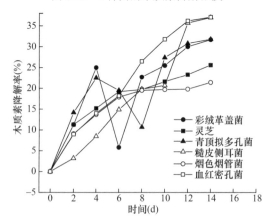

图 5.37　6 种菌的木质素降解率

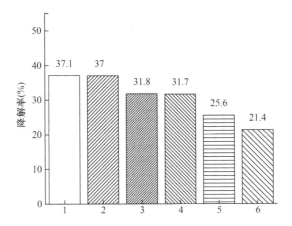

图 5.38　6 种白腐真菌对秸秆纤维素乙醇废水中木质素的降解率

1：血红密孔菌；2：糙皮侧耳菌；3：彩绒革盖菌；4：青顶拟多孔菌；5：灵芝；6：烟色烟管菌

别为 434.0mg/L、411.2mg/L、441.8mg/L、441.7mg/L、533.3mg/L、503.5mg/L，对木质素的降解率分别为 37.1%、37%、31.8%、31.7%、25.6%、21.4%。血红密孔菌、糙皮侧耳菌、彩绒革盖菌、青顶拟多孔菌、灵芝、烟色烟管菌分别在第 12、第 12、第 4、第 4、第 2、第 6 天木质素降解趋于平稳，其木质素降解量分别为 256.0mg/L、242.0mg/L、205.4mg/L、205.5mg/L、183.3mg/L、137.4mg/L。木质素的降解与酶活的分泌情况关系密切，菌种自身的适应能力和产酶能力的差异造成菌种对木质素去除的差异。血红密孔菌产酶量高，产酶速度快，在短时间内迅速达到酶活高峰，对秸秆纤维素乙醇废水中木质素的降解效果最佳。为了提高菌株的产漆酶量以达到对秸秆纤维素乙醇废水中木质素良好的处理效果，需对血红密孔菌培养基中主要组成和培养条件进行优化。血红密孔菌产酶速率快的特性将在处理难降解化合物方面有良好的应用前景。

5.7.3　白腐真菌对不同稀释比例纤维素乙醇废水中木质素降解

本研究探讨糙皮侧耳菌和青顶拟多孔菌对不同稀释比的玉米秸秆纤维素乙醇废水处理效果。由于废水中 COD 浓度高，很难直接被白腐真菌降解，因此本研究设置 8 组不同稀释比例的废水浓度，对比两种白腐真菌糙皮侧耳菌和青顶拟多孔菌对不同稀释比例的废水降解木质素的情况。

（1）糙皮侧耳菌降解废水中木质素情况

糙皮侧耳菌对不同稀释比例（1%～20%）的玉米秸秆纤维素乙醇废水中木质素降解情况如图 5.39 所示。由此可见，糙皮侧耳菌对不同稀释比例的废水中的木质素均有降解作用。从图 5.40 可以得出，糙皮侧耳菌对废水中木质素具有较好的去除效果，但对不同稀释比的废水中木质素的去除效果不同。木质素浓度整体上

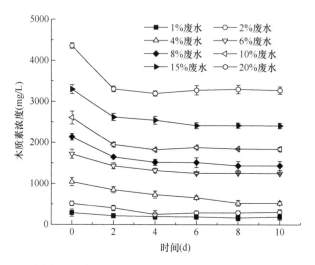

图 5.39 糙皮侧耳菌降解不同稀释比的废水体系中木质素浓度变化

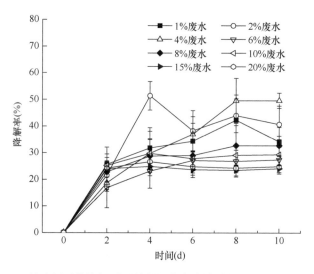

图 5.40 糙皮侧耳菌降解不同稀释比的废水体系中木质素降解率变化

呈逐渐下降趋势，在第 0 天至第 2 天降解效果明显，第 4 天后降解相对稳定。稀释比例为 4%的废水体系中，在试验进行第 4 天木质素降解率达到 24.8%，到第 8 天，木质素降解率接近 50%。稀释比例为 1%和 2%的废水体系中，在试验进行的第 8 天木质素的降解率均在 40%以上，分别达到 42.4%和 44.0%。其他稀释比例废水体系中第 8 天时木质素的降解率均在 24.1%~32.7%。

图 5.41 为不同稀释比例（1%~20%）条件下，糙皮侧耳菌对木质素的降解量。由图 5.41 可知，废水稀释比例分别为 1%、2%、4%的情况下，初始木质素浓度分别为 286.4mg/L、226.1mg/L、518.3mg/L，第 8 天糙皮侧耳菌对木质素的降解量分

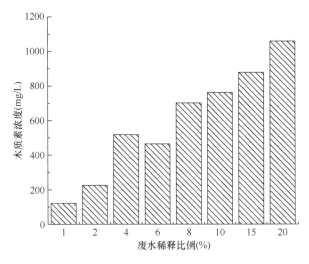

图 5.41　不同稀释比例的废水体系中糙皮侧耳菌对木质素的降解量

别为 121.2mg/L、226.1mg/L、518.3mg/L。当废水稀释比为 6%时，木质素的降解量与 4%废水的降解量相当。但是当稀释比分别为 8%、10%、15%、20%时，初始浓度为 2136.4mg/L、2606.6mg/L、3296.8mg/L、4358.8mg/L，第 8 天糙皮侧耳菌对木质素的降解量分别为 702.2mg/L、761.9mg/L、879.1mg/L、1059.64mg/L，可见随着废水比例的提高，降解量呈上升趋势。

（2）青顶拟多孔菌降解废水中木质素情况

青顶拟多孔菌对不同稀释比例（1%～20%）的玉米秸秆纤维素乙醇废水中木质素降解情况如图 5.42 和图 5.43 所示。从图 5.42 和图 5.43 可以得出，青顶拟多孔菌对废水中木质素具有较好的去除效果，但对不同稀释比的废水中木质素的去除效果不同。在降解初期木质素降解率急剧增加，后期降解率有很小幅度的变化（图 5.43）。与糙皮侧耳菌降解不同稀释比例的废水中木质素效果比较，青顶拟多孔菌对玉米秸秆纤维素乙醇废水中的木质素降解效果相对较好。稀释比例为 6%的废水体系中，在试验进行第 2 天木质素降解率为 59.6%，到第 6 天时，木质素降解率达到 70%以上，试验进行到第 10 天木质素降解率高达 73.5%，降解率提高 46.1%。其他稀释比例废水体系中第 10 天时木质素降解率在 33.7%～57.1%，木质素降解率的提升在 3.8%～24.4%。就木质素降解率而言，青顶拟多孔菌对不同稀释比例的废水体系中木质素的降解效果均优于糙皮侧耳菌对废水中木质素的降解效果。

由图 5.42 可知，废水稀释比例分别为 1%、2%、4%、6%的情况下，初始木质素浓度分别为 287.0mg/L、520.0mg/L、1045.7mg/L、1773.1mg/L，第 10 天青顶拟多孔菌对木质素降解量分别为 108.9mg/L、224.9mg/L、514.1mg/L、1303.9mg/L。

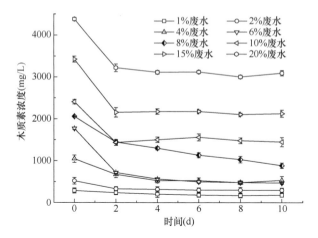

图 5.42　青顶拟多孔菌降解不同稀释比的废水体系中木质素浓度变化

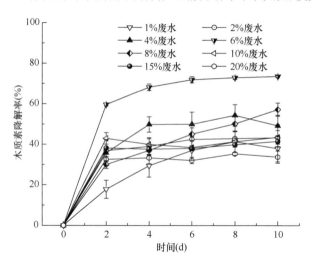

图 5.43　青顶拟多孔菌降解不同稀释比的废水体系中木质素降解率变化

可见随着废水比例的提高，降解量呈上升趋势。但是当稀释比为 8%、10%、15%、20%时，如图 5.42 所示，初始木质素浓度分别为 2059.3mg/L、24070.0mg/L、3425.8mg/L、4381.0mg/L 时，经过青顶拟多孔菌对木质素的降解，第 10 天木质素的降解量分别为 1177.3mg/L、1061.2mg/L、1299.4mg/L、1290.2mg/L。当稀释废水比例超过 6%时，木质素浓度超过 1303.9mg/L 时，降解量变化不显著，这是由于在接种量相同情况下，由于木质素浓度过高，限制了青顶拟多孔菌对木质素的去除。

　　青顶拟多孔菌对稀释比例为 6%的废水体系中木质素降解率高达 73.5%，其他稀释比例废水体系中第 10 天时木质素降解率在 33.7%～57.1%。

（3）血红密孔菌降解废水中木质素情况

血红密孔菌对 2%的秸秆纤维素乙醇废水中木质素降解率和木质素浓度的变化如图 5.44 所示。随着降解时间增加，废水中木质素浓度不断降低，且木质素初始降解速度较快，从第 0~12 天，木质素含量从 742mg/L 降至 452mg/L，降解率达 39.1%。在第 12~14 天，对木质素的降解减慢，木质素降解率趋于平稳。在第 14 天降解率达 41.1%。

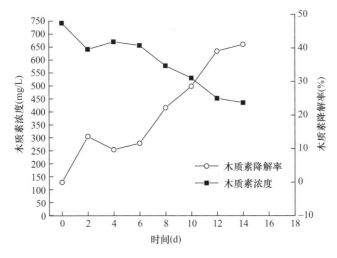

图 5.44　血红密孔菌对 2%纤维素乙醇废水中木质素的降解

未加废水的条件下血红密孔菌对最优培养基中 COD 的降解情况如图 5.45 所示，随着降解时间增加，培养基中 COD 浓度不断降低。在第 6 天时降解率趋于

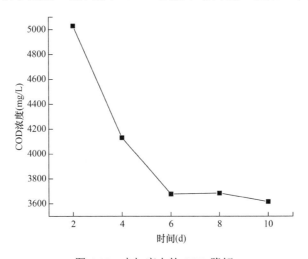

图 5.45　未加废水的 COD 降解

稳定，COD 由 5028.8mg/L 降至 3678.2mg/L，降解率达 26.9%。在第 10 天时，COD 由 5028.8mg/L 降至 3617.3mg/L，降解量达 1411.5mg/L，降解率达 28%。

将最优液体培养基稀释 4 倍，然后应用最优培养基培养的血红密孔菌对 2% 的秸秆纤维素乙醇废水中的 COD 进行降解。血红密孔菌对 2% 的秸秆纤维素乙醇废水中 COD 的降解情况如图 5.46 所示，随着降解时间增加，废水中 COD 浓度不断降低。在第 0~4 天 COD 的初始降解速度较快，第 4 天 COD 降解率达到 45.3%。随着降解时间的增加，在第 4~8 天血红密孔菌对 COD 的降解减慢，COD 降解率变化不明显。COD 的去除效果没有显著提高，去除率始终维持在 46.9%~47.6%。在第 8 天时获得了最大的 COD 去除效果，COD 由 1928.8mg/L 降至 1010.8mg/L，去除率达 47.6%。血红密孔菌可以降解秸秆纤维素乙醇废水中的 COD，但其效率并没有达到期望值，平均效率约为 50%。

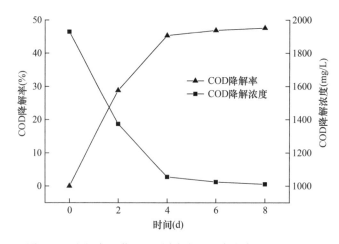

图 5.46　血红密孔菌对 2%纤维素乙醇废水中 COD 的降解

微生物在生长繁殖的过程中，都存在其适应的 pH 范围。环境的酸碱度会对白腐真菌的生长产生重要的影响，其值的偏大或偏小都会显著降低菌体漆酶的产生和释放，从而使菌体对秸秆纤维素乙醇废水的降解能力降低。真菌最适 pH 通常为弱酸性。如图 5.47 所示，白腐真菌培养初期 pH 为 4.9~5.9。随着培养时间的延长，pH 呈增加的趋势，在第 18 天投加废水的 pH 达 8.25。未加废水的 pH 达 7.9。分析对比投加废水的和未加废水的 pH 变化情况，在第 9 天加入秸秆纤维素乙醇废水时 pH 降低，因为秸秆纤维素乙醇废水呈酸性，所以在加入废水后使得 pH 下降。因为本试验投加的废水量少，所以白腐真菌液体培养基的 pH 下降较少，但白腐真菌适宜在弱酸性环境中生长，添加适当量的废水使白腐真菌液体培养基的 pH 保持到弱酸性，将会促进白腐真菌的生长和产酶。高大文等（2005b）探索了不同初始 pH 在非灭菌条件下对杂菌的抑制情况。结果表明，pH 是影响酶反

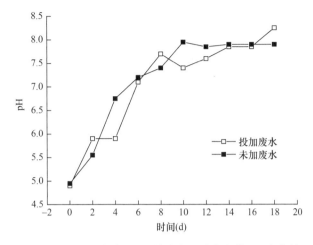

图 5.47　血红密孔菌降解 2%纤维素乙醇废水的 pH 变化情况

应速率的重要因素之一。不同的酶具有不同的最佳 pH。pH 对酶反应速率的影响机理分为直接和间接的作用影响。直接作用为直接影响酶分子以影响酶的反应速率。间接作用是对底物分子的解离作用，间接影响酶的反应速率。侯红漫等（2004）以黄孢原毛平革菌为研究对象，探讨了 pH 对漆酶活力及酸碱稳定性的影响。结果显示，当底物为 ABTS 时，在柠檬酸缓冲液中最适反应 pH 为 4.0，在醋酸缓冲液中最适 pH 为 3.5，在丁二酸缓冲液中最适 pH 为 3。

5.7.4　青顶拟多孔菌处理秸秆纤维素乙醇废水条件优化

（1）不同投加时间对废水降解的情况

由不同废水投加时间对稀释 20%的玉米秸秆纤维素乙醇废水体系中木质素的降解结果可以得出，青顶拟多孔菌对废水中木质素具有较好的去除效果（图 5.48 和图 5.49），并且不同投加时间对木质素的降解效果影响较大。投加废水前纯培养第 1 天、第 3 天、第 5 天、第 7 天、第 9 天、第 11 天各体系中漆酶酶活不同，分别为 80.8U/L、900.1U/L、1337.6U/L、1844.5U/L、1866.8U/L、1127.8U/L，而在投加废水后当天各体系中漆酶酶活仅为 38.3~54.2U/L，可以看出投加废水后对之前纯培养体系造成强烈冲击，严重影响产漆酶情况。这可能是由于玉米秸秆纤维素乙醇废水水质复杂，不仅 COD 浓度高，并且含有大量硫酸盐（Palli et al.，2016）。随着时间的增加，体系中漆酶逐渐恢复且不断升高，直至到达酶活峰值（图 5.50），从而对各体系中木质素进行有效降解。不同时间废水投加体系在第 15 天时均可获得 40%以上的木质素降解率，其中第 5 天投加废水体系木质素降解率已达到50.1%，在第 19 天降解率达到 68.4%。从木质素降解率随时间变化趋势来看，该菌种对不同废水投加时间木质素的降解率大小不同，但是总的作用趋势相同。另

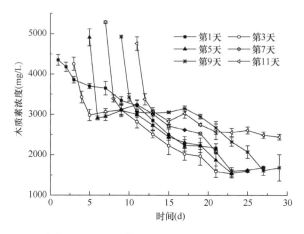

图 5.48 不同废水投加时间对青顶拟多孔菌降解废水中木质素浓度变化

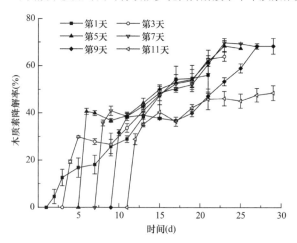

图 5.49 不同废水投加时间对青顶拟多孔菌降解废水中木质素降解率变化

外从木质素降解效果还可以看出，第 3 天、第 5 天、第 7 天投加废水体系，在进行到第 21 天时木质素的降解率均在 60%以上。结合体系中漆酶酶活来看，当第 1 天、第 3 天、第 5 天、第 7 天投加废水体系进行到第 15～17 天时，第 9 天投加废水体系进行到 15～21 天时，均可以检测到 1200U/L 以上的漆酶（图 5.50）。

一般认为 BOD_5/COD 大于 0.3 的废水属于可生物降解废水，并且 BOD_5 越高，废水的可生化性越好。Palli 等（2016）利用烟管菌和糙皮侧耳菌对石油化学废水进行处理后，废水中 BOD_5/COD 得到提升。由废水不同投加时间对其可生化性影响的结果可以得出（表 5.17），在投加废水时间不同的情况下，经青顶拟多孔菌处理后的各体系中 BOD_5/COD 均有所提升，且都提升至 0.58 以上，最高达到 0.64，由此说明体系中可微生物降解的有机物比例增加，可生化性得到提高。从废水经处理后体系的 BOD_5/COD 来看，第 9 天投加废水经处理后体系中 BOD_5/COD 最

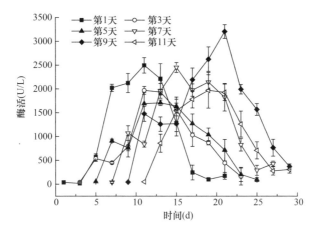

图 5.50　不同投加时间废水体系中青顶拟多孔菌漆酶活性情况

大，可生化性最好，BOD$_5$/COD 由 0.49 提升至 0.64。结合漆酶酶活峰值来看，不同废水投加时间影响酶活峰值，而且酶活峰值越高，处理后体系中 BOD$_5$/COD 越大，同时可生化性越好。利用黄孢原毛平革菌降解活性染料研究得出，不同染料投加时间对酶活峰值也有明显影响，但是不影响染料脱色效果（Zeng et al., 2014）。对木质素的降解同样也与漆酶有关，随着时间的进行，在漆酶酶活不断升高，直至到达酶活峰值的期间（图 5.50），木质素的降解率不断升高。经青顶拟多孔菌处理的废水体系，不但可对木质素进行降解，还可提高废水的可生化性。

表 5.17　青顶拟多孔菌处理前后体系中 BOD$_5$/COD 及漆酶酶活峰值

投加时间	处理前 BOD$_5$/COD	处理后 BOD$_5$/COD	漆酶酶活峰值（U/L）
第 1 天	0.49	0.60	2494.6
第 3 天	0.49	0.59	1969.5
第 5 天	0.49	0.58	1708.4
第 7 天	0.49	0.62	2450.1
第 9 天	0.49	0.64	3205.7
第 11 天	0.49	0.59	1969.5

（2）不同培养方式对废水降解的情况

悬浮培养和聚氨酯泡沫载体固定化培养 0d 后的青顶拟多孔菌对稀释 20% 的玉米秸秆纤维素乙醇废水中木质素的降解情况如图 5.51 和图 5.52 所示。随着降解时间增加，废水中木质素浓度不断降低，并且在降解第 0 天至第 8 天下降较快，第 8 天以后木质素浓度变化不大。木质素降解率在第 0 天至第 8 天急剧增加，后期降解率有很小幅度的变化，第 8 天木质素降解率为 34.0%，之后木质素降解率变化不明显。聚氨酯泡沫载体固定化培养 0d 后的青顶拟多孔菌对废水中木质素的降解情况如图 5.52 所示。由图 5.52 可知，随着降解时间增加，废水中木质素浓度

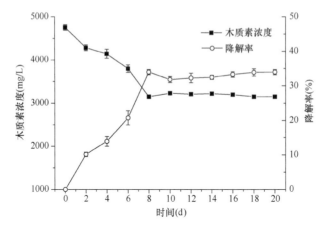

图 5.51 悬浮培养 0d 体系中木质素浓度及木质素降解率

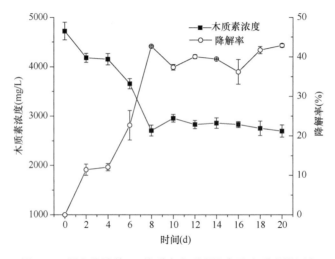

图 5.52 固定化培养 0d 体系中木质素浓度及木质素降解率

不断降低，木质素降解率在处理的第 0 天至第 8 天不断提升，在第 8 天木质素降解率达到 42.7%，此后青顶拟多孔菌对木质素的降解减慢。由此可见，与悬浮培养废水中木质素的降解效果比较，聚氨酯泡沫载体固定化培养的青顶拟多孔菌提高了对废水中木质素的降解效果，降解率提升了 8.7%。

悬浮培养和聚氨酯泡沫载体固定化培养 1d 的青顶拟多孔菌对稀释 20% 的玉米秸秆纤维素乙醇废水中木质素降解情况如图 5.53 和图 5.54 所示。由图 5.53 可知，随着降解时间的增加，悬浮培养 1d 的青顶拟多孔菌体系中，在试验进行的第 1 天至第 21 天，废水中木质素浓度呈线性趋势不断降低。固定化培养体系中木质素浓度在降解初期第 1 天至第 3 天下降较快，后期不断降解，在试验进行的第 15 天至第 21 天木质素浓度变化不大，如图 5.54 所示。聚氨酯载体固定化培养体系

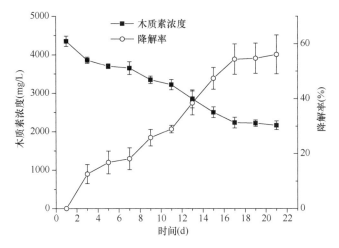

图 5.53　悬浮培养 1d 体系中木质素浓度及木质素降解率

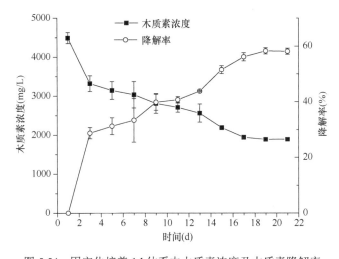

图 5.54　固定化培养 1d 体系中木质素浓度及木质素降解率

中，在降解初期第 1 天至第 3 天木质素浓度明显下降，木质素降解率迅速提高，第 5 天获得 30%以上的降解率，第 15 天获得 50%以上的降解率。悬浮培养体系中在第 13 天木质素降解率达到 30%以上，获得 50%以上木质素降解率需要在第 17 天完成。与悬浮培养 1d 的青顶拟多孔菌体系中木质素降解效果比较，聚氨酯泡沫载体固定化培养 1d 的青顶拟多孔菌提高了木质素的降解速率，降解率提前 2d 达到稳定。就木质素降解率而言，聚氨酯泡沫载体固定化培养可获得同等甚至略高于悬浮培养体系中的木质素降解率。

悬浮培养 5d 和聚氨酯泡沫载体固定化培养 5d 的青顶拟多孔菌对稀释 20%的玉米秸秆纤维素乙醇废水中木质素的降解情况如图 5.55 和图 5.56 所示。由图 5.55

可知，随着降解时间的增加，悬浮培养 5d 的青顶拟多孔菌体系中，木质素初始降解速度较快，后期降解缓慢，在试验进行的第 7 天木质素降解率为 40%，直至第 21 天木质素降解率达到 60% 以上。固定化培养体系中木质素浓度在降解初期第 5 天至第 9 天下降较快，后期不断降解，在试验进行的第 11 天木质素降解率为 61.8%，在试验进行的第 13 天至第 25 天木质素降解率变化不大，在 62.0%～65.0%，如图 5.56 所示。聚氨酯载体固定化培养体系中，在降解初期第 5 天至第 11 天木质素浓度明显下降，木质素降解率迅速提高，第 9 天获得 50% 以上的降解率，第 11 天获得 60% 以上的降解率。悬浮培养体系中在第 15 天木质素降解

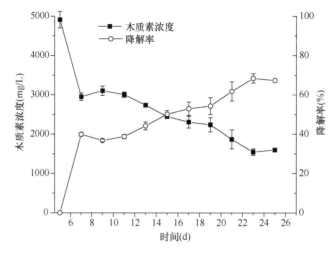

图 5.55　悬浮培养 5d 体系中木质素浓度及木质素降解率

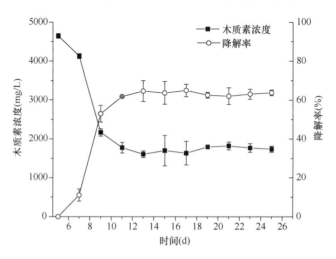

图 5.56　固定化培养 5d 体系中木质素浓度及木质素降解率

率才达到 50%以上，获得 60%以上木质素降解率需要在第 21 天完成。与悬浮培养 5d 的青顶拟多孔菌体系中木质素降解效果比较，聚氨酯泡沫载体固定化培养 5d 的青顶拟多孔菌提高了木质素的降解速率，降解率提前 10d 达到稳定。就木质素降解率而言，聚氨酯泡沫载体固定化培养可获得高于悬浮培养的木质素降解率。由此可见，聚氨酯泡沫载体固定化培养 5d 后处理效果好于同等条件悬浮培养 5d 后的培养方式，而且达到最高木质素降解率的降解时间提前了 10d。

固定化白腐真菌技术能有效提高体系中木质素降解效果，使系统的降解速度和降解效果均优于悬浮培养。由图 5.57 和图 5.58 可知，聚氨酯泡沫载体固定化培

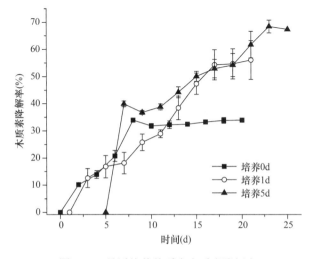

图 5.57　悬浮培养体系中木质素降解率

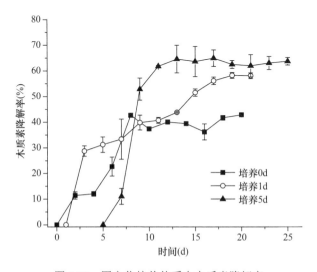

图 5.58　固定化培养体系中木质素降解率

养的青顶拟多孔菌降解木质素效果要好于悬浮培养，而且木质素降解率提前达到稳定，最终木质素降解效果均好于同等条件悬浮培养方式。

综上所述，聚氨酯泡沫载体固定化培养的青顶拟多孔菌降解木质素效果均好于悬浮培养，而且木质素降解率提前达到稳定，降解效果均好于同等条件悬浮培养方式。为了进一步降低白腐真菌的培养成本，以下试验是对不含有液体培养基的稀释20%的废水进行降解尝试，探讨悬浮培养和聚氨酯泡沫载体固定化培养两种培养方式对废水中木质素处理效果的影响。

悬浮培养和聚氨酯泡沫载体固定化培养对不含液体培养基的稀释20%废水中木质素浓度和木质素降解率情况如图5.59和图5.60所示。随着降解时间增加，废

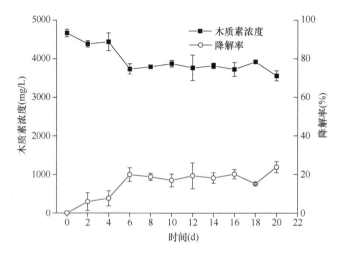

图 5.59　悬浮培养 20d 体系中木质素浓度及木质素降解率

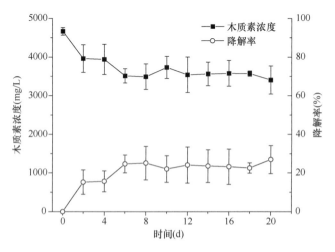

图 5.60　固定化培养 20d 体系中木质素浓度及木质素降解率

水中木质素浓度不断降低，并且木质素初始降解速度较快，第 6 天木质素降解率达到 20%，此后青顶拟多孔菌对木质素的降解减慢。由此可见，不含液体培养基的稀释 20%废水体系中青顶拟多孔菌对木质素有一定去除，降解了体系中约 20%的木质素。聚氨酯泡沫载体固定化培养体系中木质素浓度在降解第 0 天至第 6 天明显下降，第 6 天以后木质素浓度变化不大。木质素降解率在第 0 天至第 6 天急剧增加，第 6 天木质素降解为 24.7%，后期木质素降解率小幅度变化，在第 20天木质素降解率为 27%。由此可见，就木质素降解率而言，聚氨酯泡沫载体固定化培养可获得同等甚至略高于悬浮培养的木质素降解率。

不同培养方式对废水中木质素降解效果有一定的影响，且聚氨酯泡沫载体固定化培养体系中木质素降解效果均优于悬浮培养体系。由于厌氧-好氧工艺处理后的玉米秸秆纤维素乙醇废水不仅木质素含量高（石智慧，2010；刘苏彤等，2017；

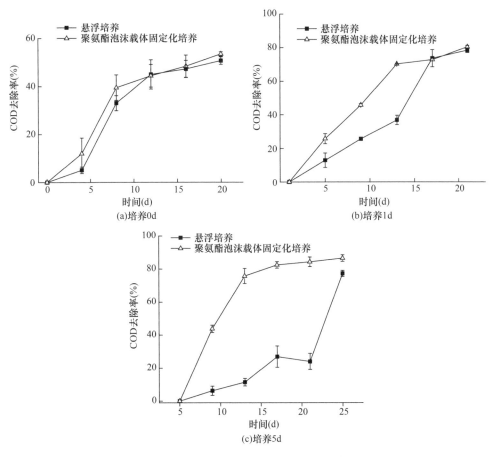

图 5.61　不同培养时间体系中 COD 去除率

李雪等，2017），其废水中 COD 浓度很高，以下试验考察不同培养方式下青顶拟多孔菌对玉米秸秆纤维素乙醇废水中 COD 处理效果的影响。如图 5.61 所示，在不同培养时间条件下，悬浮培养和聚氨酯泡沫载体固定化培养体系均对 COD 有一定的去除，且 COD 去除率均在 50%以上，而且聚氨酯泡沫载体固定化培养体系的 COD 去除率均可等同于甚至略高于悬浮培养体系。

聚氨酯泡沫载体固定化培养 5d 的体系中 COD 去除率最高，在第 25 天获得 86.5%的 COD 去除率，COD 去除率高于同等条件悬浮培养体系近 10%，且在第 13 天 COD 去除率已经达到 75.7%，而悬浮培养体系 COD 去除率在第 25 天才完成 70%以上的 COD 去除率。由此可见，固定化培养体系可以提前达到对 COD 的去除效果。聚氨酯泡沫载体固定化培养 1d 和 3d 的体系中的 COD 去除效果均略高于同等条件下悬浮培养体系中的 COD 去除效果。

悬浮培养和聚氨酯泡沫载体固定化培养对不含液体培养基的稀释 20%废水中 COD 浓度及 COD 去除率情况如图 5.62 和图 5.63 所示。悬浮培养的青顶拟多孔菌对 20%废水中的 COD 在第 12 天时获得了最大去除效果，COD 浓度由 5798.6mg/L 降至 2567.3mg/L，去除率达 55.7%。之后，随着降解时间的增加，COD 的去除效果没有显著提高，去除率始终维持在 49.8%～55.7%。由此可见，青顶拟多孔菌可以处理玉米秸秆纤维素乙醇废水，COD 去除率在 50%左右。聚氨酯泡沫载体固定化培养的废水中 COD 去除率情况如图 5.63 所示，在第 4 天 COD 去除率达 38%，之后，随着降解时间的增加，第 12 天去除率达到 60%以上，在第 20 天获得最高去除率，高达 62.1%，相比悬浮培养体系中 COD 去除率提升了约 7%。

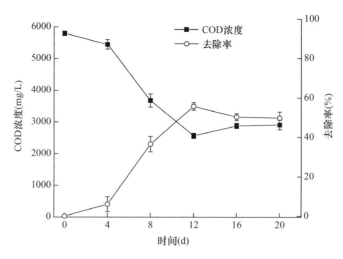

图 5.62　悬浮培养体系 COD 浓度及去除率

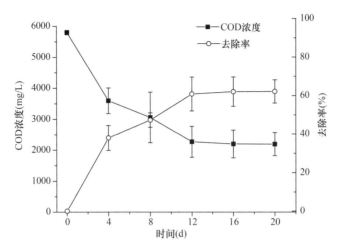

图 5.63　聚氨酯泡沫载体固定化培养体系中 COD 浓度及去除率

5.7.5　非灭菌环境下青顶拟多孔菌处理秸秆纤维素乙醇废水

（1）摇瓶试验中废水降解情况

为了进一步探讨青顶拟多孔菌对废水的降解效果，进行了非灭菌环境下白腐真菌的废水降解试验。在非灭菌环境下，悬浮培养和聚氨酯泡沫载体固定化培养对不含液体培养基的稀释 20%废水中木质素浓度和木质素降解率情况如图 5.64 和图 5.65 所示。随着降解时间增加，废水中木质素浓度不断降低，并且木质素初始降解速度较快，第 6 天木质素降解率达到 20.2%，此后青顶拟多孔菌对木质素的降解减慢。由此可见，青顶拟多孔菌在非灭菌环境下悬浮培养体系对不含液体培养基的稀

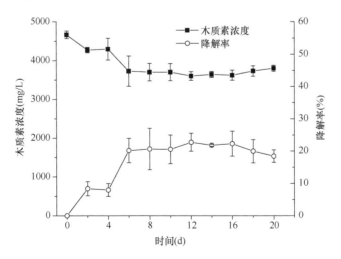

图 5.64　非灭菌环境悬浮培养体系中木质素浓度及降解率

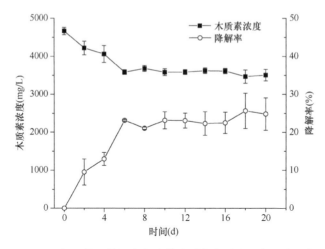

图 5.65　非灭菌环境固定化培养体系中木质素浓度及降解率

释 20%废水体系中木质素有一定去除效果,降解了体系中约 20%的木质素。聚氨酯泡沫载体固定化培养体系中木质素浓度在降解第 0 天至第 6 天明显下降,第 6 天以后木质素浓度变化不大。木质素降解率在第 0 天至第 6 天急剧增加,第 6 天木质素降解率为 23.2%,后期木质素降解率小幅度变化,在第 18 天木质素降解率为 25.7%。由此可见,非灭菌环境下,不同培养方式均对废水中木质素有一定的降解效果,且聚氨酯泡沫载体固定化培养体系中木质素降解率略高于悬浮培养体系中。

对比灭菌环境与非灭菌环境下悬浮培养和聚氨酯泡沫载体固定化培养情况下对废水中木质素降解的情况,如图 5.66 所示。悬浮培养条件下,灭菌与非灭菌环境体系中的木质素降解率分别为 23.7%与 20.2%。聚氨酯泡沫载体固定化培养条

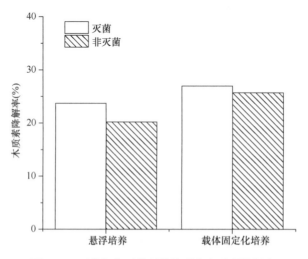

图 5.66　灭菌与非灭菌环境体系中木质素降解率

件下，灭菌与非灭菌环境体系中木质素的降解率分别为 27.0%与 25.7%。由此可见，在非灭菌环境下，青顶拟多孔菌对废水中木质素的降解效果与灭菌环境体系中的木质素降解效果相差不大。悬浮培养条件下，非灭菌环境对木质素降解效果有一定的影响；聚氨酯泡沫载体固定化培养条件下，灭菌与非灭菌环境对木质素降解效果相当。这可能是由于玉米秸秆纤维素乙醇废水成分中主要含有大量木质素，木质素结构复杂，是公认的难降解污染物（Vanholme et al.，2010；Chiawei and Sabaratnam，2012），不利于其他杂菌生存，从而使青顶拟多孔菌在降解体系中处于优势地位，而白腐真菌是自然界中重要的木质素降解菌，主要依靠分泌的胞外漆酶催化氧化分解木质素（Chandel et al.，2010；Munk et al.，2015）。另外聚氨酯泡沫载体固定化技术有利于抵御杂菌的进攻，有一定程度的抑菌作用，使灭菌环境与非灭菌环境下降解木质素效果相当（曾永刚和高大文，2008）。

　　从非灭菌情况下玉米秸秆纤维素乙醇废水降解效果来看，选择聚氨酯泡沫载体固定化方式培养的青顶拟多孔菌对废水中木质素的降解效果略高于悬浮培养方式，但木质素降解率仍然较低，仅为 20%左右。为得到理想的木质素降解效果，继续探讨非灭菌环境下聚氨酯泡沫载体固定化培养降解方案。为获得具有高木质素降解率工艺条件，尝试增加载体质量，考察其对玉米秸秆纤维素乙醇废水降解的影响。考察载体质量分别为 1.2g/100ml、1.6g/100ml 情况下废水中木质素的降解情况，如图 5.67 所示。增加载体质量后的降解体系在第 2 天就可获得 20%以上的木质素降解率，为 24.37%，相比载体质量为 1.2g/100ml 的降解体系，提前了 4 天达到其最高木质素降解效果。两种情况下的木质素降解率在第 6 天达到稳定，分别为 35.4%、23.2%。由此可见，载体质量为 1.6g/100ml 反应体系获得较高的木质素降解率，木质素降解率提高 12.2%。

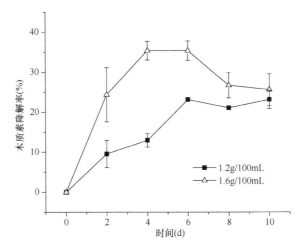

图 5.67　非灭菌环境下不同载体质量体系中木质素降解率

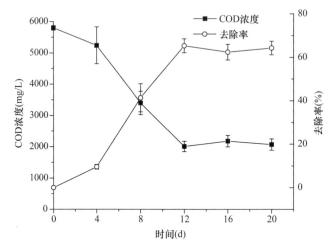

图 5.68　非灭菌环境悬浮培养体系中 COD 浓度及去除率

　　非灭菌环境下悬浮培养和聚氨酯泡沫载体固定化培养对不含液体培养基的稀释 20%废水中 COD 去除率情况如图 5.68 和图 5.69 所示。悬浮培养体系降解的废水在第 12 天时获得了最大的 COD 去除效果，COD 浓度由 5798.6mg/L 降至 2008.8mg/L，去除率达 65.3%。之后，随着降解时间的增加，COD 的去除效果没有显著提高，去除率始终维持在 62.4%～65.3%。由此可见，非灭菌环境下悬浮培养的稀释 20%废水体系中青顶拟多孔菌对 COD 去除率可达 60%以上。

　　聚氨酯泡沫载体固定化培养体系中 COD 浓度在降解第 0 天至第 4 天明显下降，第 6 天以后木质素浓度变化不大（图 5.69）。COD 去除率在第 0 天至第 12 天

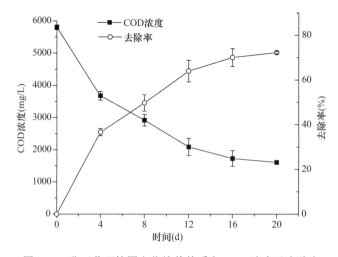

图 5.69　非灭菌环境固定化培养体系中 COD 浓度及去除率

急剧增加，第 12 天 COD 去除率为 64%，第 12 天至第 20 天 COD 去除率小幅度继续增加，在第 20 天 COD 去除率为 72.2%。由此可见，不同培养方式对非灭菌环境下降解废水中 COD 有一定的影响，聚氨酯泡沫载体固定化培养体系中 COD 去除率略高于悬浮培养体系，提高 6.7%。

（2）反应器试验中废水降解情况

反应器运行试验中，青顶拟多孔菌对稀释 20% 的玉米秸秆纤维素乙醇废水中木质素降解有一定的效果。图 5.70 为青顶拟多孔菌对废水降解过程中木质素的去除情况。由图 5.70 可知，随着降解时间的增加，废水中木质素浓度不断降低，且木质素在第 4 天至第 10 天降解速度较快，第 10 天木质素降解率达到 31.3%，此后青顶拟多孔菌对木质素的降解减慢。由此可见，青顶拟多孔菌仅降解了体系中约 30% 的木质素。

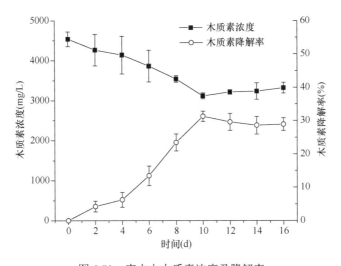

图 5.70　废水中木质素浓度及降解率

鉴于漆酶的组成结构中金属 Cu^{2+} 的特殊位置，决定了其对酶活具有特殊作用，金属 Cu^{2+} 的最适浓度为 0.5μmol/L，故选择添加 0.5μmol/L 浓度的金属 Cu^{2+}。

反应体系添加诱导物金属 Cu^{2+} 对玉米秸秆纤维素乙醇废水中木质素的降解情况如图 5.71 所示。添加诱导物金属 Cu^{2+} 的体系中，废水中的木质素降解效果得到提高，木质素降解率接近 60%。在降解初期第 0 至第 4 天木质素降解率缓慢升高，后期降解率有很大幅度的变化。与不含诱导物金属 Cu^{2+} 的废水稀释 20% 体系中木质素降解效果比较，添加诱导物的青顶拟多孔菌提高了对木质素的降解率，木质素降解率在试验进行的第 8 天达到 43.5%，提高 13.9%。且在降解第 10 天废水中木质素浓度仍然在继续降低，直到第 16 天木质素降解率高达 59.1%，提高 29.5%。后期废水中木质素降解效果没有显著提高，降解率始终维持在 58.3%～59.1%。就

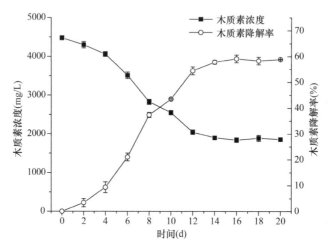

图 5.71　添加诱导物金属铜离子 20%的废水体系中木质素浓度及降解率

木质素降解率而言，添加诱导物金属 Cu^{2+} 的废水体系中木质素降解效果优于不添加诱导物金属 Cu^{2+} 废水。分析其原因，漆酶是一种含 Cu^{2+} 的多酚氧化酶，其反应机理主要是依靠底物自由基的生成和漆酶分子中 4 个 Cu^{2+} 的协同作用，故 Cu^{2+} 在漆酶的构成及反应中起到特殊作用。Cu^{2+} 能够促进青顶拟多孔菌产漆酶，加入适当浓度的金属 Cu^{2+}，可以提供漆酶组成的必要元素，有助于漆酶的合成，大幅度增加菌种的漆酶分泌量（Cuiping et al.，2016）。木质素降解过程是以自由基为基础的链式反应，芳香底物的氧化反应通过一个电子的转移实现（Palli et al.，2016）。漆酶在有氧条件下通过对木质素分子进行氧化，将氧分子还原成水。

反应器运行试验中，青顶拟多孔菌对稀释 20%的玉米秸秆纤维素乙醇废水中 COD 有较好的去除效果。图 5.72 为青顶拟多孔菌去除废水中 COD 浓度及去除率

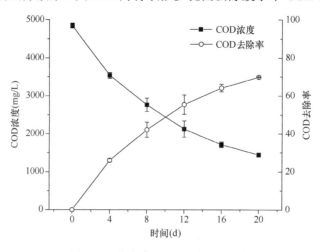

图 5.72　废水中 COD 浓度及去除率

变化情况。随着处理时间的延长，在第 0 天至第 4 天，COD 浓度由 4850.3mg/L
降为 3539.2mg/L，第 4 天体系中 COD 去除率达到 27.0%。在第 4 天至第 16 天，
青顶拟多孔菌对体系中 COD 的去除大幅度增加，在第 20 天 COD 去除率达到
69.8%，COD 浓度降为 1444.1mg/L。

反应体系添加诱导物金属铜离子对玉米秸秆纤维素乙醇废水中 COD 去除情
况如图 5.73 所示。添加诱导物金属铜离子的体系中，随着处理时间的延长，在第
0 天至第 4 天，COD 浓度由 4452.8mg/L 降为 3326.0mg/L，第 4 天体系中 COD 去
除率达到 25.3%。第 4 天至第 8 天，青顶拟多孔菌对体系中 COD 的去除继续增加，
在第 8 天 COD 去除率达到 53.5%，COD 浓度降为 2068.68mg/L。第 8 天至第 20
天 COD 去除率持续升高，在第 20 天达到 79.9%。由此可见，添加诱导物金属铜
离子的青顶拟多孔菌提高了对 COD 的去除，去除率提高 10.1%。

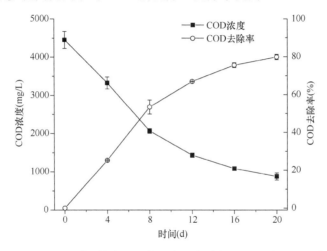

图 5.73　添加诱导物金属铜离子废水体系中 COD 浓度及去除率

参 考 文 献

白云, 李川, 焦昭杰. 石油污染土壤生物修复室内模拟试验[J]. 三峡环境与生态, 2011, 33(1): 26-28.

曹治云, 郑腾, 谢必峰, 等. 漆酶在生物检测中的应用进展[J]. 传感器技术, 2004, 23(8): 1-3.

常天俊, 潘文维, 赵丽, 等. 白腐真菌对染料脱色的培养条件研究[J]. 环境工程学报, 2007, (2): 54-58.

陈坚, 刘立明, 堵国成. 环保用酶制剂的研究与应用现状[J]. 苏州城建环保学院学报, 2002, 15(2): 1-7.

陈建海, 李慧蓉. 黄孢原毛平革菌对多环芳烃菲的生物降解[J]. 江苏石油化工学院学报, 2000, 12(3): 30-32.

陈静, 胡俊栋, 王学军, 等. 白腐真菌对土壤中多环芳烃降解的研究[J]. 环境化学, 2005, 24(3): 270-274.

陈静, 王学军, 胡俊栋, 等. 表面活性剂对白腐真菌降解多环芳烃的影响[J]. 环境科学, 2006, 27(1): 154-159.

陈军, 高大文, 池玉杰, 等. 偏肿拟栓菌 *Pseudotrametes gibbosa* 产漆酶的条件优化[J]. 菌物学报, 2008, (6): 940-946.

陈军. 白腐真菌产漆酶的条件优化及其对多环芳烃的降解[D]. 东北林业大学硕士学位论文, 2008.

陈蕾. 烟管菌多糖的分离制备及降血糖活性研究[D]. 沈阳农业大学硕士学位论文, 2017.

陈兆林, 胡大烽, 李慧蓉. 白腐真菌锰过氧化物酶的研究[J]. 江苏工业学院学报, 2006, (1): 14-17.

程永前, 蒋大和, 陆雍森. 白腐真菌对活性艳红 X-3B 脱色性能的试验[J]. 工业用水与废水, 2006, (4): 31-33.

程永前, 黄民生, 张国莹. 白腐真菌对染料脱色及降解过程机理和影响因素[J]. 环境污染治理技术与设备, 2000, (6): 25-34.

池玉杰, 谷新治. 偏肿革裥菌研究进展[J]. 吉林农业大学学报, 2021, 43(3): 275-282.

池玉杰, 伊洪伟. 木材白腐菌分解木质素的酶系统——锰过氧化物酶、漆酶和木质素过氧化物酶催化分解木质素的机制[J]. 菌物学报, 2007, 26(1): 153-160.

代小丽, 王硕, 李佳斌, 等. 漆酶降解有机污染物的研究进展[J]. 环境保护科学, 2020, 46(3): 95-103.

党晋华, 刘利军, 赵颖, 等. 太原市小店污灌区土壤重金属和多环芳烃复合污染现状评价[J]. 山西农业科学, 2013, 41(10): 4.

丁洁, 王银善, 沈学优, 等. 白腐真菌体对菲和芘的吸附-脱附作用及影响因素[J]. 环境科学学报, 2010, 30(4): 825-831.

丁洁. 白腐真菌对多环芳烃的生物吸附与生物降解及其修复作用[D]. 浙江大学硕士学位论文, 2012.

杜丽娜. 高效降解多环芳烃白腐真菌菌种的筛选及降解特性[D]. 东北林业大学硕士学位论文,

2010.

范寰, 梁军锋, 赵润, 等. 碳氮源对复合木质素降解菌木质素降解能力及相关酶活的影响[J]. 农业环境科学学报, 2010, 29(7): 1394-1398.

方华, 黄俊, 陈望, 等. 白腐菌分泌漆酶的培养条件研究[J]. 化学与生物工程, 2008, 25(8): 30-33.

冯红, 张义正. 黄孢原毛平革菌木质素过氧化物酶基因对营养的转录应答[J]. 四川大学学报(自然科学版), 2000, (S1): 153-160.

付林俊, 刘海, 张晓晴, 等. 不同离子对漆酶酶活的影响[J]. 化学试剂, 2019, 41(8): 830-835.

傅恺. 真菌漆酶高产菌株的发酵产酶及酶促降解有机染料的动力学研究 [D]. 华南理工大学博士学位论文, 2013.

高大文, 文湘华, 周晓燕, 等. 微量元素对白腐真菌的生长影响和抑制酵母菌效果的研究[J]. 环境科学, 2006, 27(8): 1623-1626.

高大文, 赵欢, 李莹, 等. 有机污染场地生物修复技术挑战与展望[J]. 应用技术学报, 2021, 21(4): 13.

高大文, 文湘华, 钱易. 不同培养方式对白腐真菌降解染料体系抑杂菌效果的影响[J]. 清华大学学报, 2005c, 45(12): 1625-1628.

高大文, 文湘华, 钱易. 应用白腐真菌降解染料的研究现状及发展趋势[J]. 哈尔滨工业大学学报, 2005a, 37(9): 1200-1204.

高大文, 文湘华, 钱易. 自然(非灭菌)环境白腐真菌降解活性艳红染料[J]. 中国科学(B 辑: 化学), 2007, (4): 402-407.

高大文, 文湘华, 周晓燕, 等. pH 值对白腐真菌液体培养基抑制杂菌效果的影响研究[J]. 环境科学, 2005b, 26(6): 173-179.

高大文, 文湘华, 周晓燕, 等. 非灭菌环境投加染料时间对白腐真菌降解活性染料的影响[J]. 环境科学学报, 2005d, (4): 519-524.

高恩丽. 云芝漆酶的生产及其应用基础研究[D]. 浙江大学博士学位论文, 2007.

高千千, 朱启忠. 漆酶-介体体系(LMS)及其应用[J]. 环境工程, 2009, (S1): 598-602.

高尚, 张晶, 黄民生. 黄孢原毛平革菌摇瓶体系产锰过氧化物酶优化研究[J]. 上海化工, 2007, (9): 17-19.

高迎新, 张昱, 杨敏, 等. Fe^{3+}或Fe^{4+}均相催化 H_2O_2 生成羟基自由基的规律[J]. 环境科学, 2006, 27(2): 305-309.

龚平, 李培军, 孙铁珩. Cd、Zn、菲和多效唑复合污染土壤的微生物生态毒理效应[J]. 中国环境科学, 1997, 17(1): 58-62.

官嵩. 复合纳米生物材料处理重金属-有机物复合废水的研究[D]. 湖南大学硕士学位论文, 2012.

管筱武, 张甲耀, 郑连爽, 等. 嗜碱性木素降解菌降解能力的初步研究[J]. 中国造纸, 1999, 18(6): 19-21.

郭莹, 崔康平. 硫酸盐还原对三氯乙烯生物降解的影响[J]. 环境工程学报, 2014, 8(10): 4159-4162.

何瑞瑞. 探究持久性有机污染物在中国的环境监测现状[J]. 资源节约与环保, 2020, 1: 40-42.

贺心然, 宋晓娟, 逄勇, 等. 连云港市典型蔬菜基地土壤中重金属和有机氯污染调查与评价[J]. 环境监控与预警, 2014, 6(4): 39-42.

洪晓燕, 张天炼. 影响农药利用率的相关因素分析及改进措施[J]. 中国森林病虫, 2010, 29: 41-3.

侯红漫, 周集体, 陈丽. 白腐菌漆酶特性及异生芳香化合物的降解[J]. 林产化学与工业, 2003, 23(1): 6.

侯红漫, 周集体, 王竞, 等. 白腐菌糙皮侧耳漆酶性质及其对蒽醌染料脱色性能的研究[J]. 林产化学与工业, 2004, (1): 48-52.

侯红漫. 白腐菌 *Pleurotus ostreatus* 漆酶及对蒽醌染料和碱木素脱色的研究[D]. 大连理工大学博士学位论文, 2003.

侯晓鹏, 李春华, 叶春, 等. 不同电子受体作用下微生物降解多环芳烃研究进展. 环境工程技术学报, 2016, 6(1): 7.

胡霜. 接种白腐真菌改善含铅农业固废微环境及其作用机理的研究[D]. 湖南大学博士学位论文, 2011.

胡延如, 柴茜茜, 董浩哲, 等. 磷酸氢二铵对糙皮侧耳菌丝生长及基质降解酶活性的影响[J]. 菌物学报, 2022, 41(4): 658-667.

黄乾明, 谢君, 张寒飞, 等. 漆酶高产菌株的诱变选育及其产酶条件[J]. 菌物学报, 2006, 25(2): 263-272.

黄亚鹤, 常天俊, 杨中东. 白腐菌对染料废水脱色的研究[J]. 工业加热, 2007, 36(6): 3.

季立才, 胡培植. 漆酶的结构、功能及其应用[J]. 氨基酸和生物资源, 1996, 18(1): 25-29.

贾振杰, 李慧君, 杨清香, 等. 不同培养基对富集筛选脱色真菌菌群的效果比较[J]. 微生物学通报, 2007, (4): 629-632.

江凌, 吴海珍, 韦朝海, 等. 白腐菌降解木质素酶系的特征及其应用[J]. 化工进展, 2007, 26(2): 198-203.

蒋盛岩, 张志光. 真菌的分子生物学鉴定方法研究进展[J]. 生物学通报, 2002, (10): 4-6.

鞠晓橄, 樊阅益, 王玉军. 北方农田土壤有机农药污染现状及修复技术综述[J]. 科技世界, 2016, 20: 151-2.

康从宝, 赵建, 李清心, 等. 层孔菌产漆酶的摇瓶最适培养条件研究[J]. 微生物学通报, 2002, 29(3): 42-45.

劳齐斌, 卜德志, 张可欣, 等. 福建沿海海岛大气颗粒物中有机氯农药的区域背景及污染特征[J]. 环境科学研究, 2018, 31(10): 1719-1727.

李翠珍, 文湘华. 白腐真菌 F2 的生长及产木质素降解酶特性的研究[J]. 环境科学学报, 2005, 25(2): 226-231.

李华钟, 章燕芳, 华兆哲, 等. 黄孢原毛平革菌合成锰过氧化物酶的工艺[J]. 食品与生物技术, 2002, 1(6): 25-34.

李慧蓉. 白腐真菌的研究进展[J]. 环境科学进展, 1996a , 4(6): 69-77.

李慧蓉. 白腐真菌在碳素循环中的地位和作用[J]. 微生物学通报, 1996b , 23(2): 105 -109.

李慧蓉. 白腐真菌对染料的脱色降解及应用前景[J]. 染料工业, 2002, (6): 42-45.

李慧蓉. 白腐真菌生物学和生物技术[M]. 北京: 化学工业出版社, 2005

李慧蓉, 陈建海. 黄孢原毛平革菌对多环芳烃菲的生物降解[J]. 江苏石油化工学院学报, 2000, 20(2): 11-13.

李佳谣. 白腐真菌处理秸秆纤维素乙醇废水的试验研究[D]. 东北林业大学博士学位论文, 2018.

李启虔. 基于真菌固定化技术的多环芳烃污染土壤的生物修复研究[D]. 中国科学院大学(中国科学院广州地球化学研究所)博士学位论文, 2021.

李秋旭, 何畅, 马召辉, 等. 青海省西宁市和天峻县大气颗粒物中有机氯农药和类二噁英多氯联苯的水平与分布[J]. 环境科学, 2015, (2): 402-407.

李茹光.吉林省有用和有害真菌[M]. 长春: 吉林人民出版社, 1980.

李伟明, 鲍艳宇, 周启星. 四环素类抗生素降解途径及其主要降解产物研究进展[J]. 应用生态学报, 2012, 23(8): 2300-2308.

李文燕. 黄孢原毛平革菌抗营养阻遏产漆酶特性及其生理调控机制研究[D]. 福建农林大学硕士学位论文, 2012.

李雪, 刘苏彤, 梁红, 等. 温度对好氧颗粒污泥处理纤维素乙醇废水脱氮效能的影响[J]. 环境科学学报, 2017, 37(4): 1436-1443.

李亚楠, 张艳, 尚迪, 等. 不同糙皮侧耳菌株氨耐受性分析[J]. 食用菌学报, 2021, 28(4): 57-63.

李彦春, 徐旭东, 王智, 等. 共固定化白腐菌对染料脱色的研究[J]. 齐鲁工业大学学报(自然科学版), 2016, 30(5): 9-13.

李玉英, 杨震宇. 漆酶的特性和应用研究进展[J]. 江西科学, 2009, 27(5): 681-687.

李振华. 木质素降解过程中纤维二糖脱氢酶和漆酶协同作用的初步研究[D]. 山东大学硕士学位论文, 2009.

梁奔强, 薛花.重金属-有机物复合污染土壤修复研究进展[J]. 广东化工, 2020, 47(15): 126-128.

梁红. 黄孢原毛平革菌培养条件的优化及对染料的降解研究[D]. 东北林业大学硕士学位论文, 2008.

梁晓玉, 崔周磊, 王洪成, 等. 木质素过氧化物酶的应用[J]. 生物学杂志, 2021, 38(3): 99.

林刚, 文湘华, 钱易. 液体培养基中添加天然成分对白腐真菌 *Phanerochaete chrysosporium* 生长的促进作用[J]. 环境科学, 2003, (4): 41-47.

林先贵, 吴宇澄, 曾军, 等. 多环芳烃的真菌漆酶转化及污染土壤修复技术[J]. 微生物学通报, 2017, 44(7): 1720-1727.

林欣萌. 我国农田土壤典型挥发性有机物的测定及其残留特征分析[D]. 浙江大学硕士学位论文, 2020.

刘东华. 黄孢原毛平革菌胞外过氧化物酶的生产、固定化及应用 [D]. 浙江工业大学硕士学位论文, 2008.

刘桂萍, 王鲁萍, 王瑾, 等. 开放体系下霉菌 7 对偶氮染料的吸附降解[J]. 纺织学报, 2012, 33(3): 67-73.

刘俊. 白腐真菌对菲、蒽和荧蒽降解性能和机理的研究[J]. 安徽大学硕士学位论文, 2019.

刘丽. 白腐真菌漆酶诱导表达的机制研究[D]. 西南大学硕士学位论文, 2015.

刘庆玉, 边义, 李金洋. 白腐菌对玉米秸秆产沼气的试验研究[J]. 安徽农业科学, 2008, (29): 12841-12842.

刘尚旭, 董佳里, 张义正. 糙皮侧耳菌木质素降解酶的比较研究[J]. 四川大学学报(自然科学版), 2000, 37(4): 594-598.

刘尚旭, 赖寒. 木质素降解酶的分子生物学研究进展[J]. 重庆教育学院学报, 2001, 14(3): 64-67.

刘苏彤, 李雪, 梁红, 等. 好氧颗粒污泥处理纤维素乙醇废水的试验研究[J]. 现代化工, 2017, 37(4): 5.

刘潇, 王婷. 持久性有机污染物的现状及来源分析 [J]. 安徽农学通报, 2008, 21: 71-73.

卢蓉, 沈雪亮, 夏黎明. 彩绒革盖菌产漆酶及其对染料脱色的研究[J]. 林产化学与工业, 2005, 25(1): 73-76.

卢蓉. *Coriolus versicolor* 产漆酶及其对染料脱色的研究[D]. 浙江大学硕士学位论文, 2004.

鲁麒. 白腐真菌和芽孢杆菌混合降解苯并芘及其协同作用研究[D]. 中国矿业大学硕士学位论文, 2021.

马妍, 王盾, 徐竹, 等. 北京市工业污染场地修复现状、问题及对策[J]. 环境工程, 2017, 35(10): 120-124.

孟瑶. 白腐真菌复合菌剂的制备及对石油污染土壤修复的研究[D]. 东北林业大学硕士学位论文, 2012.

宁大亮, 王慧, 王立华, 等. 难降解有机物对白腐真菌 P450 的诱导及 P450 的作用[J]. 中国环境科学, 2009, (4): 407-412.

潘峰, 时蕾, 朱慧杰. 白腐真菌粗酶液对印染废水的脱色研究[J]. 安徽农业科学, 2007, (22): 6898-6899.

潘明凤, 姜曼, 周祚万. 木质素生物降解的最新研究进展[J]. 材料导报, 2011, 25(18): 372-377.

潘学仁. 小兴安岭大型经济真菌志[M]. 哈尔滨: 东北林业大学出版社, 1995.

彭滟钞, 曹福祥, 董旭杰, 等. 漆酶的发酵生产及其应用研究进展[J]. 北方园艺, 2013, (24): 206-210.

泊翠翠. 木质素降解酶高产菌株的筛选及酶学性质研究[D]. 沈阳农业大学博士学位论文, 2018.

浦跃武, 甄浩铭, 冯书庭, 等. 白腐菌产锰过氧化物酶条件的研究菌物系统[J]. 菌物系统, 1998, 17(3): 251-255.

任大军, 张晓昱, 颜克亮, 等. 白腐菌对焦化废水中喹啉的降解及机理研究[J]. 环境保护科学, 2006, (1): 20-23.

任仁. 《斯德哥尔摩公约》禁用的 12 种持久性有机污染物[J]. 大学化学, 2003, 18(3): 37-41.

邵喜霞. 秸秆降解菌的诱变筛选及降解效果研究[D]. 甘肃农业大学硕士学位论文, 2009.

沈清江. 漆酶/介体改善马尾松磨石磨木浆纤维特性及其机理研究[D]. 山东轻工业学院硕士学位论文, 2007.

石娇蕊. 降解木质素菌株筛选及玉米秸秆多菌种发酵条件优化[D]. 吉林大学硕士学位论文, 2008.

石智慧. 纤维素乙醇废水生物处理技术研究[D]. 武汉理工大学博士学位论文, 2010.

宋美静. 纸浆氯漂废水的处理[J]. 纤维素科学与技术, 1999, (2): 22-25.

孙巍, 夏春雨, 赵祥杰. 毛云芝菌(Coriolus hirsutus)产漆酶培养条件优化[J]. 食用菌学报, 2008, (15): 69-74.

孙兴凯, 黄海, 王海东, 等. 大型污染场地修复过程中的问题探讨与工程实践[J]. 环境工程技术学报, 2020, 10(5): 883-890.

汤云春, 尤朝阳, 张淑娟, 等. 白腐真菌芘降解特性及其与细菌的协同降解[J]. 环境科学与技术, 2018, 41(10): 34-41.

汪少洁. 白腐真菌降解转化低阶煤的试验及机理研究[D]. 华中科技大学硕士学位论文, 2008.

王蓓, 王圆, 周晓云, 等. 锰过氧化物酶(MnP)的研究进展[J]. 化工技术与开发, 2005, 34(4): 28-31.

王彬, 米娟, 潘学军, 等. 我国部分水体及沉积物中有机氯农药的污染状况 [J]. 昆明理工大学学报: 理工版, 2010, 35(3): 93-99.

王灿, 胡洪营, 于茵, 等. 培养基种类和培养条件对白腐真菌生长和产酶特性的影响[J]. 环境科学研究, 2007, (2): 9-13.

王德强. 白腐菌降解焦化废水的研究[J]. 煤化工, 2004, (6): 25-27.

王国栋, 陈晓亚. 漆酶的性质、功能、催化机理和应用[J]. 植物学通报, 2003, (4): 469-475.

王晶晶, 李为, 徐昀. 真菌降解环境中有毒芳香化合物的研究进展[J]. 安徽农业科学, 2018, 46(10): 46-48.

王璐. 木腐真菌分泌的低分子量物质在木素生物降解中的作用机制[D]. 山东大学博士学位论文,

2008.

王平. 杂色云芝菌液体发酵制备高活力漆酶的研究[J]. 南京林业大学硕士学位论文, 2009.

王森, 张兆祥. 环境介质中十溴二苯乙烷和 1,2-双(2,4,6-三溴苯氧基)乙烷分布特征的研究进展 [J]. 同济大学学报: 自然科学版, 2020, 48(3): 407-417.

王未, 黄从建, 张满成, 等. 我国区域性水体农药污染现状研究分析[J]. 环境保护科学, 2013, (5): 5-9.

王习文, 詹怀宇, 何为. 金属离子对漆酶活性的影响[J]. 中华造纸, 2003, 24(6): 33-35.

王晓燕. 生物法和物理法修复受 2,4-二氯酚污染土壤的对比研究[D]. 武汉科技大学硕士学位 论文, 2008.

王艳婕. 漆酶高产菌株的筛选及香菇漆酶基因克隆[D]. 河南农业大学硕士学位论文, 2004.

王宜磊, 刘兴坦. *Corilus versicolor* 锰过氧化物酶的产生及活性研究[J]. 淄博学院学报(自然科学 与工程版), 2000, (4): 81-83.

王宜磊, 刘兴坦. 彩绒革盖菌漆酶产酶条件研究[J]. 植物学通报, 2001, 18(1): 110-112.

王银善. 生物碳固定化白腐真菌修复 PAHs 污染土壤及作用机理[D]. 浙江大学硕士学位论文, 2010.

魏颖, 孙晓菲, 韩宝平. 黄孢原毛平革菌反复脱色模拟染料废水的试验研究[J]. 能源环境保护, 2004, (2): 23-26.

温继伟. 白腐真菌 *Pseudotrametes gibbosa* 共代谢降解芘的研究[D]. 东北林业大学硕士学位论文, 2011.

吴涓, 肖亚中, 王怡平. 挂膜生长的白腐真菌处理草浆造纸黑液废水[J]. 应用与环境生物学报, 2004, (3): 370-374.

吴坤. 杂色云芝(*Coriolus versicolor*)和杂色云芝漆酶及其对环境污染物降解的研究[J]. 浙江大 学博士学位论文, 2002.

吴涛. 盐渍化石油污染土壤的生物修复研究[J]. 沈阳农业大学博士学位论文, 2013.

吴薇, 顿宝庆, 姜训鹏, 等. 白腐菌液体菌种培养条件的试验研究[J]. 食品科技, 2008, (1): 16-18.

吴志能, 谢苗苗, 王莹莹. 我国复合污染土壤修复研究进展 [J]. 农业环境科学学报, 2016, 35(12): 2250-2259.

武琳慧, 黄民生, 施华宏. 染料浓度和盐度对白腐真菌同工酶的电泳分析[J]. 环境科学与技术, 2007, (11): 79-115.

夏淑芬, 张甲耀.微生物生态学[M]. 武汉: 武汉大学出版社, 1988.

肖宁. 二氯苯污染土壤修复技术初步研究[D]. 山西大学硕士学位论文, 2013.

肖鹏飞, 李玉文, Ryuichiro K. Tween 60 和 SDS 强化白腐真菌修复 DDT 污染土壤[J]. 中国环境 科学, 2015, 35(12): 3737-3743.

谢福泉, 胡七金. 福建野生朱红密孔菌的人工栽培试验初报[J]. 食用菌学报, 2008, (1): 69-72.

谢剑, 李发生. 中国污染场地的修复与再开发的现状分析[J]. 世界环境, 2011, 3: 56-59.

邢来君, 李明春. 普通真菌学[M]. 北京: 高等教育出版社, 1999.

徐圣东. 白腐真菌 *Leiotrametes lactinea* 漆酶的分离纯化及其降解染料的研究[D]. 山东农业大 学硕士学位论文, 2021.

许子洁, 曹子健, 胡宝, 等.低温诱导糙皮侧耳菌丝成熟的机制研究[J]. 江苏农业科学, 2022, 50(10): 133-139.

颜克亮, 田媛, 王宏勋, 等. 白腐菌菌体对染料的生物吸附脱色及机理研究[J]. 生物技术, 2007,

(5): 68-71.

阳经慧. 草菇漆酶基因异源表达的研究[D]. 西北农林科技大学硕士学位论文, 2014.

杨金水. 褐煤降解菌斜卧青霉 P6 木素过氧化物酶的分离纯化及特性研究[D]. 中国农业大学博士学位论文, 2004.

杨晓宽, 杜连祥, 路福平. 白腐菌产锰过氧化物酶培养基的优化[J]. 生物技术, 2004, 14(3): 49-50.

叶权辉. 多环芳烃厌氧产甲烷降解菌群的富集与降解强化研究[D]. 清华大学硕士学位论文, 2018.

叶选怡, 杨丽红, 凌庆枝, 等. 亮菌产漆酶的液体和固体发酵条件优化[J]. 湖北农业科学, 2013, (6): 1410-1414.

易峰. 纳米银颗粒的迁移、转化及微生物毒性作用的研究[D]. 湖南大学硕士学位论文, 2017.

奕军. 试验涉及的技术和方法[M]. 上海: 上海交通大学出版社, 1987.

尹亮, 谭龙飞. 黄孢原毛平革菌生产锰过氧化物酶的发酵条件研究[J]. 生物技术, 2004, 14(4): 40-42.

尹艳丽, 张晓星, 王宏勋. 不同摇瓶条件对侧耳菌生长及漆酶分泌的影响[J]. 生物技术, 2004, 14(5): 72-76.

余惠生, 付时雨, 王佳玲. 铜(II)离子对白腐菌 Panus conchatus 产木素降解酶的调控[J]. 纤维素科学与技术, 1999, (1): 41-44.

余建军. 酶菌共降解玉米秸秆及饲料化工艺研究[D]. 陕西科技大学硕士学位论文, 2010.

袁长婷. 核糖体 RNA 基因间隔区 ITS 及 IGS 在真菌分子生物学鉴定和分型中的应用[D]. 第二军医大学博士学位论文, 2001.

曾永刚, 高大文. 白腐真菌固定化技术及其影响因素的研究进展[J]. 哈尔滨工业大学学报, 2008, (1): 141-146.

曾永刚. 非灭菌环境下固定化白腐真菌抑菌策略的研究[D]. 东北林业大学硕士学位论文, 2007.

张博. 东北白腐真菌高效产酶及降解多环芳烃特征研究[D]. 东北林业大学硕士学位论文, 2014.

张朝辉, 夏黎明, 林建平, 等. 黄孢原毛平革菌培养合成木质素过氧化物酶研究[J]. 浙江大学学报, 1999, 33(2): 132-136.

张辉. 木质素降解酶系研究新进展[J]. 天津农业科学, 2006, 12(3): 8-12.

张跻. Coriolus versicolor 产漆酶及其在染料脱色中的应用[D]. 浙江大学硕士学位论文, 2007.

张建军, 罗勒慧. 木质素酶及其化学模拟的研究进展[J]. 化学通报, 2001, 8: 470-477.

张晶, 李翠珍, 文湘华. 天然浸出液对自分离白腐真菌产木质素降解酶的影响[J]. 清华大学学报(自然科学版), 2005, (12): 1629-1632.

张兰英, 刘娜, 孙立波, 等. 现代环境微生物技术[M]. 北京: 清华大学出版社, 2005.

张力, 邵喜霞, 韩大勇. 白腐真菌木质素降解酶系研究进展[J]. 畜牧与饲料科学, 2009, (1): 35-38.

张连慧, 刘卫晓, 葛克山, 等. 变色栓菌产锰过氧化物酶的条件优化[J].微生物学通报, 2005, 32(5): 98-102.

张平. 白腐真菌生物膜法处理染料废水研究[D]. 南京理工大学硕士学位论文, 2005.

张企华. 重金属胁迫下废水中白腐真菌抗氧化应激的研究[D]. 湖南大学硕士学位论文, 2014.

张书祥, 肖亚中, 王怡平, 等. 白腐真菌漆酶的固定化及其应用研究[J]. 微生物学通报, 2004, (5): 85-88.

张晓雨, 周晓静, 赵欣, 等. 江阴市大气 PM2.5 中有机氯农药的残留水平、空间分布及来源分析

[J]. 生态与农村环境学报, 2016, 32(5): 729-734.

张旭初. 黄孢原毛平革菌木质素降解酶系的生产、纯化及在合成手性亚砜中的应用[D]. 浙江工业大学硕士学位论文, 2010.

张玉龙, 池玉杰, 闫洪波. 偏肿栓菌产锰过氧化物酶条件优化[J]. 林业科学, 2011, 47(8): 88-94.

赵春芳, 胡倒伟. 偶氮金属络合染料的微生物脱色研究[J]. 武汉化工学院学报, 2001, 23(3): 18-25.

赵红霞.白腐真菌在秸秆作物资源开发中的研究[J]. 饲料工业, 2002, 23(11): 40-42.

赵欢. *Trametes versicolor* 粗酶对多环芳烃污染土壤的修复研究[D]. 北京建筑大学硕士学位论文, 2022.

郑金来, 李君文, 晁福寰. 生物降解常见染料的研究进展[J]. 环境污染治理技术与设备, 2000, 1(3): 39-43.

郑学昊, 孙丽娜, 刘克斌, 等. 根际促生菌及木质素对持久性有机污染土壤修复的调控和酶活性的影响[J]. 生态学杂志, 2018, 37(6): 8.

中国科学院数学研究所数理统计组. 正交试验法[M]. 北京: 人民出版社, 1975: 136.

钟鸣, 马英杰, 郭致富, 等. 芘降解菌 Ⅱ 的培养条件及芘降解率研究[J]. 河南农业科学, 2008, (9): 57-60.

周东美, 王慎强, 陈怀满. 土壤中有机污染物-重金属复合污染的交互作用[J]. 土壤与环境, 2000, (2): 143-145.

周际海, 袁颖红, 朱志保, 等.土壤有机污染物生物修复技术研究进展[J]. 生态环境学报, 2015, 24(2): 343-351.

周建军, 周桔, 冯仁国. 我国土壤重金属污染现状及治理战略[J].中国科学院院刊, 2014, 29(3): 315-320.

周向宇, 潘坤, 刘杰, 等. 一株野生肺形侧耳生物学特性研究[J]. 食用菌学报, 2021, 43(2): 18-20.

朱洪龙. 白腐真菌生物降解油菜秸秆及饲料化研究[D]. 安徽农业大学硕士学位论文, 2008.

朱姝冉, 张淼, 周光宏, 等. 利用光谱技术分析加热温度对肌红蛋白结构的影响[J]. 食品工业科技, 2018, (24): 35-39.

朱友双. 杂色云芝菌液态和固态发酵产漆酶及离子液体对生物质预处理的研究[D]. 山东大学博士学位论文, 2011.

朱晓红. 白腐真菌复配对漆酶产量的影响及对菲的降解研究[D]. 东北林业大学硕士学位论文, 2013.

朱雄伟, 胡道伟, 梅运军, 等. 通过碳源与氮源研究白腐菌产漆酶和菌丝体生长的相关[J]. 微生物学杂志, 2003, 23(3): 12-17.

朱雄伟, 刘玉兰, 胡道伟. 固定化白腐菌产漆酶培养条件的研究[J]. 武汉工程大学学报, 2007, (1): 13-15.

朱云云. 烟管菌 M1 对番茄灰霉病和黄瓜蔓枯病的防治作用[D].西南大学硕士学位论文, 2020.

朱振兴, 颜涌捷, 亓伟, 等. 铁炭微电解-Fenton 试剂预处理纤维素发酵废水[J]. 工业用水与废水, 2009, 40(2): 4.

Abbasian F, Lockington R, Mallavarapu M, et al. A comprehensive review of aliphatic hydrocarbon biodegradation by bacteria[J]. Applied Biochemistry and Biotechnology, 2015, 176(3): 670-699.

Abdel-Shafy H I, Mansour M S M. A review on polycyclic aromatic hydrocarbons: source, environmental impact, effect on human health and remediation[J]. Egyptian Journal of

Petroleum, 2016, 25(1): 107-123.

Abeer A Q A, Tracey J M M. Potential of *Bacillus* sp. LG7 as apromising source of ligninolytic enzymes for industrial and biotechnological applications[J]. Proceedings of the National Academy of Sciences India Section B-Biological Sciences, 2019, 89(2): 441-447.

Abou Khalil C, Prince V L, Prince R C, et al. Occurrence and biodegradation of hydrocarbons at high salinities[J]. Science of the Total Environment, 2021, 762: 143165.

Acebes S, Ruiz-Dueñas F J, Toubes M, et al. Mapping the long-range electron transfer route in ligninolytic peroxidases[J]. The Journal of Physical Chemistry B, 2017, 121(16): 3946-3954.

Adhikari P L, Maiti K, Bam W. Fate of particle-bound polycyclic aromatic hydrocarbons in the river-influenced continental margin of the northern Gulf of Mexico [J]. Marine Pollution Bulletin, 2019, 141: 350-62.

Agrawal N, Shahi S K. Degradation of polycyclic aromatic hydrocarbon(pyrene)using novel fungal strain *Coriolopsis byrsina* strain APC5. International Biodeterioration & Biodegradation, 2017, 122: 69-81.

Alaee M, Arias P, Sjödin A, et al. An overview of commercially used brominated flame retardants, their applications, their use patterns in different countries/regions and possible modes of release [J]. Environment International, 2003, 29(6): 683-689.

Al-Majed A A, Adebayo A R, Hossain M E. A sustainable approach to controlling oil spills[J]. Journal of Environmental Management, 2012, 113: 213-227.

Alonso-Alvarez C, Munilla I, López-Alonso M, et al. Sublethal toxicity of the Prestige oil spill on yellow-legged gulls[J]. Environment International, 2007, 33(6): 773-781.

Al-Shamary N, Hassan H, Leitao A, et al. Baseline distribution of petroleum hydrocarbon contamination in the marine environment around the coastline of Qatar[J]. Marine Pollution Bulletin, 2023, 188: 114655.

Amatya P L, Hettiaratchi J, Joshi R C. Biotreatment of flare pit waste[J]. Journal of Canadian Petroleum Technology, 2002, 41(9): 30-36.

Amodu O S, Ojumu T V, Ntwampe S K O. Bioavailability of high molecular weight polycyclic aromatic hydrocarbons using renewable resources[M]. In: Petre M. Environmental Biotechnology New Approaches and Prospective Applications. Rijeka: InTech Online Publishers, 2013: 171-194.

Anasonye F, Winquist E, Kluczek-Turpeinen B, et al. Fungal enzyme production and biodegradation of polychlorinated dibenzo-p-dioxins and dibenzofurans in contaminated sawmill soil[J]. Chemosphere, 2014, 110: 85-90.

Anastasi A, Coppola T, Prigione V, et al. Pyrene degradation and detoxification in soil by a consortium of Basidiomycetes isolated from compost: role of laccases and peroxidases[J]. Journal of Hazardous Materials, 2009, 165(1-3): 1229-1233.

Anderson P N, Hites R A. OH radical reactions: The major removal pathway for polychlorinatedbiphenyls from the atmosphere[J]. Environmental Science & Technology, 1996, 30(5), 1756-1763.

Anderson R T, Lovley D R. Naphthalene and benzene degradation under Fe(III)-reducing conditions in petroleum-contaminated aquifers[J]. Bioremediation Journal, 1999, 3(2): 121-135.

Andersson B E, Lundstedt S, Tornberg K, et al. Incomplete degradation of polycyclic aromatic hydrocarbons in soil inoculated with wood‐rotting fungi and their effect on the indigenous soil bacteria[J]. Environmental Toxicology and Chemistry: An International Journal, 2003, 22(6): 1238-43.

Anyakora C, Ogbeche A, Palmer P, et al. Determination of polynuclear aromatic hydrocarbons in marine samples of Siokolo Fishing Settlement[J]. Journal of Chromatography A, 2005, 1073(1-2): 323-330.

ArantesV, Milagres A. Degadation of cellulosic and hemicellulosic sub-strates using a chelator mediated Fenton reaction[J]. Journal of Chemical Technology& Biotechnology, 2006, 81: 413-419.

Arica M Y, Arpa C, Ergenea, et al. Ca-alginate as a support for Pb(II)and Zn(II)biosorption with immobilized *Phanerochaete chrysosporium*[J]. Carbohydrate Polymers, 2003, 52: 167-174.

Aronstein B N, Paterek J R, Kelley R L, et al. The effect of chemical pretreatment on the aerobicmicrobial degradation of PCB congeners in aqueous system[J]. Journal of Industrial Microbiology and Biotechnology, 1995, 15: 55-59.

Arora D, Bridge P, Bhatnagar D. Degradation of hydrocarbons by yeasts and filamentous fungi[J]. Fungal Biotechnology in Agricultural, Food, and Environmental Applications, 2003, 1564: 443-455.

Arora D S, Gill P K. Comparison of two assay procedures for lignin peroxidase[J]. Enzyme and Microbial Technology, 2001, 28(7-8): 602-605.

Asther M, Capdevila C, Corrieu G. Control of lignin peroxidase production by *Phanerochaete chrysosporium* INA-12 by temperature shifting[J]. Applied and Environmental Microbiology, 1988, 54(12): 3194-3196.

Atlas R M. Petroleum biodegradation and oil spill bioremediation[J]. Marine Pollution Bulletin, 1995, 31(4-12): 178-182.

Balakrishna K, Rath A, Praveenkumarreddy Y, et al. A review of the occurrence of pharmaceuticals and personal care products in Indian water bodies[J]. Ecotoxicology and Environmental Safety, 2017, 137: 113-120.

Baldrian P, Valaskova V, Merhautova V, et al. Degradation of lignocellulose by *Pleurotus ostreatus* in the presence of copper, manganese, lead and zinc[J]. Research in Microbiology, 2005, 156(5): 670-676.

Bamforth S M, Singleton I. Bioremediation of polycyclic aromatic hydrocarbons: current knowledge and future directions[J]. Journal of Chemical Technology & Biotechnology: International Research in Process, Environmental & Clean Technology, 2005, 80(7): 723-736.

Bao M, Wang L, Sun P, et al. Biodegradation of crude oil using an efficient microbial consortium in a simulated marine environment[J]. Marine Pollution Bulletin, 2012, 64(6): 1177-1185.

Baralla E, Demontis M P, Dessì F, et al. An Overview of antibiotics as emerging contaminants: occurrence in bivalves as biomonitoring organisms[J]. Animals, 2021, 11(11): 3239.

Barbour E K, Sabra A H, Shaib H A, et al. Baseline data of polycyclic aromatic hydrocarbons correlation to size of marine organisms harvested from a war-induced oil spill zone of the Eastern Mediterranean Sea[J]. Marine Pollution Bulletin, 2008, 56(4): 770-777.

Batie C J, LaHaie E, Ballou D P. Purification and characterization of phthalate oxygenase and phthalate oxygenase reductase from *Pseudomonas cepacia*[J]. Journal of Biological Chemistry, 1987, 262(4): 1510-1518.

Beaudette L A, Davies S, Fedorak P M, et al. Comparison of gas chromatography and mineralization experiments for measuring loss of selected polychlorinated biphenyl congeners in cultures of white rot fungi[J]. Applied and Environmental Microbiology, 1998, 64(6): 2020-2025.

Bertrand T, Jolivalt C, Briozzo P, et al. Crystal structure of a four-copper laccase complexed with an arylamine: insights into substrate recognition and correlation with kinetics[J]. Biochemistry, 2002, 41(23): 7325-7333.

Bhattacharya S, Das A, Palaniswamy M, et al. Degradation of benzopyrene by *Pleurotus ostreatus*

PO$_3^-$ in the presence of defined fungal and bacterial co‐cultures[J]. Journal of Basic Microbiology, 2017, 57(2): 95-103.

Bianco L, Perrotta G. Methodologies and perspectives of proteomics applied to filamentous fungi: from sample preparation to secretome analysis[J]. International Journal of Molecular Sciences, 2015, 16(3): 5803-5829.

Birnbaum L S, Staskal D F. Brominated flame retardants: cause for concern? [J]. Environmental Health Perspectives, 2004, 112(1): 9-17.

Bliyüksonmez F, Hess T F, Crawford R L, et al. Toxic effects of modified Fenton reaction on *Xanthobacter flavus* FB71[J]. Applied and Environmental Microbiology, 1998, 64: 3759-3764.

Boitsov S, Jensen H K B, Klungsøyr J. Natural background and anthropogenic inputs of polycyclic aromatic hydrocarbons(PAH)in sediments of South-Western Barents Sea[J]. Marine Environmental Research, 2009, 68(5): 236-245.

Boll E S, Johnsen A R, Christensen J H. Polar metabolites of polycyclic aromatic compounds from fungi are potential soil and groundwater contaminants[J]. Chemosphere, 2015, 119: 250-257.

Bollag J-M, Chu H-L, Rao M, et al. Enzymatic oxidative transformation of chlorophenol mixtures[J]. Journal of Environmental Quality, 2003, 32(1): 63-69.

Borràs E, Caminal G, Sarrà M, et al. Effect of soil bacteria on the ability of polycyclic aromatic hydrocarbons(PAHs)removal by *Trametes versicolor* and *Irpex lacteus* from contaminated soil[J]. Soil Biology and Biochemistry, 2010, 42(12): 2087-2093.

Brakstad O G, Daling P S, Faksness L G, et al. Depletion and biodegradation of hydrocarbons in dispersions and emulsions of the Macondo 252 oil generated in an oil-on-seawater mesocosm flume basin[J]. Marine Pollution Bulletin, 2014, 84(1-2): 125-134.

Brigitteso C, Woiciechowsiki A L, Malanski R, et al. Pulp improvement of oil palm empty fruit bunches associated to solid-state biopulping and biobleaching with xylanase and lignin peroxidase cocktail produced by *Aspergillus* sp. LPB-5 [J]. Bioresource Technology, 2019, 285(1): 121361.

Bumpus J A, Tien M, Wright D, et al. Oxidation of persistent environmental pollutants by a white rot fungus[J]. Science of the Total Environment, 1985, 228: 1434-1436.

Bumpus J A. Biodegradation of polycyclic hydrocarbons by *Phanerochaete chrysosporium*[J]. Applied and Environmental Microbiology, 1989, 55(1): 154-158.

Capotorti G, Digianvincenzo P, Cesti P, et al. Pyrene and benzo(a)pyrene metabolism by an *Aspergillus terreus* strain isolated from a polycylic aromatic hydrocarbons polluted soil[J]. Biodegradation, 2004, 15(2): 79-85.

Carberry J B, Yang SY, et al. Enhancement of PCB congener biodegradation by pre-oxidation with Fenton's reagent[J]. Water Science and Technology, 1994, 30(7): 105-113.

Cerniglia C E. Biodegradation of polycyclic aromatic hydrocarbons[J]. Current opinion in biotechnology, 1993, 4(3): 331-338.

Chandel A K, Singh O V, Chandrasekhar G, et al. Key drivers influencing the commercialization of ethanol-based biorefineries[J]. Journal of Commercial Biotechnology, 2010, 16(3): 239-257.

Chandra S, Sharma R, Singh K, et al. Application of bioremediation technology in the environment contaminated with petroleum hydrocarbon[J]. Annals of Microbiology, 2013, 63(2): 417-431.

Chang W, Um Y, Holoman T R P. Polycyclic aromatic hydrocarbon(PAH)degradation coupled to methanogenesis[J]. Biotechnology Letters, 2006, 28(6): 425-430.

Chaturvedi P, Shukla P, Giri B S, et al. Prevalence and hazardous impact of pharmaceutical and personal care products and antibiotics in environment: a review on emerging contaminants[J].

Environmental Research, 2021, 194: 110664.

Chaudhry Q, Blom-Zandstra M, Gupta S K, et al. Utilising the synergy between plants and rhizosphere microorganisms to enhance breakdown of organic pollutants in the environment[J]. Environmental Science and Pollution Research, 2005, 12(1): 34-48.

Cheema S A, Khan M I, Tang X, et al. Surfactant enhanced pyrene degradation in the rhizosphere of tall fescue(*Festuca arundinacea*)[J]. Environmental Science and Pollution Research, 2016, 23: 18129-18136.

Chelaliche A S, Alvarenga A E, Lopez C A M, et al. Proteomic insight on the polychlorinated biphenyl degrading mechanism of *Pleurotus pulmonarius* LBM 105[J]. Chemosphere, 2021, 265: 129093.

Chen B, Yuan M, Liu H. Removal of polycyclic aromatic hydrocarbons from aqueous solution using plant residue materials as a biosorbent[J]. Journal of Hazardous Materials, 2011, 188(1-3): 436-442.

Chen S, Peng J, Duan G. Enrichment of functional microbes and genes during pyrene degradation in two different soils[J]. Journal of Soils and Sediments, 2015, 16(2): 417-426.

Chen W, Xu J, Lu S, et al. Fates and transport of PPCPs in soil receiving reclaimed water irrigation [J]. Chemosphere, 2013, 93(10): 2621-30.

Chen Z, Yin H, Peng H, et al. Identification of novel pathways for biotransformation of tetrabromobisphenol A by *Phanerochaete chrysosporium*, combined with mechanism analysis at proteome level[J]. Science of the Total Environment, 2019, 659: 1352-1361.

Cheng M, Wu L, Huang Y, et al. Total concentrations of heavy metals and occurrence of antibiotics in sewage sludges from cities throughout China[J]. Journal of Soils and Sediments, 2014, 14: 1123-1135.

Chiawei P, Sabaratnam V. Potential uses of spent mushroom substrate and its associated lignocellulosic enzymes[J]. Applied Microbiology and Biotechnology, 2012, 94(4): 863-873.

Christopher F. The structure and function of fungal laccase[J]. Microbiology, 1994, 140(1): 19-26.

Cookson Jr J T. Bioremediation engineering: Design and application[J]. McGraw-Hill, Inc., 1995.

Corsolini S, Metzdorff A, Baroni D, et al. Legacy and novel flame retardants from indoor dust in Antarctica: Sources and human exposure[J]. Environmental Research, 2021, 196: 110344.

Costa A S, Romão L P C, Araújo B R, et al. Environmental strategies to remove volatile aromatic fractions(BTEX)from petroleum industry wastewater using biomass[J]. Bioresource Technology, 2012, 105: 31-39.

Couto S R. Decolouration of industrial azo dyes by crude laccase from *Trametes hirsuta*[J]. Journal of Hazardous Materials, 2007, 148(3): 768-770.

Covaci A, Harrad S, Abdallah M A-E, et al. Novel brominated flame retardants: a review of their analysis, environmental fate and behaviour[J]. Environment International, 2011, 37(2): 532-56.

Covino S, Svobodová K, Čvančarová M, et al. Inoculum carrier and contaminant bioavailability affect fungal degradation performances of PAH-contaminated solid matrices from a wood preservation plant[J]. Chemosphere, 2010, 79(8): 855-64.

Covino S, Svobodová K, Křesinová Z, et al. In vivo and in vitro polycyclic aromatic hydrocarbons degradation by Lentinus(Panus)tigrinus CBS 577.79[J]. Bioresource Technology, 2010, 101(9): 3004-3012.

Cruz-morat C, Ferrando-climent L, Rodriguez-mozaz S, et al. Degradation of pharmaceuticals in non-sterile urban wastewater by *Trametes versicolor* in a fluidized bed bioreactor[J]. Water Research, 2013, 47(14): 5200-5210.

Czarnecki R, Grzybek J. Antiinflammatory and vasoprotective activities of polysaccharides isolated from fruit bodies of higher Fungi P.1. polysaccharides from *Trametes gibbosa*(Pers.: Fr)Fr.(Polyporaceae)[J]. Phytotherapy Research, 1995, 9(2): 123-127.

da Silva M, Umbuzeiro G A, Pfenning L H, et al. Filamentous fungi isolated from estuarine sediments contaminated with industrial discharges[J]. Soil and Sediment Contamination, 2003, 12(3): 345-356.

Daccò C, Girometta C, Asemoloye M D, et al. Key fungal degradation patterns, enzymes and their applications for the removal of aliphatic hydrocarbons in polluted soils: a review[J]. International Biodeterioration & Biodegradation, 2020: 147.

Dai X, Lv J, Yan G, et al. Bioremediation of intertidal zones polluted by heavy oil spilling using immobilized laccase-bacteria consortium[J]. Bioresource Technology, 2020, 309: 123305.

Dandie C E, Thomas S M, Bentham R H, et al. Physiological characterization of *Mycobacterium* sp. strain 1B isolated from a bacterial culture able to degrade high-molecula-weight polycyclic aromatic hydrocarbons[J]. Journal of Applied Microbiology, 2004, 97(2): 246-255.

Das N, Chandran P. Microbial degradation of petroleum hydrocarbon contaminants: an overview[J]. Biotechnology Research International, 2011, 10: 1-13.

David P B, Steven D A. Mechanism white rot fungi use to degrade pollutounts[J]. Environmental Science & Technology, 1994, 8(2): 78-87.

Davis M W, Glaser J A, Evans J W, et al. Field evaluation of the lignin-degrading fungus *Phanerochaete sordida* to treat creosote-contaminated soil[J]. Environmental Science & Technology, 1993, 27(12): 2572-2576.

De la Cruz‐Izquierdo R I P G A D, Reyes‐Espinosa F, et al. Analysis of phenanthrene degradation by Ascomycota fungi isolated from contaminated soil from Reynosa, Mexico[J]. Letters in Applied Microbiology, 2021, 72(5): 542-555.

Del'Arco J P, De Franca F P. Influence of oil contamination levels on hydrocarbon biodegradation in sandy sediment[J]. Environmental Pollution, 2001, 112(3): 515-519.

Deppe U, Richnow H H, Michaelis W, et al. Degradation of crude oil by an arctic microbial consortium[J]. Extremophiles, 2005, 9(6): 461-470.

Dercová K, Vrana B, Tandlich R, et al. Fenton's type reaction and chemical pretreatment of PCBs[J]. Chemosphere, 1999, 39(15): 2621-2628.

Desforges J P W, Sonne C, Levin M, et al. Immunotoxic effects of environmental pollutants in marine mammals[J]. Environment International, 2016, 86: 126-139.

Devi N L, Shihua Q, Chunling L, et al. Air-water gas exchange of organochlorine pesticides(OCPs)in Honghu Lake, China [J]. Polish Journal of Environmental Studies, 2011, 20(4).

Déziel É, Paquette G, Villemur R, et al. Biosurfactant production by a soil Pseudomonas strain growing on polycyclic aromatic hydrocarbons[J]. Applied and Environmental Microbiology, 1996, 62(6): 1908-1912.

Di Gregorio S, Becarelli S, Siracusa G, et al. *Pleurotus ostreatus* spent mushroom substrate for the degradation of polycyclic aromatic hydrocarbons: the case study of a pilot dynamic biopile for the decontamination of a historically contaminated soil[J]. Journal of Chemical Technology & Biotechnology, 2016, 91(6): 1654-1664.

Díaz E, Jiménez J I, Nogales J. Aerobic degradation of aromatic compounds[J]. Current Opinion in Biotechnology, 2013, 24(3): 431-442.

Díaz M P, Boyd K G, Grigson S J W, et al. Biodegradation of crude oil across a wide range of salinities by an extremely halotolerant bacterial consortium MPD-M, immobilized onto polypropylene fibers[J]. Biotechnology and Bioengineering, 2002, 79(2): 145-153.

Dibble J T, Bartha R. Effect of environmental parameters on the biodegradation of oil sludge[J]. Applied and Environmental Microbiology, 1979, 37(4): 729-739.

Ding Q, Wu H L, Xu Y, et al. Impact of low molecular weight organic acids and dissolved organic matter on sorption and mobility of isoproturon in two soils[J]. Journal of Hazardous Materials, 2011, 190(1-3): 823-832.

Draelos Z D. A split-face evaluation of a novel pigment-lightening agent compared withno treatment and hydroquinone[J]. Journal of the American Academy of Dermatology, 2015, 72: 105-107.

Duis K, Coors A. Microplastics in the aquatic and terrestrial environment: sources(with a specific focus on personal care products), fate and effects [J]. Environmental Sciences Europe, 2016, 28(1): 1-25.

Dumanoglu Y, Gaga E O, Gungormus E, et al. Spatial and seasonal variations, sources, air-soil exchange, and carcinogenic risk assessment for PAHs and PCBs in air and soil of Kutahya, Turkey, the province of thermal power plants[J]. Science of the Total Environment, 2017, 580: 920-935.

Efaq N, Adel A G, Radin M S R M, et al.Myco-remediation of xenobiotic organic compounds for a sustainable environment: acritical review[J]. Topics in Current Chemistry, 2019, 377(3): 17.

El-Maradny A, Radwan I M, Amer M, et al. Spatial distribution, sources and risk assessment of polycyclic aromatic hydrocarbons in the surficial sediments of the Egyptian Mediterranean coast[J]. Marine Pollution Bulletin, 2023, 188: 114658.

El-Tarabily K A. Total microbial activity and microbial composition of a mangrove sediment are reduced by oil pollution at a site in the Arabian Gulf[J]. Canadian Journal of Microbiology, 2002, 48(2): 176-182.

Erhan E, Keskinler B, Akay G, et al. Removal of phenol from water by membrane-immobilized enzymes: Part I. Dead-end filtration[J]. Journal of Membrane Science, 2002, 206(1-2): 361-373.

Evans W C, Fernley H N, Griffiths E. Oxidative metabolism of phenanthrene and anthracene by soil pseudomonads. The ring-fission mechanism[J]. Biochemical Journal, 1965, 95(3): 819.

Fabbrini M, Galli C, Gentili P. Comparing the catalytic efficiency of some mediators of laccase[J]. Journal of Molecular Catalysis B: Enzymatic, 2002, 16(5-6): 231-240.

Fakoussa R M, Hofrichter M. Biotechnology and microbiology of coal degradation[J]. Applied Microbiology and Biotechnology, 1999, 52(1): 25-40.

Faraco V, Pezzella C, Miele A, et al. Bio-remediation of colored industrial wastewaters by the white-rot fungi *Phanerochaete chrysosporium* and *Pleurotus ostreatus* and their enzymes[J]. Biodegradation, 2009, 20(2): 209-220.

Farhadian M, Vachelard C, Duchez D, et al. In situ bioremediation of monoaromatic pollutants in groundwater: a review[J]. Bioresource Technology, 2008, 99(13): 5296-5308.

Fenyvesi E, Gruiz K, Verstichel S, et al. Biodegradation of cyclodextrins in soil[J]. Chemosphere, 2005, 60: 1001-1008.

Fingas M F. A literature review of the physics and predictive modelling of oil spill evaporation[J]. Journal of Hazardous Materials, 1995, 42(2): 157-175.

Foght J. Anaerobic biodegradation of aromatic hydrocarbons: pathways and prospects[J]. Microbial Physiology, 2008, 15(2-3): 93-120.

Fok L, Cheung P K. Hong Kong at the Pearl River Estuary: A hotspot of microplastic pollution [J]. Marine Pollution Bulletin, 2015, 99(1-2): 112-118.

Furuno S, Pazolt K, Rabe C, et al. Fungal mycelia allow chemotactic dispersal of polycyclic aromatic hydrocarbon-degrading bacteria in water-unsaturated systems[J]. Environmental Microbiology, 2010, 12(6): 1391-1398.

Gabriele I, Race M, Papirio S, et al. Phytoremediation of pyrene-contaminated soils: a critical review of the key factors affecting the fate of pyrene[J]. Journal of Environmental Management, 2021, 293: 112805.

Galbán-Malagón C, Berrojalbiz N, Ojeda M-J, et al. The oceanic biological pump modulates the atmospheric transport of persistent organic pollutants to the Arctic [J]. Nature Communications, 2012, 3(1): 862.

Gan S, Lau E V, Ng H K. Remediation of soils contaminated with polycyclic aromatic hydrocarbons(PAHs)[J]. Journal of Hazardous Materials, 2009, 172(2-3): 532-549.

Gao D W, Wen X H, Qian Y. Decolorization of reactive brilliant red K-2BP with the white rot fungi under non-sterile conditions[J]. Chinese Science Bulletin, 2004, 49(9): 981-982.

Gao D W, Wen X H, Zhou X Y, et al. Influence of injecting time of dyes on decolorizing reactive dyes with white rot fungus under non-sterile condition[J]. Acta Scientiae Circumstantiae, 2005, 25(4): 519-524.

Gao D W, Zeng Y G, Wen X H, et al. Competition strategies for the incubation of white rot fungi under non-sterile conditions[J]. Process Biochemistry, 2008, 43(9): 937-944.

Ghosh P, Mukherji S. Environmental contamination by heterocyclic Polynuclear aromatic hydrocarbons and their microbial degradation[J]. Bioresource Technology, 2021, 341: 125860.

Glenn J K, Gold M H. Purification and characterization of an extracellular Mn(II)-dependent peroxidase from the lignin-degrading basidiomycete, *Phanerochaete chrysosporium*[J]. Archives of Biochemistry and Biophysics, 1985, 242(2): 329-341.

Godjevargova T, Ivanova D, Alexieva Z, et al. Biodegradation of toxic organic components from industrial phenol production wastewaters by freeand immobilized *Trichosporon cutaneum* R 57[J]. Process Biochemistry, 2003, 38: 915-920.

Goi A, Kulik N, Trapido M. Combined chemical and biological treatment of oil contaminated soil[J]. Chemosphere, 2006, 63 : 1754-1763.

Gong X, Qi S, Wang Y, et al. Historical contamination and sources of organochlorine pesticides in sediment cores from Quanzhou Bay, Southeast China [J]. Marine Pollution Bulletin, 2007, 54(9): 1434-1440.

Govender S, Jacobse P, Leukesw D, et al. Towards an optimum spore immobilization strategy using *Phanerochaete chrysosporium* reverse filtration and ultrafiltration membranes[J]. Journal of Membrane Science, 2004, 238: 83-92.

Goyal A K, Zylstra G J. Molecular cloning of novel genes for polycyclic aromatic hydrocarbon degradation from *Comamonas testosteroni* GZ39[J]. Applied and Environmental Microbiology, 1996, 62(1): 230-236.

Gu C, Wang J, Liu S, et al. Biogenic Fenton-like reaction involvement in cometabolic degradation of tetrabromobisphenol A by *Pseudomonas* sp. fz[J]. Environmental Science & Technology, 2016a, 50(18): 9981-9989.

Gu H, Lou J, Wang H, et al. Biodegradation, biosorption of phenanthrene and its trans-membrane transport by *Massilia* sp. WF1 and *Phanerochaete chrysosporium*[J]. Frontiers in Microbiology, 2016b, 7: 38.

Gu H, Yan K, You Q, et al. Soil indigenous microorganisms weaken the synergy of *Massilia* sp. WF1 and *Phanerochaete chrysosporium* in phenanthrene biodegradation[J]. Science of the Total Environment, 2021, 781: 146655.

Guo X, Peng Z, Huang D, et al. Biotransformation of cadmium-sulfamethazine combined pollutant in aqueous environments: *Phanerochaete chrysosporium* bring cautious optimism[J]. Chemical Engineering Journal, 2018, 347: 74-83.

Guruge K S, Goswami P, Tanoue R, et al. First nationwide investigation and environmental risk assessment of 72 pharmaceuticals and personal care products from Sri Lankan surface waterways[J]. Science of the Total Environment, 2019, 690: 683-695.

Haapla R, Linko S. Production of *Phanerochaete chrysosporium* lignin peroxidase under various culture conditions[J]. Applied Microbiology and Biotechnology, 1993, 40(4): 494-498.

Hadibarata T, Kristanti R A, Bilal M, et al. Microbial degradation and transformation of benzopyrene by using a white-rot fungus *Pleurotus eryngii* F032[J]. Chemosphere, 2022, 307(Pt 3): 136014.

Häggblom M M, Rivera M D, Young L Y. Influence of alternative electron acceptors on the anaerobic biodegradability of chlorinated phenols and benzoic acids[J]. Applied and Environmental Microbiology, 1993, 59(4): 1162-1167.

Hailei W, Ping L, Ying W, et al. Metagenomic insight into the bioaugmentation mechanism of *Phanerochaete chrysosporium* in an activated sludge system treating coking wastewater[J]. Journal of Hazardous Materials, 2017, 321: 820-829.

Haleyur N, Shahsavari E, Jain S S, et al. Influence of bioaugmentation and biostimulation on PAH degradation in aged contaminated soils: response and dynamics of the bacterial community[J]. Journal of Environmental Management, 2019, 238: 49-58.

Hambrick III G A, DeLaune R D, Patrick Jr W H. Effect of estuarine sediment pH and oxidation-reduction potential on microbial hydrocarbon degradation[J]. Applied and Environmental Microbiology, 1980, 40(2): 365-369.

Han L, Qian L, Yan J, et al. A comparison of risk modeling tools and a case study for human health risk assessment of volatile organic compounds in contaminated groundwater[J]. Environmental Science and Pollution Research, 2016, 23: 1234-1245.

Hara A, Syutsubo K, Harayama S. Alcanivorax which prevails in oil‐contaminated seawater exhibits broad substrate specificity for alkane degradation[J]. Environmental Microbiology, 2003, 5(9): 746-753.

Harayama S, Kasai Y, Hara A. Microbial communities in oil-contaminated seawater[J]. Current Opinion in Biotechnology, 2004, 15(3): 205-214.

Harbordt N. Presence of pharmaceuticals and personal care products(PPCPs)in soil irrigated with municipal wastewater [D]. Environmental Science, doctoral dissertation, 2016.

Hickman Z A, Reid B J. Earthworm assisted bioremediation of organic contaminants [J]. Environment International, 2008, 34(7): 1072-1081.

Himmel M E, Ding S Y, Johnson D K, et al. Biomass recalcitrance: engineering plants and enzymes for biofuels production[J]. Science, 2007, (5813): 315.

Hirai H, Nakanishi S, Nishida T. Oxidative dechlorination of methoxychlor by ligninolytic enzymes from white-rot fungi[J]. Chemosphere, 2004, 55(4): 641-645.

Ho J S, Mohd F K, Yong H K. Recombinant lignin peroxidasecatalyzed decolorization of melanin using in-situ generated H_2O_2 for application in whitening cosmetics[J]. International Journal of Biological Macromolecules, 2019, 136(1): 20-26.

Hofrichter M, Scheibner K, Schneega I, et al. Enzymatic combustion of aromatic and aliphatic compounds by manganese peroxidase from *Nematoloma frowardii*[J]. Applied and Environmental Microbiology , 1998, 64: 399-404.

Huang Q, Wang C, Zhu L, et al. Purification, characterization, and gene cloning of two laccase isoenzymes(Lac1 and Lac2)from *Trametes hirsuta* MX2 and their potential in dye decolorization[J]. Molecular Biology Reports, 2020, 47(1): 477-488.

Hublik G, Schinner F. Characterization and immobilization of the laccase from *Pleurotus ostreatus* and its use for the continuous elimination of phenolic pollutants[J]. Enzyme and Microbiol Technol, 2000, 273(5): 330-336.

Ike P T L, Birolli W G, Dos Santos D M, et al. Biodegradation of anthracene and different PAHs by a yellow laccase from *Leucoagaricus gongylophorus*[J]. Environmental Science and Pollution Research, 2019, 26(9): 8675-8684.

Izawa S, Inoue Y, Kimura A. Importance of catalase in adaptive response to hydrogen peroxide: analysis of acatalasaemic Saccharomyces cerevisiae[J]. Biochemical Journal, 1996: 320: 61-67

Jarvis P, Jefferson B, Parsons S A. The duplicity of flocstrength[C]. Proceedings of the Nano and Micro Particles in water and wastewater treatment conference. Zurich, Switzerland: International Water Assooiation, 2003.

Ji K, Kho Y L, Park Y, et al. Influence of a five-day vegetarian diet on urinary levels of antibiotics and phthalate metabolites: a pilot study with "Temple Stay" participants[J]. Environmental Research, 2010, 110(4): 375-382.

Jiang W, Pelaez M, Dionysiou D D, et al. Chromium(VI)removal by maghemite nanoparticles[J]. Chemical Engineering Journal, 2013, 222: 527-533.

Johannes P J. Oxidation acenaphthene and acenaphthylene by laccase of trametes versicolor in a laccase-mediator systemp[J]. Biotechnologia, 1998, 61: 151-156.

Johnson K, Ghosh S. Feasibility of anaerobic biodegradation of PAHs in dredged river sediments[J]. Water Science and Technology, 1998, 38(7): 41-48.

Jové P, Olivella M À, Camarero S, et al. Fungal biodegradation of anthracene-polluted cork: a comparative study[J]. Journal of Environmental Science and Health, Part A, 2016, 51(1): 70-77.

Kacar Y, Arpa C, Tan S, et al. Biosorption of Hg(II)and Cd(II)from aque oussolutions: Comparison of biosorptive ecapacity of alginated and immobilized live and heat inactivated *Phanerochaete chrysosporium*[J]. Process Biochemistry, 2002, 37: 601-610.

Kadri T, Rouissi T, Brar S K, et al. Biodegradation of polycyclic aromatic hydrocarbons(PAHs)by fungal enzymes: a review[J]. Journal of Environmental Sciences, 2017, 51: 52-74.

Kaewlaoyoong A, Cheng C Y, Lin C, et al. White rot fungus *Pleurotus pulmonarius* enhanced bioremediation of highly PCDD/F-contaminated field soil via solid state fermentation[J]. Science of the Total Environment, 2020, 738: 139670.

Kahkashan S, Wang X, Ya M, et al. Evaluation of marine sediment contamination by polycyclic aromatic hydrocarbons along the Karachi coast, Pakistan, 11 years after the Tasman Spirit oil spill[J]. Chemosphere, 2019, 233: 652-659.

Kahraman S S, Gurdal I H. Effect of synthetic and natural culture media on laccase production by white rot fungi[J]. Bioresource Technology, 2002, 82(3): 215-217.

Karla I Đ, Selin E, Raluca O, et al. Flow cytometry-based system for screening of lignin peroxidase mutants with higher oxidative stability[J]. Journal of Bioscience and Bioengineering, 2020, 129(6): 664-671.

Kauppi B, Lee K, Carredano E, et al. Structure of an aromatic-ring-hydroxylating dioxygenase–naphthalene 1, 2-dioxygenase[J]. Structure, 1998, 6(5): 571-586.

Kaur B, Kaur J, Gupta B. Augmentation of degradation prospects of dioxygenases from the crude extract of an efficient bacterial strain, using pyrene as sole carbon source[J]. Materials Today: Proceedings, 2020, 28: 1690-1694.

Kawahara F B, Davila S, Al-Abed R, et al. Polynuclear aromatic hydrocarbon(PAH)release from soil during treatment with Fenton's reagent[J]. Chemosphere 1995, 31(9): 4131-4142.

Kersten P, Cullen D. Extracellular oxidative systems of the lignin-degrading Basidiomycete *Phanerochaete chrysosporium*[J]. Fungal Genetics and Biology, 2007, 44: 77-87.

Khajavi-Shojaei S, Moezzi A, Enayatizamir N, et al. Biodegradation and phytotoxicity assessment of phenanthrene by biosurfactant-producing *Bacillus pumilus* 1529 bacteria[J]. Chemistry and Ecology, 2020, 36(5): 396-409.

Khan A H A, Tanveer S, Alia S, et al. Role of nutrients in bacterial biosurfactant production and effect of biosurfactant production on petroleum hydrocarbon biodegradation[J]. Ecological Engineering, 2017, 104: 158-164.

Kim Y J, Nicell J A. Impact of reaction conditions on the laccase-catalyzed conversion of bisphenol A[J]. Bioresource Technology, 2006, 97(12): 1431-1442.

Kirk T K, Schultz E, Connors W, et al. Influence of culture parameters on lignin metabolism by *Phanerochaete chrysosporium*[J]. Archives of Microbiology, 1978, 117(3): 277-285.

Knapp J S, Zhang F, Tapley K N. Decolourisation of orange II by a wood‐rotting fungus[J]. Journal of Chemical Technology & Biotechnology: International Research in Process, Environmental And Clean Technology, 1997, 69(3): 289-296.

Konadu K T, Harrison S T L, Kwadwo O A, et al. Transformation of the carbonaceous matter in double refractory gold ore by crude lignin peroxidase released from the white-rot fungu[J]. International Biodeterioration and Biodegradation, 2019, 143(1): 104735.

Kong W, Chen H, Lyu S, et al. Characterization of a novel manganese peroxidase from white-rot fungus *Echinodontium taxodii* 2538, and its use for the degradation of lignin-related compounds[J]. Process Biochemistry, 2016, 51(11): 1776-1783.

Koroleva O V, Stepanova E V, Gavrilova V P, et al. Laccase and Mn-peroxidase production by *Coriolus hirsutus* strain 075 in a jar fermentor[J]. Journal of Bioscience and Bioengineering, 2002, 93(5): 449-455.

Koshlaf E, Shahsavari E, Haleyur N, et al. Effect of biostimulation on the distribution and composition of the microbial community of a polycyclic aromatic hydrocarbon-contaminated landfill soil during bioremediation[J]. Geoderma, 2019, 338: 216-225.

Krčmář P, Kubátová A, Votruba J, et al. Degradation of polychlorinated biphenyls by extracellular enzymes of *Phanerochaete chrysosporium* produced in a perforated plate bioreactor[J]. World Journal of Microbiology and Biotechnology, 1999, 15: 269-276.

Kucharzyk K H, Benotti M, Darlington R, et al. Enhanced biodegradation of sediment-bound heavily weathered crude oil with ligninolytic enzymes encapsulated in calcium-alginate beads[J]. Journal of Hazardous Materials, 2018, 357: 498-505.

Kucuksezgin F, Gonul L T, Pazi I, et al. Monitoring of polycyclic aromatic hydrocarbons in transplanted mussels(*Mytilus galloprovincialis*)and sediments in the coastal region of Nemrut Bay(Eastern Aegean Sea)[J]. Marine Pollution Bulletin, 2020, 157: 111358.

Kümmerer K, Henninger A. Promoting resistance by the emission of antibiotics from hospitals and households into effluent [J]. Clinical Microbiology and Infection, 2003, 9(12): 1203-1214.

Kuppusamy S, Thavamani P, Megharaj M, et al. Biodegradation of polycyclic aromatic hydrocarbons(PAHs)by novel bacterial consortia tolerant to diverse physical settings–assessments in liquid-and slurry-phase systems[J]. International Biodeterioration & Biodegradation, 2016, 108: 149-157.

Kuppusamy S, Thavamani P, Venkateswarlu K, et al. Remediation approaches for polycyclic aromatic hydrocarbons(PAHs)contaminated soils: technological constraints, emerging trends and future directions[J]. Chemosphere, 2017, 168: 944-968.

Kurniawati S, Nicell J A. Characterization of *Trametes versicolor* laccase for the transformation of aqueous phenol[J]. Bioresource Technology, 2008, 99(16): 7825-7834.

Kwon H S, Chung E, Oh J, et al. Optimized production of lignolytic manganese peroxidase in immobilized cultures of *Phanerochaete chrysosporium*[J]. Biotechnology and Bioprocess Engineering, 2008, 13(1): 108-114.

Laskar N, Kumar U. Plastics and microplastics: a threat to environment [J]. Environmental Technology & Innovation, 2019, 14: 100352.

Leadbetter J W, Foster J W. Oxidation products formed from gaseous alkane by the bacterium pseudomonas metharica[J]. Archives of Biochemistry and Biophysics, 1959, 82: 491-492.

Lechner B E, Wright J E, Alberto E. The genus *Pleurotus* in Argentina[J]. Mycologia, 2004, 96(4), 845-858.

Leech D, Daigle F. Optimisation of a reagentless laccase electrode for the detection of the inhibitor azide[J]. Analyst, 1998, 123(10): 1971-1974

Leonowicz A, Cho N S, Luterek J, et al. Fungal laccase: properties and activity on lignin[J]. Journal of Basic Microbiology: An International Journal on Biochemistry, Physiology, Genetics, Morphology, and Ecology of Microorganisms, 2001, 41(3‐4): 185-227.

Lestan D, Lamar R T. Development of fungal inocula for bioaugmentation of contaminated soils[J]. Applied and Environmental Microbiology, 1996, 62(6): 2045-2052.

Li C, Ye C, Wong Y, et al. Effect of Mn(IV)on the biodegradation of polycyclic aromatic hydrocarbons under low-oxygen condition in mangrove sediment slurry[J]. Journal of Hazardous Materials, 2011, 190(1-3): 786-793.

Li C, Zhou H, Wong Y, et al. Vertical distribution and anaerobic biodegradation of polycyclic aromatic hydrocarbons in mangrove sediments in Hong Kong, South China[J]. Science of the Total Environment, 2009, 407(21): 5772-5779.

Li Q, Li J, Jiang L, et al. Diversity and structure of phenanthrene degrading bacterial communities associated with fungal bioremediation in petroleum contaminated soil[J]. Journal of Hazardous Materials, 2021, 403: 123895.

Li X, Lin X, Zhang J, et al. Degradation of polycyclic aromatic hydrocarbons by crude extracts from spent mushroom substrate and its possible mechanisms[J]. Current Microbiology, 2010, 60(5): 336-342.

Li X, Pan Y, Hu S, et al. Diversity of phenanthrene and benzanthracene metabolic pathways in white rot fungus *Pycnoporus sanguineus* 14[J]. International Biodeterioration & Biodegradation, 2018, 134: 25-30.

Liang X, Zhu L, Zhuang S. Sorption of polycyclic aromatic hydrocarbons to soils enhanced by heavy metals: perspective of molecular interactions[J]. Journal of Soils and Sediments, 2015, 16(5): 1509-1518.

Liao L, Chen S, Peng H, et al. Biosorption and biodegradation of pyrene by *Brevibacillus brevis* and cellular responses to pyrene treatment[J]. Ecotoxicology and Environmental Safety, 2015, 115: 166-173.

Libra J A, Borchert M, Banit S. Competition strategies for the decolorization of atextile reactive dye with the white-rot fungi *Trametes versicolor* under non-sterile conditions[J]. Biotechnilogy and Bioengineering, 2003, 82(6): 736-744.

Lièvremont D, Seigle-Murandi F, Benoit-Guyod J L. Removal of PCNB from aqueous solution by a fungal adsorption process[J]. Water Research, 1998, 32(12): 3601-3606.

Lim F Y, Ong S L, Hu J. Recent advances in the use of chemical markers for tracing wastewater contamination in aquatic environment: a review[J]. Water, 2017, 9(2): 143.

Lin J P, Lian W, Xia L M, et al. Production of laccase by *Coriolus versicolor* and its application in decolorization of dyestuffs[J]. Jounal of Enviromental Sciences, 2003, 15(1): 5-8.

Lin L, Wang X P, Cao L F, et al. Lignin catabolic pathways reveal unique characteristics of dye-decolorizing peroxidases in *Pseudomonas putida* [J]. Environmental Microbiology, 2019, 21(5): 1847-1863.

Lindsey M E, Xu G X, Lu J, et al. Enhanced Fenton degradation of hydrophobic organics by simultaneous iron and pollutant complexation with cyclodexins[J]. The Science of the Total Environment, 2003, 307: 215-229.

Ling S, Lu C, Peng C, et al. Characteristics of legacy and novel brominated flame retardants in water and sediment surrounding two e-waste dismantling regions in Taizhou, eastern China[J]. Science of The Total Environment, 2021, 794: 148744.

Liu H Y, Zhang Z X, Xie S W, et al. Study on transformation and degradation of bisphenol A by *Trametes versicolor* laccase and simulation of molecular docking[J]. Chemosphere, 2019, 224: 743-750.

Liu J-L, Wong M-H. Pharmaceuticals and personal care products(PPCPs): a review on environmental contamination in China[J]. Environment International, 2013, 59: 208-224.

Liu Z, Jacobson A M, Luthy R G. Biodegradation of naphthalene in aqueous nonionic surfactant system[J]. Applied and Environmental Microbiology , 1995, 61: 145-151.

Lonappan L, Liu Y X, Rouissi T, et al. Adsorptive immobilization of agro industrially produced crude laccase on various micro-biochars and degradation of diclofenac[J]. Science of the Total Environment, 2018, 640: 1251-1258.

Lors C, Damidot D, Ponge J-F, et al. Comparison of a bioremediation process of PAHs in a PAH-contaminated soil at field and laboratory scales[J]. Environmental Pollution, 2012, 165: 11-17.

Luo Q, Liang S, Huang Q. Laccase induced degradation of perfluorooctanoic acid in a soil slurry[J]. Journal of Hazardous Materials, 2018, 359: 241-247.

Ma X, Li X, Liu J, et al. Soil microbial community succession and interactions during combined plant/white-rot fungus remediation of polycyclic aromatic hydrocarbons[J]. Science of the Total Environment, 2021, 752: 142224.

Machín-Ramírez C, Morales D, Martínez-Morales F, et al. Benzopyrene removal by axenic-and co-cultures of some bacterial and fungal strains[J]. International Biodeterioration & Biodegradation, 2010, 64(7): 538-544.

Majeau J A, Brar S K, Tyagi R D. Laccases for removal of recalcitrant and emerging pollutants[J]. Bioresource Technology, 2010, 101(7): 2331-2350.

Mallick S, Chakraborty J, Dutta T K. Role of oxygenases in guiding diverse metabolic pathways in the bacterial degradation of low-molecular-weight polycyclic aromatic hydrocarbons: a review[J]. Critical Reviews in Microbiology, 2011, 37(1): 64-90.

Márquez-Rocha F J, Hernández-Rodríguez V Z, Vázquez-Duhalt R. Biodegradation of soil-adsorbed polycyclic aromatic hydrocarbons by the white rot fungus *Pleurotus ostreatus*[J]. Biotechnology Letters, 2000, 22(6): 469-472.

Martínez Á T, Speranza M, Ruiz-Dueñas F J, et al. Biodegradation of lignocellulosics: microbial, chemical, and enzymatic aspects of the fungal attack of lignin[J]. International Microbiology, 2005, 8(3): 195-204.

Masakorala K, Yao J, Cai M, et al Isolation andcharacterization of a novel phenanthrene(PHE) degrading strain *Psuedomonas* sp. USTB-RU from petroleum contaminated soil[J]. Journal of Hazardous Materials, 2013, 263: 493-500.

Maskaoui K, Zhou J, Zheng T, et al. Organochlorine micropollutants in the Jiulong River estuary and western Xiamen Sea, China[J]. Marine Pollution Bulletin, 2005, 51(8-12): 950-959.

May R, Schröder P, Sandermann H. Ex-situ process for treating PAH-contaminated soil with

Phanerochaete chrysosporium[J]. Environmental Science & Technology, 1997, 31(9): 2626-2633.

Mcnally D L, Mihelcic J R, Lueking D R. Biodegradation of three-and four-ring polycyclic aromatic hydrocarbons under aerobic and denitrifying conditions[J]. Environmental Science & Technology, 1998, 32(17): 2633-2639.

Meador J P, Stein J E, Reichert W L, et al. Bioaccumulation of polycyclic aromatic hydrocarbons by marine organisms[J]. Reviews of Environmental Contamination and Toxicology, 1995, 143: 79-165.

Meckenstock R U, Boll M, Mouttaki H, et al. Anaerobic degradation of benzene and polycyclic aromatic hydrocarbons[J]. Microbial Physiology, 2016, 26(1-3): 92-118.

Memić M, Vrtačnik M, Boh B, et al. Biodegradation of PAHs by Ligninolytic Fungi Hypoxylon Fragiforme and *Coniophora Puteana*[J]. Polycyclic Aromatic Compounds, 2017, 40(2): 206-213.

Mihelcic J R, Luthy R G. Degradation of polycyclic aromatic hydrocarbon compounds under various redox conditions in soil-water systems[J]. Applied and Environmental Microbiology, 1988, 54(5): 1182-1187.

Min B, Jeong H, Oh J, et al. Variations in polycyclic aromatic hydrocarbon contamination values in subtidal surface sediment via oil fingerprinting after an accidental oil spill: a case study of the Wu Yi San Oil Spill, Yeosu, Korea [J]. Water, 2023, 15(2): 279.

Montuori P, De Rosa E, Di Duca F, et al. Estimation of polycyclic aromatic hydrocarbons pollution in Mediterranean Sea from Volturno River, Southern Italy: distribution, risk assessment and loads[J]. International Journal of Environmental Research and Public Health, 2021, 18(4): 1383.

Morozova O V, Shumakovich G P, Shleev S V, et al. Laccase-mediatorsystems and their applications: a review[J]. Applied Biochemistry and Microbiology, 2007, 43: 523-535.

Mrozik A, Piotrowska-Seget Z. Bioaugmentation as a strategy for cleaning up of soils contaminated with aromatic compounds[J]. Microbiological Research, 2010, 165(5): 363-375.

Mukherji S, Jagadevan S, Mohapatra G, et al. Biodegradation of diesel oil by an Arabian Sea sediment culture isolated from the vicinity of an oil field[J]. Bioresource Technology, 2004, 95(3): 281-286.

Munk L, Andersen M L, Meyer A S. Direct rate assessment of laccase catalysed radical formation in lignin by electron paramagnetic resonance spectroscopy[J]. Enzyme and Microbial Technology, 2017, 106: 88-96.

Munk L, Sitarz A K, Kalyani D C, et al. Can laccase catalyze bond cleavage in lignin[J]. Biotechnology Advances, 2015, 33(1): 13-24.

Nadarajah N, Van Hamme J, Pannu J, et al. Enhanced transformation of polycyclic aromatichydrocarbons using a combined Fenton's reagent, microbial treatment and surfactants[J]. Applied Microbiology and Biotechnology, 2002, 59: 540-544.

Nagarathnamma R, Bajpai P, Bajpai P K. Studies on decolourization, degradation and detoxification of chlorinated lignin compounds in kraft bleaching effluents by *Ceriporiopsis subvermispora*[J]. Process Biochemistry, 1999, 34(9): 939-948.

Nam K, Rodriguez W, Kukor J J. Enhanced degradation of polycyclic aromatic hydrocarbons by biodegradation combined with a modified Fenton reaction[J]. Chemosphere, 2001, 45(1): 11-20.

Ndjou'ou A C, Cassidy D. Surfactant production accompanying the modified Fenton oxidation of hydrocarbons in soil[J]. Chemosphere. 2006, 65(9): 1610-1614.

Nemirovskaya I A, Khramtsova A V. Anthropogenic and natural hydrocarbons in water and sediments of the Kara Sea[J]. Marine Pollution Bulletin, 2022, 185(Pt A): 114229.

Nguyen L N, Hai F I, Yang S, et al. Removal of trace organic contaminants by an MBR comprising a mixed culture of bacteria and white-rot fungi[J]. Bioresource Technology, 2013, 148: 234-241.

Nie H, Nie M, Wang L, et al. Evidences of extracellular abiotic degradation of hexadecane through free radical mechanism induced by the secreted phenazine compounds of *P. aeruginosa* NY3[J]. Water Research, 2018, 139: 434-441.

Nie H, Nie M, Wang L, et al. Promotion effect of extracellular abiotic degradation of hexadecane by co-existence of oxalic acid in the culture medium of Pseudomonas aeruginosa NY3[J]. Environmental Technology & Innovation, 2021, 22: 101415.

Nieman J K C, Sims R C, Mclean J E, et al. Fate of pyrene in contaminated soil amended with alternate electron acceptors[J]. Chemosphere, 2001, 44(5): 1265-1271.

Ning H, Tang A, Myers T E. PCB removal from contaminated dredged material[J]. Chemosphere, 2002, 46: 477-484.

Novotný Č, Erbanova P, Cajthaml T, et al. Irpex lacteus, a white rot fungus applicable to water and soil bioremediation[J]. Applied Microbiology and Biotechnology, 2000, 54: 850-853.

Otto S, Banitz T, Thullner M, et al. Effects of facilitated bacterial dispersal on the degradation and emission of a desorbing contaminant[J]. Environmental Science & Technology, 2016, 50(12): 6320-6326.

Oualha M, Al-kaabi N, Al-ghouti M, et al. Identification and overcome of limitations of weathered oil hydrocarbons bioremediation by an adapted *Bacillus sorensis* strain[J]. Journal of Environmental Management, 2019, 250: 109455.

Ouda M, Kadadou D, Swaidan B, et al. Emerging contaminants in the water bodies of the Middle East and North Africa(MENA): a critical review [J]. Science of the Total Environment, 2021, 754: 142177.

Palli L, Gullotto A, Tilli S, et al. Biodegradation of 2-naphthalensulfonic acid polymers by white-rot fungi: scale-up into non-sterile packed bed biorectors[J]. Chemosphere, 2016, 164: 120-127.

PalmerA E, Lee S K, Solomon E I. Decay of the peroxide intermediate in laccase: reductive cleavage of the 0-0 bond[J]. American Chemical Society, 2001, 123(27): 6591-6599.

Pawar R M. The effect of soil pH on bioremediation of polycyclic aromatic hydrocarbons(PAHS)[J]. Journal of Bioremediation & Biodegradation, 2015, 6(3): 291-304.

Pazarlioglu N K, Urek R O, Ergun F, et al. Biodecolourization of Direct Blue 15 by immobilized *Phanerochaete chrysosporium*[J]. Process Biochemistry, 2005, 40: 1923-1929.

Peng H, Yin H, Deng J, et al. Biodegradation of benzopyrene by *Arthrobacter oxydans* B4[J]. Pedosphere, 2012, 22(4): 554-561.

Pérez-Cadahía B, Lafuente A, Cabaleiro T, et al. Initial study on the effects of Prestige oil on human health[J]. Environment International, 2007, 33(2): 176-185.

Petigara B R, Blough N V, Mignerey A C. Mechanisms of hydrogen peroxide decomposition in soils[J]. Environmental Science & Technology, 2002, 36 : 639-645.

Ping G, Peijun L, Tieheng S. Ecotoxicological effects of Cd, Zn, phenanthrene and MET combined pollution on soil microbe[J]. Zhongguo Huanjing Kexue, 1997, 17(1): 58-62.

Ping L, Zhang C, Zhang C, et al. Isolation and characterization of pyrene and benzo pyrene-degrading *Klebsiella pneumonia* PL1 and its potential use in bioremediation[J]. Applied Microbiology and Biotechnology, 2014, 98: 3819-3828.

Pinyakong O, Habe H, Supaka N, et al. Identification of novel metabolites in the degradation of phenanthrene by *Sphingomonas* sp. strain P2[J]. FEMS microbiology letters, 2000, 191(1): 115-121.

Pozdnyakova N N, Nikiforova S V, Makarov O E, et al. Influence of cultivation conditions on pyrene degradation by the fungus Pleurotus ostreatus D1[J]. World Journal of Microbiology and Biotechnology, 2010, 26: 205-211.

Pozdnyakova N, Dubrovskaya E, Chernyshova M, et al. The degradation of three-ringed polycyclic aromatic hydrocarbons by wood-inhabiting fungus *Pleurotus ostreatus* and soil-inhabiting fungus *Agaricus bisporus*[J]. Fungal Biology, 2018, 122(5): 363-372.

Premnath N, Mohanrasu K, Guru Raj Rao R, et al. A crucial review on polycyclic aromatic Hydrocarbons - Environmental occurrence and strategies for microbial degradation[J]. Chemosphere, 2021, 280: 130608.

Prince R C, McFarlin K M, Butler J D, et al. The primary biodegradation of dispersed crude oil in the sea[J]. Chemosphere, 2013, 90(2): 521-526.

Qin Q, Chen X, Zhuang J. The fate and impact of pharmaceuticals and personal care products in agricultural soils irrigated with reclaimed water[J]. Critical Reviews in Environmental Science and Technology, 2015, 45(13): 1379-1408.

Quintero J C, Lu-Chau T A, Moreira M T, et al. Bioremediation of HCH present in soil by the white-rot fungus *Bjerkandera adusta* in a slurry batch bioreactor[J]. International Biodeterioration & Biodegradation, 2007, 60(4): 319-326.

Radomirovic M, Miletic A, Onjia A. Accumulation of heavy metal(loid)s and polycyclic aromatic hydrocarbons in the sediment of the Prahovo Port(Danube)and associated risks [J]. Environmental Monitoring and Assessment, 2023, 195(2): 323.

Rahman K S M, Rahman T J, Kourkoutas Y, et al. Enhanced bioremediation of n-alkane in petroleum sludge using bacterial consortium amended with rhamnolipid and micronutrients[J]. Bioresource Technology, 2003, 90(2): 159-168.

Ramsay J A, Li H, Brown R S, et al. Naphthalene and anthracene mineralization linked to oxygen, nitrate, Fe(III)and sulphate reduction in a mixed microbial population[J]. Biodegradation, 2003, 14(5): 321-329.

Ren D, Cheng Y, Huang C, et al. Study on remediation-improvement of 2,4-dichlorophenol contaminated soil by organic fertilizer immobilized laccase[J]. Soil and Sediment Contamination: An International Journal, 2021, 30(2): 201-215.

Richardson B J, Lam P K, Martin M. Emerging chemicals of concern: pharmaceuticals and personal care products(PPCPs)in Asia, with particular reference to Southern China[J]. Marine Pollution Bulletin, 2005, 50(9): 913-920.

Ricotta A, Unz R F, Bollag J M. Role of a laccase in the degradation of pentachlorophenol[J]. Bulletin of Environmental Contamination and Toxicology, 1996, 57(4): 560-567.

Riedo J, Herzog C, Banerjee S, et al. Concerted evaluation of pesticides in soils of extensive grassland sites and organic and conventional vegetable fields facilitates the identification of major input processes[J]. Environmental Science & Technology, 2022, 56(19): 13686-13695.

Roberts J, Kumar A, Du J, et al. Pharmaceuticals and personal care products(PPCPs)in Australia's largest inland sewage treatment plant, and its contribution to a major Australian river during high and low flow[J]. Science of the Total Environment, 2016, 541: 1625-1637.

Rocha-Santos T, Duarte A C. A critical overview of the analytical approaches to the occurrence, the fate and the behavior of microplastics in the environment[J]. TrAC Trends in analytical chemistry, 2015, 65: 47-53.

Rodríguez E, Pickard M A, Vazquez-Duhalt R. Industrial dye decolorization by laccasesfrom ligninolytic fungi[J]. Current Microbiology, 1999, 38(1): 27-32.

Rodriguez-Campos J, Dendooven L, Alvarez-Bernal D, et al. Potential of earthworms to accelerate removal of organic contaminants from soil: a review[J]. Applied Soil Ecology, 2014, 79: 10-25.

Rojo F. Degradation of alkanes by bacteria[J]. Environmental Microbiology, 2009, 11(10): 2477-2490.

Ron E Z, Rosenberg E. Enhanced bioremediation of oil spills in the sea[J]. Current Opinion in Biotechnology, 2014, 27: 191-194.

Rosales E, Pazos M, Ángeles Sanromán M. Feasibility of solid‐state fermentation using spent fungi ‐ substrate in the biodegradation of PAHs[J]. CLEAN‐Soil, Air, Water, 2013, 41(6): 610-615.

Ruiz-Aguilar G M L, Fernandez-Sanchez J M, Rodriguez-Vazquez R, et al. Degradation by white-rot fungi of high concentrations of PCB extracted from a contaminated soil[J]. Advances in Environmental Research, 2002, 6: 559-568.

Saglam A, Yalcinkaya Y, Denizlia A, et al. Biosorption of mercury by carboxymethyl cellulose and immobilized *Phanerochaete chrysosponum*[J]. Microchemical Journal, 2002, 71: 73-81.

Sajna K V, Sukumaran R K, Gottumukkala L D, et al. Crude oil biodegradation aided by biosurfactants from *Pseudozyma* sp. NII 08165 or its culture broth[J]. Bioresource Technology, 2015, 191: 133-139.

Salleh A B, Ghazali F M, Rahman R N Z A, et al. Bioremediation of petroleum hydrocarbon pollution[J]. Indian Journal of Biotechnology, 2003, 2: 411-425.

Sanghi R, Dixit A, Verma P, et al. Design of reaction conditions for the enhancement of microbial degradation of dyes in sequential cycles[J]. Journal of Environmental Sciences, 2009, 21: 1646-1651.

Saravanan A, Kumar P S, Vo D V N, et al. A review on catalytic-enzyme degradation of toxic environmental pollutants: microbial enzymes[J]. Journal of Hazardous Materials, 2021, 419: 126451.

Sayara T, Borràs E, Caminal G, et al. Bioremediation of PAHs-contaminated soil through composting: influence of bioaugmentation and biostimulation on contaminant biodegradation[J]. International Biodeterioration & Biodegradation, 2011, 65(6): 859-865.

Schamfuss S, Neu T R, van der Meer J R, et al. Impact of mycelia on the accessibility of fluorene to PAH-degrading bacteria[J]. Environmental Science & Technology, 2013, 47(13): 6908-6915.

Schmidt S N, Christensen J H, Johnsen A R. Fungal PAH-metabolites resist mineralization by soil microorganisms[J]. Environmental Science & Technology, 2010, 44(5): 1677-1682.

Seguel C G, Bravo-Linares C, Ovando L, et al. Sources identification and distribution of aliphatic and aromatic hydrocarbons in coastal sediments of Arica Bay-Chile[J]. International Journal of Environmental Analytical Chemistry, 2023: 1-14.

Seo J-S, Keum Y-S, Li Q X. Bacterial degradation of aromatic compounds[J]. International Journal of Environmental Research and Public Health, 2009, 6(1): 278-309.

Sepic E, Bricelj M, Leskovsek H. Biodegradation studies of polyaromatic hydrocarbons in aqueous media[J]. Journal of Applied Microbiology, 2010, 83(5): 561-568.

Sharma A, Jain K K, Srivastava A, et al. Potential of in situ SSF laccase produced from *Ganoderma lucidum* RCK 2011 in biobleaching of paper pulp[J]. Bioprocess and Biosystems Engineering, 2019, 42: 367-377.

Sharma A, Singh S B, Sharma R, et al. Enhanced biodegradation of PAHs by microbial consortium with different amendment and their fate in in-situ condition[J]. Journal of Environmental Management, 2016, 181: 728-736.

Sharma S. Bioremediation: features, strategies and applications[J]. Asian Journal of Pharmacy and Life Science, 2012, 2231: 4423.

Shi Z, Liu J, Tang Z, et al. Vermiremediation of organically contaminated soils: concepts, current status, and future perspectives[J]. Applied Soil Ecology, 2020, 147: 103377.

Sihag S, Pathak H, Jaroli D P. Factors affecting the rate of biodegradation of polyaromatic hydrocarbons[J]. International Journal of Pure & Applied Bioscience, 2014, 2(3): 185-202.

Singh O V, Jain R K. Phytoremediation of toxic aromatic pollutants from soil[J]. Applied Microbiology and Biotechnology, 2003, 63(2): 128-135.

Souza E C, Vessoni-Penna T C, de Souza Oliveira R P. Biosurfactant-enhanced hydrocarbon bioremediation: an overview[J]. International Biodeterioration & Biodegradation, 2014, 89: 88-94.

Spier C, Stringfellow W T, Hazen T C, et al. Distribution of hydrocarbons released during the 2010 MC252 oil spill in deep offshore waters[J]. Environmental Pollution, 2013, 173: 224-230.

Srivastava V J, Kelly R L, Paterck J R, et al. A field-scale demonstration of a novel bioremediation process for MGP sites[J]. Applied Biochemistry and Biotechnology, 1994, 45(1): 741-756.

Sun J, Feng J, Liu Q, et al. Distribution and sources of organochlorine pesticides(OCPs)in sediments from upper reach of Huaihe River, East China [J]. Journal of Hazardous Materials, 2010, 184(1-3): 141-146.

Swamy J, Ramsay J A. The evaluation of white rot fungi in the decoloration of textile dyes[J]. Enzyme and Microbial Technology, 1999, 24(3-4): 130-137.

Senthivelan T, Kanagaraj J, Panda R C. Recent trends in fungal laccase for various industrial applications: an eco-friendly approach - a review[J]. Biotechnology & Bioprocess Engineering, 2016, 21: 19-38.

Tang S, Tan H, Liu X, et al. Legacy and alternative flame retardants in house dust and hand wipes from South China[J]. Science of the Total Environment, 2019, 656: 1-8.

Tao S, Cui Y H, Xu F L, et al. Polycyclic aromatic hydrocarbons(PAHs)in agricultural soil and vegetables from Tianjin[J]. Science of the Total Environment, 2004, 320(1): 11-24.

Tatiana S, Stefano C, Monika C, et al. Bioremediation of long-term PCB-contaminated soil by white-rot fungi[J]. Journal of Hazardous Materials, 2017, 11: 44.

Thavasi R, Jayalakshmi S, Balasubramanian T, et al. Effect of salinity, temperature, pH and crude oil concentration on biodegradation of crude oil by *Pseudomonas aeruginosa*[J]. Journal of Biological and Environmental Sciences, 2007, 1(2): 51-57.

Thompson R C, Olsen Y, Mitchell R P, et al. Lost at sea: where is all the plastic? [J]. Science, 2004, 304(5672): 838.

Toms L-M L, Hearn L, Kennedy K, et al. Concentrations of polybrominated diphenyl ethers(PBDEs)in matched samples of human milk, dust and indoor air [J]. Environment International, 2009, 35(6): 864-869.

Torres-Farradá G, Manzano-León A M, Rineau F, et al. Biodegradation of polycyclic aromatic hydrocarbons by native *Ganoderma* sp. strains: identification of metabolites and proposed degradation pathways[J]. Applied microbiology and biotechnology, 2019, 103: 7203-7215.

Tuor U, Wariishi H, Schoemaker H E, et al. Oxidation of phenolic arylglycerol β -arylether lignin model compounds bymanganese peroxidase from *Phanerochaete chrysosporium*: oxidative cleavage of an acarbonyl model compound[J]. Biochemistry, 1992, 31: 4986-4995

Tvorynska S, Barek J, Josypcuk B. Influence of different covalent immobilization protocols on electroanalytical performance of laccase-based biosensors[J]. Bioelectrochemistry, 2022, 148: 108223.

U S Environmental Protection Agency.Innovative methods for bio-slurry treatment[R]. SITE-merging technology summary. 1997, EPA/540/SR-96/505.

Urekro R O, Pazarlioglu N K. Production and stimulation of manganese peroxidase by immobilized *Phanerochaete chrysosporium*[J]. Process Biochemistry, 2005, 40: 83-87.

Van Meter R J, Spotila J R, Avery H W. Polycyclic aromatic hydrocarbons affect survival and development of common snapping turtle(*Chelydra serpentina*)embryos and hatchlings[J]. Environmental Pollution, 2006, 142(3): 466-475.

Vanholme R, Demedts B, Morreel K, et al. Lignin biosynthesis and structure[J]. Plant Physiology, 2010, 153(3): 895-906.

Varjani S J, Srivastava V K. Green technology and sustainable development of environment[J]. Renewable Research Journal, 2015, 3(1): 244-249.

Varjani S J, Upasani V N. Characterization of hydrocarbon utilizing Pseudomonas strains from crude oil contaminated samples[J]. International Journal of Computing Sciences Research, 2012, 6(2): 120-127.

Varjani S J. Microbial degradation of petroleum hydrocarbons[J]. Bioresource Technology, 2017, 223: 277-286.

Varjani Sunita J, Rana Dolly P, Bateja S, et al. Original research article isolation and screening for hydrocarbon utilizing bacteria(HUB)from petroleum samples[J]. International Journal of Current Microbiology and Applied Sciences, 2013, 2(4): 48-60.

Vasconcelos A F D, Barbosa A M, Dekker R F H, et al. Optimization of laccase production by *Botryosphaeria* sp. in the presence of veratryl alcohol by the response surface method[J]. Process Biochemistry, 2000, 35: 1131-1138.

Venkatadri R, Irvine R L. Effect of agitation on ligninase activity and ligninase production by *Phanerochaete chrysosporium*[J]. Applied and Environmental Microbiology, 1990, 56(9): 2684-2691.

Vinas L, Perez-Fernandez B, Besada V, et al. PAHs and trace metals in marine surficial sediments from the Porcupine Bank(NE Atlantic): a contribution to establishing background concentrations[J]. Science of the Total Environment, 2023, 856(Pt 2): 159189.

Vivian M, Lidiane M D S L, Caroline A B, et al.Enzymatic potential and biosurfactant production by endophytic fungi from mangrove forest in Southeastern Brazil[J] . AMB Express, 2019, 9(1): 1-8.

Walker C H, Sibly R M, Peakall D B. Principles of Ecotoxicology[M]. Florida: CRC Press, 2005.

Walling C. Fenton's reagent revisited[J]. Journal of Chemical Research, 1975, 8: 125-131.

Wang B, Teng Y, Xu Y, et al. Effect of mixed soil microbiomes on pyrene removal and the response of the soil microorganisms[J]. Science of the Total Environment, 2018, 640-641: 9-17.

Wang C P, Sun H W, Liu H B, et al. Biodegradation of pyrene by *Phanerochaete chrysosporium* and enzyme activities in soils: effect of SOM, sterilization and aging[J]. Journal of Environmental Sciences, 2014, 26(5): 1135-1144.

Wang H, Deng W, Shen M, et al. A laccase Gl-LAC-4 purified from white-rot fungus *Ganoderma lucidum* had a strong ability to degrade and detoxify the alkylphenol pollutants 4-n-octylphenol and 2-phenylphenol[J]. Journal of Hazardous Materials, 2021, 408: 124775.

Wang L, Du X, Li Y, et al. Enzyme immobilization as a sustainable approach toward ecological remediation of organic-contaminated soils: advances, issues, and future perspectives[J]. Critical Reviews in Environmental Science and Technology, 2023(2): 1-25.

Wang S, Li W, Liu L, et al. Biodegradation of decabromodiphenyl ethane(DBDPE)by white-rot fungus *Pleurotus ostreatus*: characteristics, mechanisms, and toxicological response[J]. Journal of Hazardous Materials, 2022, 424: 127716.

Wang X, Gong Z, Li P, et al. Degradation of pyrene and benzo(a)pyrene in contaminated soil by immobilized fungi[J]. Environmental Engineering Science, 2008, 25(5): 677-684.

Wang X, Qin X, Hao Z, et al. Degradation of four major mycotoxins by eight manganese peroxidases in presence of a dicarboxylic acid[J]. Toxins, 2019, 11(10): 566.

Watts R J, Dilly S E. Evaluation of iron catalyst for the Fenton-like remediation of diesel-contaminated soils[J]. Journal of Hazardous Materials, 1996, 51: 209-224.

Wen J, Gao D, Zhang B, et al. Co-metabolic degradation of pyrene by indigenous white-rot fungus Pseudotrametes gibbosa from the northeast China[J]. International Biodeterioration & Biodegradation, 2011, 65(4): 600-604.

Widdel F, Rabus R. Anaerobic biodegradation of saturated and aromatic hydrocarbons[J]. Current Opinion in Biotechnology, 2001, 12(3): 259-276.

Wild S R, Jones K C. Polynuclear aromatic hydrocarbons in the United Kingdom environment: a preliminary source inventory and budget[J]. Environmental Pollution, 1995, 88(1): 91-108.

Wong J W C, Lai K M, Wan C K, et al. Isolation and optimization of PAH-degradative bacteria from contaminated soil for PAHs bioremediation[J]. Water, Air, and Soil Pollution, 2002, 139: 1-13.

Wong Y, Yu J. Laccase-catalyzed decolorization of synthetic dyes[J]. Water Research, 1999, 33(16): 3512-3520.

Worrich A, Stryhanyuk H, Musat N, et al. Mycelium-mediated transfer of water and nutrients stimulates bacterial activity in dry and oligotrophic environments[J]. Nature Communications, 2017, 8: 15472.

Wu C, Huang X, Witter J D, et al. Occurrence of pharmaceuticals and personal care products and associated environmental risks in the central and lower Yangtze river, China[J]. Ecotoxicology and Environmental Safety, 2014, 106: 19-26.

Wu Y, Teng Y, Li Z, et al. Potential role of polycyclic aromatic hydrocarbons(PAHs)oxidation by fungal laccase in the remediation of an aged contaminated soil[J]. Soil Biology and Biochemistry, 2008, 40(3): 789-796.

Wyman C E, Dale B E, Elander R T, et al. Comparative sugar recovery data from laboratory scale application of leading pretreatment technologies to corn stover[J]. Bioresource Technology: Biomass, Bioenergy, Biowastes, Conversion Technologies, Biotransformations, Production Technologies, 2005, 18: 96.

Xiao J L, Zhang S T, Chen G. Mechanisms of lignin-degrading enzymes [J]. Protein and Peptide Letters, 2020, 27(1): 1-8.

Xu H, Li X, Sun Y, et al. Biodegradation of pyrene by free and immobilized cells of *Herbaspirillum chlorophenolicum* strain FA1[J]. Water, Air, & Soil Pollution, 2016, 227(4): 1-12.

Yadav M, Srivastva N, Shukla A K, et al. Efficacy of *Aspergillus* sp. for degradation of chlorpyrifos in batch and continuous aerated packed bed bioreactors[J]. Applied Biochemistry and Biotechnology, 2015, 175(1): 16-24.

Yang F, Yu J. Development of a bioreactor system using an immobilized white rot fungus for decolorization[J]. Bioprocess Engineering, 1996, 15(6): 307-310.

Yang H, Xue B, Yu P, et al. Residues and enantiomeric profiling of organochlorine pesticides in sediments from Yueqing Bay and Sanmen Bay, East China Sea[J]. Chemosphere, 2010, 80(6): 652-659.

Yang X, Chen F, Meng F, et al. Occurrence and fate of PPCPs and correlations with water quality parameters in urban riverine waters of the Pearl River Delta, South China[J]. Environmental Science and Pollution Research, 2013, 20: 5864-5875.

Yanto D H Y, Tachibana S. Potential of fungal co-culturing for accelerated biodegradation of petroleum hydrocarbons in soil[J]. Journal of Hazardous Materials, 2014, 278: 454-463.

Yaropolov A, Skorobogat'Ko O, Vartanov S, et al. Laccase[J]. Applied Biochemistry and

Biotechnology, 1994, 49(3): 257-280.

Ye J, Yin H, Peng H, et al. Pyrene removal and transformation by joint application of alfalfa and exogenous microorganisms and their influence on soil microbial community[J]. Ecotoxicology and Environmental Safety, 2014, 110: 129-135.

Yesilada O, Fiskin K, Yesilada E. The use of white rot fungus *Funalia trogii*(Malatya)for the decolourization and phenol removal from olive mill wastewater[J]. Environmental Technology, 1995, 16(1): 95-100.

Yuan H, Yao J, Masakorala K, et al. Isolation and characterization of a newly isolated pyrene-degrading Acinetobacter strain USTB-X[J]. Environmental Science and Pollution Research, 2014, 21(4): 2724-2732.

Zafra G, Taylor T D, Absalon A E, et al. Comparative metagenomic analysis of PAH degradation in soil by a mixed microbial consortium[J]. Journal of Hazardous Materials, 2016, 318: 702-710.

Zbyszewski M, Corcoran P L. Distribution and degradation of fresh water plastic particles along the beaches of Lake Huron, Canada[J]. Water, Air, & Soil Pollution, 2011, 220: 365-372.

Zeng J, Zhu Q, Wu Y, et al. Oxidation of benzopyrene by laccase in soil enhances bound residue formation and reduces disturbance to soil bacterial community composition[J]. Environmental Pollution, 2018, 242: 462-469.

Zeng Y G, Gao D W, Liang H. Time regulation researches on degrading reactive dyes by immobilized white rot fungi under nonsterile condition[J]. Biotechnology, 2014, 10(9): 3896-3907.

Zhang H, Ma D, Qiu R, et al. Non-thermal plasma technology for organic contaminated soil remediation: A review[J]. Chemical Engineering Journal, 2017, 313: 157-170.

Zhang J, Sun L, Zhang H, et al. A novel homodimer laccase from Cerrena unicolor BBP6: Purification, characterization, and potential in dye decolorization and denim bleaching[J]. PLoS One, 2018, 13(8): e0202440.

Zhang K, Su J, Xiong X, et al. Microplastic pollution of lakeshore sediments from remote lakes in Tibet plateau, China[J]. Environmental Pollution, 2016, 219: 450-455.

Zhang M, Yang C, Cai G, et al. Assessing the effects of heavy metals and polycyclic aromatic hydrocarbons on benthic foraminifera: the case of Houshui and Yangpu Bays, Hainan Island, China[J]. Frontiers in Marine Science, 2023, 10: 1123453.

Zhang X, Sullivan E R, Young L Y. Evidence for aromatic ring reduction in the biodegradation pathwayof carboxylated naphthalene by a sulfate reducing consortium[J]. Biodegradation, 2000, 11(2): 117-124.

Zhang X, Young L Y. Carboxylation as an initial reaction in the anaerobic metabolism of naphthalene and phenanthrene by sulfidogenic consortia[J]. Applied and Environmental Microbiology, 1997, 63(12): 4759-4764.

Zhang X-L, Luo X-J, Liu H-Y, et al. Bioaccumulation of several brominated flame retardants and dechlorane plus in waterbirds from an e-waste recycling region in South China: associated with trophic level and diet sources[J]. Environmental Science & Technology, 2011, 45(2): 400-405.

Zhang Y, Luo X J, Wu J P, et al. Contaminant pattern and bioaccumulation of legacy and emerging organhalogen pollutants in the aquatic biota from an e‐waste recycling region in South China[J]. Environmental Toxicology and Chemistry: An International Journal, 2010, 29(4): 852-859.

Zhang Y, Tao S, Shen H, et al. Inhalation exposure to ambient polycyclic aromatic hydrocarbons and lung cancer risk of Chinese population[J]. Proceedings of the National Academy of Sciences, 2009, 106(50): 21063-21067.

Zhang Z, Guo H, Sun J, et al. Investigation of anaerobic phenanthrene biodegradation by a highly enriched co-culture, PheN9, with nitrate as an electron acceptor[J]. Journal of Hazardous Materials, 2020, 383: 121191.

Zhao S, Zhu L, Li D. Microplastic in three urban estuaries, China[J]. Environmental Pollution, 2015, 206: 597-604.

Zhu Q, Wu Y, Zeng J, et al. Influence of organic amendments used for benzanthracene remediation in a farmland soil: pollutant distribution and bacterial changes[J]. Journal of Soils and Sediments, 2019, 20(1): 32-41.

Zhuo R, Fan F. A comprehensive insight into the application of white rot fungi and their lignocellulolytic enzymes in the removal of organic pollutants[J]. Science of the Total Environment, 2021, 778: 146132.

Zofair S F F, Ahmad S, Hashmi M A, et al. Catalytic roles, immobilization and management of recalcitrant environmental pollutants by laccases: significance in sustainable green chemistry[J]. Journal of Environmental Management, 2022, 309: 114676.

Zouarih, Labat M, Sayadi S. Degradation of 4-chlorophenol by the white rot fungus *Phanerochaete chi-sosporium* in free and immobilized cultures[J]. Bioresource Technology, 2002, 84: 145-150.